于家沟遗址的
动物[illegible]学研究

王晓敏

文物出版社

图书在版编目（CIP）数据

于家沟遗址的动物考古学研究 / 王晓敏，梅惠杰著
. —北京：文物出版社，2019. 11
（考古新视野）
ISBN 978 - 7 - 5010 - 6204 - 1

Ⅰ. ①于…　Ⅱ. ①王…　②梅…　Ⅲ. ①古动物学 - 研究 - 阳原县　Ⅳ. ①Q915

中国版本图书馆 CIP 数据核字（2018）第 135455 号

于家沟遗址的动物考古学研究

著　　者：王晓敏　梅惠杰

责任编辑：智　朴
装帧设计：肖　晓
责任印制：梁秋卉

出版发行：文物出版社
社　　址：北京市东直门内北小街 2 号楼
邮　　编：100007
网　　址：http：//www. wenwu. com
邮　　箱：web@ wenwu. com
经　　销：新华书店
印　　刷：北京京都六环印刷厂
开　　本：710mm × 1000mm　1/16
印　　张：15. 75
版　　次：2019 年 11 月第 1 版
印　　次：2019 年 11 月第 1 次印刷
书　　号：ISBN 978 - 7 - 5010 - 6204 - 1
定　　价：68. 00 元

内容提要

本项研究是对河北省阳原县于家沟遗址（15. 95 ~ 8. 4cal ka BP）出土的近 2 万件动物骨骼开展的埋藏学及动物考古学的系统分析，从生态学、埋藏学和古人类获取及消费资源的方式这三个角度进行了遗址动物组合构成分析、动物群生态多样性评估、动物死亡年龄重构、骨骼表面痕迹分析、骨骼单元分布统计及骨骼破碎状况和方式的研究。该项工作是现代旧石器时代动物考古学研究方法在中国华北地区的系统尝试。

通过重建古人类获取动物资源的行为模式，本书探讨了在更新世最后一个阶段，生活在于家沟的古人类为了应对环境变化带来的压力而做出的生存策略调整。他们在动物资源域、动物资源群和动物资源个体上都进行了深度的开发，有针对性地狩猎幼年的羚羊与野马，食肉取髓，并对富含油脂的骨骼进行再加工以最大限度地提取营养成分。在这些对动物资源强化利用的实践中，古人类可能获取了动物管理和动物副产品利用的相关经验，最终导致其获取资源的方式由狩猎 - 采集向初级管理与生产转型。本书的相关结论有助于从动物资源角度理解冰消期古人类生存行为变化的过程与动因，为研究广义的农业起源提供新的线索。

作者简介

王晓敏，中国科学院古脊椎动物与古人类研究所博士后。2010年毕业于武汉大学考古学系，后于中国科学院古脊椎动物与古人类研究所取得理学硕士、博士学位。2015～2016年，在法国图卢兹第二大学 TRACES 实验室研习动物骨骼埋藏学。现从事旧石器时代动物考古学研究，主要研究兴趣为晚更新世古人类的狩猎和营生方式。

梅惠杰，河北师范大学历史文化学院副教授。于吉林大学考古学系获历史学学士学位，后于北京大学考古文博学院获历史学博士学位。2007年进入中国科学院古脊椎动物与古人类研究所博士后科研流动站。1995～1998年发掘河北省泥河湾盆地于家沟、马鞍山、姜家梁等一系列旧石器－新石器时代过渡遗存，获“1998年度全国十大考古新发现”。

专家推荐意见（一）

旧石器时代动物考古学在中国萌芽很早。在20世纪30年代，中国旧石器时代考古学之父裴文中先生就注意到骨骼破碎和表面痕迹的重要意义。他在《非人工破碎之骨化石》一书中介绍了几类自然因素对骨骼的改造特征，比如啮齿类的磨牙痕迹、食肉类的啃咬痕迹以及化学、物理和机械作用对骨骼的改造。其后，他在讨论北京猿人的疑似骨器时，也纳入了动物骨骼破碎的自然视角，提醒人们要谨而慎之。20世纪90年代，张森水先生对大连古龙山的碎骨进行了研究尝试，识别出自然破碎和人类加工的痕迹。张森水先生还指导张俊山对峙峪遗址出土的碎骨进行了详细的描述、分析。吕遵谔先生和黄蕴平老师在动物考古学实验方面开展了系统的工作，设计了若干动物骨骼被改造的情境，积累了一批特征明确的对比标本来说明骨骼在不同作用力下被改造的情况。虽然有这几例开创性的工作，但系统的旧石器时代动物考古学并没有发展起来，很多遗址的动物骨骼研究仅仅停留在种属鉴定，野外发掘时很多碎骨未被采集，即使一部分被收集起来也多被束之高阁。

我于20世纪90年代在美国亚利桑那大学留学时，有幸专修过当代动物考古学的领军人物Mary Stiner讲授的动物考古学课程，并在她的实验室做了两年的研究实习，深谙动物考古学对研究史前人类生存与行为及遗址形成过程的重要性，归国后着力推动动物考古学的最新理念与方法在中国的运用，将其辟为旧石器时代考古的分支领域，培养动物考古学的专门人才。进入21世纪，随着旧石器时代考古学和古人类学在中国的蓬勃发展，越来越多的研究者开始重视动物骨骼破碎和表面痕迹形成的机理和意义。一些重要的遗址，如马圈沟、水洞沟、龙骨坡、灵井、乌兰木伦、老奶奶庙等，都报道了相关发现和研究成果。张乐博士和张双权博士首次将西方动物考古学体系系统地运用到贵州马鞍山遗址和河南灵井遗址，从动物考古学和埋藏学的角度提供了解析古人类行为的新思路。这一思路也被运用到水洞沟第12地点的动物骨骼研究中，确认了对肉食资源利用的广谱革命在该地的发生，这是对更新世末-全新世初人类生存策略研究的一项重要突破。

位于河北阳原泥河湾盆地中的于家沟遗址是旧-新石器时代过渡时期的关键遗址，其动物遗存对研究华北地区晚更新世人群的适应生存方式和狩猎采集经济向农业的过渡具有重要意义。王晓敏博士的这项研究在动物考古学方面可圈可点。论文的初衷是选定合适的遗址和材料，系统运用动物考古学的一些新的理念和方法对特定人群的生存行为做深度分析，以此进一步引进和拓展西方的动物考古学体系，使其与中国的考古材料更好地接轨，进一步推动动物考古学在中国的发展。在谢飞、王幼平和梅惠杰等同仁的支持下，于家沟遗址的材料被选作研究素材，实践证明，这批标本十分有针对性，十分适合开展此项研究。经过四年的学习和研究（包括一年的国外进修），王晓敏博士对于现代动物考古学的理论和方法有了较系统的掌握，对于家沟遗址动物骨骼所赋存的学术问题和意义有了清楚的了解，针对问题和材料合理并具有创新性地确定了各方面的观察分析指标，设计了适用并有效的数理统计、量化单元和可行的研究方案。该论文系统分析了于家沟遗址动物骨骼的搬运改造与埋藏过程、古人类获取动物资源的策略、肉脂资源的利用方式，深入揭示了该时段华北人群对动物资源强化利用的动因和过程。其中，对于骨脂、骨油的开发，是以前研究中未涉及的方面，方法具有创新性，观点具有新颖性和启发性。她的这项工作提示我们：以前积累的材料仍然具有学术生命力，可以开展新的研究；而新的野外工作应该更全面、系统地收集材料，包括微小的动植物遗存，为日后的研究提供翔实的资料和数据。

在中国旧石器时代动物考古学领域，至今还没有一本系统的研究专著出版。从旧石器时代遗址出土的动物标本量及其所蕴含的考古学、生物学、年代学、地层学以及生态学意义来看，各类骨骼是复原先民生计特点和行为方式不可或缺的材料，它们应该与石制品受到同等的重视。因此，我推荐这本书的出版，并希望书中所介绍的系统的动物考古学和埋藏学研究方法及其被成功地运用到具体遗址和材料分析的实例能被推广开来，并成为中国动物考古学发展的新助力。

2017年8月20日

专家推荐意见（二）

王晓敏博士的《于家沟遗址的动物考古学研究》以河北省阳原县于家沟旧石器晚期时代遗址出土的近2万件动物骨骼标本资料为研究对象，对泥河湾盆地冰消期的人类生存策略与行为特点进行系统的研究和探讨，获得了对史前考古学领域关键课题的若干全新认识。

1997年在于家沟遗址晚更新世末期至全新世初期连续沉积的地层中，发掘出土了数量众多的细石器以及北方地区时代最早的陶器等，为该地区旧、新石器时代过渡与农业起源等问题提供了重要研究材料，然而，对于该遗址发现的动物遗存却一直没有进行系统整理与研究。王晓敏书中所展示的这项研究工作填补了上述工作的空白，进一步揭示了于家沟遗址丰富的史前石器时代的文化内涵，为探讨华北地区晚更新世末至全新世初古人类及其行为演化历史与途径提供了新视角。该研究选题新颖，材料丰富，研究视角独到，研究方式、方法具有创新性，学术意义十分重要；观察与统计分析数据翔实；研究所得结论可靠，富有新意。作者从遗址动物群构成、死亡年龄、骨骼表面痕迹及骨骼破碎状况和方式等几个方面对该遗址出土的动物骨骼进行了细致的分析与研究。与自然动物群相比，于家沟遗址动物群的构成比例严重失衡，说明古人类对周围环境中的动物资源进行了针对性的开发。于家沟遗址骨骼表面留下的痕迹大多是人工作用的结果，它真实地反映当时人类活动的面貌。不同动物种群的比例和它们的死亡年龄结构反映了古人类采取季节性狩猎的信息。大量动物碎骨及陶器的出现暗示在这一阶段，可能存在对动物骨骼油脂的系统开发。于家沟遗址生活的古人类在特定的季节对动物资源域、资源群和资源个体上都进行了深度的开发利用。

王晓敏博士具有扎实的动物考古学与遗址埋藏学功底，熟悉国内外该领域的研究进展。在本书中，她全面梳理了相关的资料文献，注重采用动物考古与埋藏学的方法对于家沟的动物骨骼遗存进行综合研究分析，取得了对于该遗址不同文化层年代的新认识，将主要文化层形成年代提早到新仙女木冷期之前，揭示了于家沟古人类的生存环境与年代背景，同时发现了于家沟遗址可能存在幼年动物短期圈禁或牵养等有意识的管理情况，获得了泥河湾盆地乃至华北北部地区从狩猎采集向农业经济过渡的早期实证材料。

本书的研究材料、研究方法以及所取得的成果均为旧石器时代动物考古学在中国华北地区首次系统的实践，为以往长期被忽略的遗址出土动物骨骼研究提供了新的研究视角，拓展了中国旧石器时代考古学的研究领域，有助于全面深入地阐释史前人类对动物资源的获取行为。

王社江

2017年8月17日

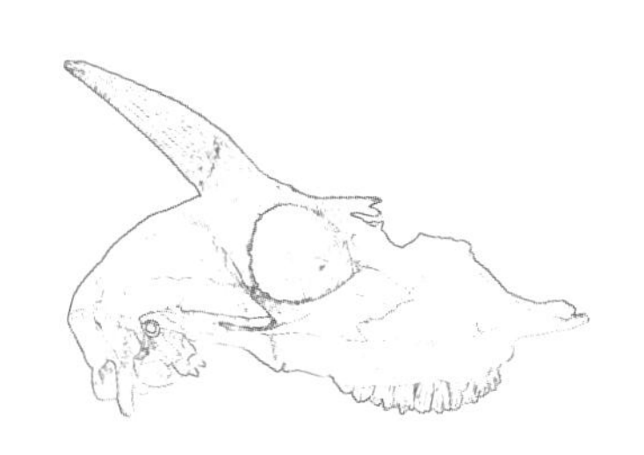

目录

插图目录

绪　论

气候变化与人口增长是当今社会持续发展所面临的最主要挑战。极端气候反复出现以及人口密度不断增加，使得一些经济欠发达地区的资源短缺问题日益突显，生存压力迫使人类社会寻求改变。在人类演化发展的历史长河中，环境因素自始至终都深刻地影响着人类的生存。晚更新世末至全新世初，全球气候频繁波动，在距今1 万年左右，各个主要人类栖息地域都先后由旧石器时代进入新石器时代，人群的规模、生存方式和社会文化等都发生了翻天覆地的变革，被称为“新石器时代革命”①。在这场变革中，存在大量标志性的事件，如磨制石器、陶器和家养动物的出现、农作物的栽培、定居和各种社会复杂化现象（如葬制变化等等），它们都能通过有代表性的人工制品或显著的形态变化而被识别出来。然而，革命性的事件并不总能一蹴而就。在剧烈的社会变革之前一定有缓慢的积累来帮助人类跨越一个个鸿沟，最终走向文明的复杂化。

从考古学文化分期来看，旧石器时代晚期向新石器时代过渡的时期被认为是狩猎采集群体向农业群体演化的关键阶段。自 Childe 提出“新石器时代革命”的概念起，与旧 - 新石器时代过渡相关的环境、年代与人类行为研究一直为学界所重视。相较于一心追求演化源头的“庞贝”，对演化动力与机制的探索应该能提供更加丰富的信息。对推动人类行为演化机制的研究存在多种假设，但无外乎于人群对“压力”的适应。人群应对彼时“压力”所抱有的复杂心态很难被探究，但考古遗存可以提

---

① Childe VG, *The Neolithic Revolution*. New York：The Natural History Press, 1951.

供用来推测人群应对“压力”的反馈行为的相关证据。因此，如果我们想要探知狩猎采集人群的行为，一方面可以从狩猎采集的工具出发，研究人工制品；另外，也可以从古人类食谱出发，研究动植物遗存；当然，也可以从狩猎采集者本身出发，研究他们的体质特征或者遗传特征变化。

对照于地质时期，旧－新石器时代的过渡在全球大部分的地区都与更新世向全新世的过渡同步。Binford[①]描述了旧石器时代晚期及中石器时代（12～8ka BP）欧洲中高纬度古人类食谱的变化，认为在这一时期，无论是狩猎、食物加工还是食物储存的方式都迅速地多样化。后来许多研究者都发现，在这一时间段，古人类开始研磨、风干并储存植物种子，并大量地狩猎小型动物[②]。Flannery[③]进一步地解释了这种变化，并提出了“广谱革命”（Broad Spectrum Revolution，BSR）的假说，认为更新世晚期气候的不稳定性导致在西亚的新石器出现之前，人类开始拓宽食谱范围以提高其生存环境的承载能力。他们的理论一经提出，刺激了大量的考古学家到遗址中寻找广谱革命的相关证据[④]。对广谱革命起因的探索也促成了一些经典理论的完善和发展，如狩猎采集理论（Foraging theory）[⑤]及食谱拓展模型（Diet breadth models）[⑥]等。一些

---

① Binford LR, Post - Pleistocene Adaptions, In Binford SR, Binford LR (eds.), New Perspectives in Archaeology, Chicago: Aldine Publishing Company, 1968.

② Price TD, Gebauer AB, New perspectives on the transition to agriculture, In Price TD, Gebauer AB (eds.), *Last Hunters – First Farmers: New Perspectives on the Prehistoric Transition to Agriculture*, Santa Fe, NM: School of American Research Press, 1995; Clark GA, Straus LG, Late Pleistocene hunter – gatherer adaptations in Cantabrian Spain, In Bailey G (ed.), *Hunter – gatherer Economy in Prehistory*, Cambridge: Cambridge University Press, 1983; Jochim MA, Breaking down the System: Recent Ecological Approaches in Archaeology. *Advances in Archaeological Method and Theory*, 1979, p. 2.

③ Flannery KV, Origins and Ecological Effects of Early Domestication in Iran and the Near East, In Ucko PJ, Dimbleby GW (eds.), *The Domestication and Exploitation of Plants and Animals*, Chicago: Aldine Publishing Company, 1969.

④ Bar – Yosef O, Meadow RH, The Origins of Agriculture in the Near East, In Price TD, Gebauer AB (eds.), *Last Hunters, First Farmers: New Perspectives on the Prehistoric Transition to Agriculture*, Santa, School of American Research Press, 1995; Unger – Hamilton R, The Epi – Paleolithic Southern Levant and the Origins of Cultivation. *Current Anthropology*, 1989, p. 30.

⑤ Stephens D, Krebs JR, *Foraging Theory*. Princeton: Princeton University Press, 1986.

⑥ Stiner MC, Munro ND, 2002. Approaches to Prehistoric Diet Breadth, Demography, and Prey Ranking Systems in Time and Space. *Journal of Archaeological Method and Theory*, 2002, p. 9.

学者提出，广谱革命的发生是由于人口密度的增加①，而人口的压力是导致原始农业形成的重要因素之一②。这种观点认为，在自然界的狩猎系统（predator - prey）中，密度压力（Density - dependent effects）是影响这种系统的最重要的动力③，而人类的狩猎方式理应受到同样动力的影响④。另一方面，一些反对者质疑旧石器时代晚期显著的人口压力的存在，认为气候的变化是最主要的影响因素⑤。但是他们无法用气候的变化来解释这一时间段快速的技术变革和遗址数量及密度的明显增加⑥。

Stiner⑦ 和 Munro⑧ 通过对欧洲和西亚旧石器时代晚期遗址出土的动物骨骼研究，提出可能早在 40ka BP 左右，古人类已经扩展了动物食谱的范围。她们依据动物的尺寸及捕获难度，将猎物放入"成本与收益模型"（Prey ranking system）中，来推测古

---

① Stiner MC, Paleolithic Population Growth Pulses Evidenced by Small Anima Exploitation. *Science*, 1999, p. 283; Winterhalder B, Goland C, On Population, Foraging Efficiency, and Plant Domestication. *Current Anthropology*, 1993, p. 34.

② Bar - Yosef O, The Upper Paleolithic Revolution. *Annual Review of Anthropology*, 2002, p. 31.

③ Garvin A, Why ask "why": The importance of evolutionary biology in wildlife science. *Journal of Wildlife Management*, 1991, p. 55.

④ Winterhalder B, Goland C, On Population, Foraging Efficiency, and Plant Domestication; Harpending H, Bertram J, Human Population Dynamics in Archaeological Time: Some Simple Models, In Swedlund, AC (ed.), *Population Studies in Archaeology and Biological Anthropology*, Washington DC: Society of American Archaeology Memoir No. 30, 1975.

⑤ Hayden B, A new overview of domestication, In Price TD, Gebauer AB, *New Perspectives on the Prehistoric Transition to Agriculture*, Santa Fe, NM: School of American Research Press, 1995; Price TD, Gebauer AB, New perspectives on the transition to agriculture, In Price TD, Gebauer AB (eds.), *Last Hunters - First Farmers: New Perspectives on the Prehistoric Transition to Agriculture*, Santa Fe, NM: School of American Research Press, 1995.

⑥ Starkovich BM, Ntinou M, Climate Change, Human Population Growth, or Both? Upper Paleolithic Subsistence Shifts in Southern Greece. *Quaternary International*, 2017, p. 428B.

⑦ Stiner MC, Thirty Years on the "Broad Spectrum Revolution" and Paleolithic Demography. *Proceedings of the National Academy of Sciences of the United States of America*, 2001, p. 98; Stiner MC, Paleolithic Population Growth Pulses Evidenced by Small Anima Exploitation. *Science*, 1999, p. 283; Stiner MC, Small Animal Exploitation and Its Relation to Hunting, Scavenging, and Gathering in the Italian Mousterian, In Peterkin GL, Bricker H, Mellars P (eds.), *Hunting and Animal Exploitation in the Later Palaeolithic and Mesolithic of Eurasia*, Archaeology Papers of American Anthropology Associassion, 1993, No. 4.

⑧ Munro ND, *A Prelude to Agriculture: Game Use and Occupation Intensity in the Natufian Period of the Southern Levant* (unpublished doctoral dissertation), Tucson, AZ: University of Arizona, 2001.

人类在猎取和加工动物资源时其生存压力的变化。一时之间，低回馈率动物（如兔子、鸟类、啮齿类及各类海产品）在食谱中所占比例的变化成为衡量肉食资源广谱革命是否发生的重要动物考古学证据①。在研究土耳其新石器时代早期动物遗存后，Stiner 等进一步提出，肉食资源广谱革命发生之后，人类进一步应对资源压力的策略是畜养小型有蹄类动物②。这样一来，从动物考古学的角度出发，由广谱革命向动物家养过渡的脉络逐步建立起来。但是，不同的地区环境不同，人群面临的压力也不尽相同，广谱革命向动物驯养转变的模式也不应被生搬硬套到所有地区的动物考古学研究中。

以中国为代表的东亚地区一直以来被认为是旧—新石器过渡的关键区域。围绕着两条大河的腹地——黄河下游地区和长江中下游地区，大量的新石器时代遗址中都发现了植物和动物驯养的线索③。在以长江流域为代表的南方地区，玉蟾岩遗址、仙人洞遗址、吊桶环遗址、甑皮岩遗址和跨湖桥遗址分别发现了稻作和家猪饲养的证据④。其中的跨湖桥遗址（7.7 ~ 7.5cal ka BP），除了有稻作和驯养的遗存之外，还发现了大量野生植物遗存、竹木质工具以及独木舟。采集—狩猎与驯养遗存的同时存在，表明跨湖桥遗址保存了中国东南地区新石器时代早期人群生存策略转变的

---

① 如，Rodriguez - Hidalgo AJ, Saladie P, Canals A, Following the White Rabbit: A Case of A Small Game Procurement Site in the Upper Palaeolithic (Sala de las Chimeneas, Maltravieso Cave, Spain). *International Journal of Osteoarchaeology*, 2013, p. 23; Reinhard KJ, Ambler JR, Szuter CR, Hunter - Gatherer Use of Small Animal Food Resources: Coprolite Evidence. *International Journal of Osteoarchaeology*, 2007, p. 17; Lupo KD, Schmitt DN, Small Prey Hunting Technology and Zooarchaeological Measures of Taxonomic Diversity and Abundance: Ethnoarchaeological Evidence from Central African Forest Foragers. *Journal of Anthropological Archaeology*, 2005, p. 24; Hockett BS, Ferreira Bicho N, The Rabbits of Picareiro Cave: Small Mammal Hunting during the Late Upper Palaeolithic in the Portuguese Estremadura. *Journal of Archaeological Science*, 2000, p. 27.

② Stiner MC, Buitenhuis H, Duru G, et al., A Forager - Herder Trade - Off, from Broad - Spectrum Hunting to Sheep Management at Asikli Hoyuk, Turkey. *Proceedings of the National Academy of Sciences of the United States of America*, 2014, p. 111.

③ Crawford GW, Agricultural origins in North China pushed back to the Pleistocene - Holocene boundary. *Proceedings of the National Academy of Sciences of the United States of America*, 2009, p. 106; Yuan J, Flad RK, Pig domestication in ancient China. *Antiquity*, 2002, p. 76.

④ Zhang C, Hung H, The Neolithic of southern China - Origin, development, and dispersal. *Asian Perspectives*, 2008, p. 47; Zong Y, Chen Z, Innes JB, et al., Fire and flood management of coastal swamp enabled first rice paddy cultivation in east China. *Nature*, 2007, p. 449.

关键线索；在黄河流域，最为重要的遗址是磁山遗址（1.03～0.87ka BP）[1]，该遗址发现有大量磨制石器、房屋遗址以及陶片，88个灰坑被鉴定为储存人工培育小米的窖藏，说明至少在距今8000年左右，黄河流域就有人群进行着定居的农业生活。

在更早的旧石器时代，从年代界限上看，中国境内10ka BP左右的遗址中，有早期粟类植物的驯化证据[2]，但却鲜有驯养动物的确切报道。有两处遗址进行了系统的动物考古学分析，云南塘子沟遗址（9ka BP左右）[3]和宁夏水洞沟第12地点（10ka BP左右）[4]分别围绕着动物骨髓的全面开发和肉食资源广谱革命这两种现象，尝试揭示农业起源之前中国南、北方狩猎－采集者所面临的生存压力。水洞沟第12地点与年代更早的第7地点（27～25ka BP）相比，存在明显的"低回报型资源"的偏好，说明12地点的人群已经开始在食谱上进行广化。而塘子沟遗址并没有发现确切的资源压力的证据，该遗址的研究者认为，稳定丰富的自然环境与资源使得该地定居者并不像中国北方那样在生存策略上有所调整。

显然，人群的生存策略是依据其生活的特定环境而改变的。有很多人群虽然过着定居的生活却依然保持着狩猎－采集的传统，如日本的Jomon民族和北美加利福尼亚土著[5]，但是这种对传统生存方式的维持似乎又只建立在稳定的自然资源环境中。相反，像Levant地区这种位于中纬且四季分明的半湿润开阔森林草场，农业化的进程比上述区域要快得多。基于这些多样性，"旧－新石器的过渡阶段"所代表的生存策略转变（从狩猎采集到农业）在全世界范围内是一个持续时间很长的过程。而仅

---

① Lu H, Zhang J, Liu K, et al., Earliest domestication of common millet (*Panicum miliaceum*) in East Asia extended to 10,000 years ago. *Proceedings of the National Academy of Sciences of the United States of America*, 2009, p. 106.

② 如李国强：《中国北方旧石器时代晚期至新石器时代早期粟类植物的驯化起源研究》，《南方文物》2015年第1期。

③ Jin J, *Zooarchaeological and Taphonomic Analysis of the Faunal Assemblage from Tangzigou, Southwestern, China*. PhD Dissertation, The Pennsylvania State University, 2010.

④ 张乐、张双权、徐欣等：《中国更新世末全新世初广谱革命的新视角：水洞沟第12地点的动物考古学研究》，《中国科学：地球科学》2013年第4期。

⑤ Habu J, *Ancient Jomon of Japan*. Cambridge: Cambridge University Press. Wohlgemuth E, 1996. Resource intensification in prehistoric Central California: Evidence from archaeobotanical data. *Journal of California and Great Basin Archaeology*, 2004, p. 18.

仅在晚更新世气候逐渐转暖的冰消期内，这个过程也在发生时间和发生方式上表现了相当的多样性。

着眼于这些多样性，本项研究以中国华北地区文化内涵最丰富的冰消期遗址——于家沟遗址（15. 95 ~ 8. 4cal ka BP）出土的动物遗存为材料开展埋藏学及动物考古学系统分析，对遗址出土的近 2 万件动物骨骼标本的信息进行了全面采集，从生态学、埋藏学和古人类获取及消费资源方式这三个角度进行了遗址动物组合构成分析、动物群生态多样性评估、动物死亡年龄分析、骨骼表面痕迹分析、骨骼单元分布研究及骨骼破碎状况和破碎方式的研究，尝试恢复该遗址的埋藏过程并分析古人类获取、搬运和加工动物的方式，以探究泥河湾盆地生活的古人类在冰消期环境变化的影响下是否面临着资源压力，是否为了应对压力而做出了生存策略调整。除了经典的动物考古学分析之外，本项研究还考察了于家沟遗址人群对骨骼油脂利用的可能性，结合遗址新的年代测定数据与该地区多项综合性气候指标，从动物考古学的角度为冰消期中国北方人群行为多样性增加新的证据，并对其动因做分析、探讨。本书有助于从动物性资源的角度理解冰消期古人类生存策略变化的动因与过程，为研究广义的农业起源提供新的线索。

第一章　研究背景、现状与问题

第一节　冰消期中国北方的自然环境波动

为了突出末次盛冰期到全新世初期的时代特点，本书采用“冰消期”的说法，主要指末次冰期最盛期结束以后至全新世早期，即16~8 cal ka BP左右。

广义上的中国北方，是指版图以内秦岭淮河以北的所有区域，包括东北、华北及西北地区；狭义上的中国北方仅指华北和西北的部分地区①，本书所述的中国北方采用了狭义的概念。

现代的中国北方四季分明，夏季炎热潮湿，冬季寒冷多风。随着纬度、海拔以及与海岸线的距离变化，由南向北，由东向西，气温与降水量的差异较大。从地理学的角度来看，现代的中国北方环境多样②。境内的黄河由青藏高原发育流经中部平原注入渤海，其间有黄土高原、鄂尔多斯高原、毛乌素沙地、贺兰山、吕梁山与太行山及华北平原。与地貌的变化相对应，自然植被也是多种多样，从北往南，依次有针叶林、针落叶混交林、落叶阔叶林、常绿阔叶林。太行山以西地区，荒漠与荒漠草原广布，但在山地环境中，也常有针叶林密布。

气候在塑造环境及相关的生物群体构成中扮演了重要的角色，全球气候变化影响着东亚地区的地貌分布及环境承载力，而人群的生存与发展受制于周遭环境承载

---

① 韩渊丰：《中国区域地理》，广州：广东高等教育出版社，2000年。

② 程鸿：《中国自然资源手册》，北京：科学出版社，1990年。

力的变化，因此，人群的行为变化及文化发展总与气候的演变密切相关①。对过去气候与环境的重建是研究古人类生存演化模式的重要前提。本地资源的时序变化、丰富程度及实用性可以帮助理解人类取食的决策以及与这种决策联动的居住方式、获取资源的策略以及重要文化与社会演变的时空信息②。

第四纪是地质历史上最接近当今的时间分期，其最显著的特征是高频、大幅度的气候波动，尤其是强烈的冷气候事件③。气候波动带来的效应对中高纬度和低纬度地区不同，对于中高纬度地区而言，随着冰盖和冰川的扩张和收缩，受冰缘寒冷气候影响的地区相应调整，气温、降水、河流的水文状况、海平面以及动植物群落也发生变化以响应气候环境的改变。这些变化为现今重建古环境提供了各样的指标。近年来，基于冰芯、海洋、黄土、湖泊、洞穴沉积物及孢粉分析建立的高精度气候曲线表明，从末次冰期开始至冰消期，北半球中高纬度地区的冷热和干湿状况有很大的波动（图1.1）。

深海沉积的氧同位素阶段（Marine Isotope Stage，MIS）是全球古环境各项指标对比的基础；阶段内的气候曲线波动反映了全球冰量的变化。而氧同位素曲线与陆地气候可以很好地对应，说明它也可以反映冰期—间冰期旋回中陆地温度及水分条件的变化④。末次冰期的时间段为70～10ka BP，对应于MIS4～2阶段。在这段时期内，尽管北半球中高纬度实质上都处于相对寒冷的气候条件之下，但也存在多次短暂的间冰期。

在相对暖湿的MIS3结束之后，气候剧烈波动。MIS2（25～10 cal ka BP）阶段的气候波动主要体现在两次重要的降温事件上，末次冰期最盛期（Last Glacial Maximum，

---

① Barton L，Brantingham PJ，Ji D，Late Pleistocene Climate Change and Paleolithic Cultural Evolution in Northern China：Implications from the Last Glacial Maximum，In Madsen DB，Gao X，Chen FH（eds.），*Late Quaternary Climate Change and Human Adaptation in Arid China*，*Developments in Quaternary Sciences*，Amsterdam：Elsevier，2007.

② Steele TE，Klein RG，Late Pleistocene Subsistence Strategies and Resource Intensification in Africa，In *The Evolution of Hominin Diets*. Springer Netherlands，2009.

③ Lowe JJ、Walker MJC著，沈吉等译：《第四纪环境演变》，北京：科学出版社，2010年。

④ Grootes PM，Stuiver M，White JC，et al.，Comparison of Oxygen Isotope Records from the GISP2 and GRIP Greenland Ice Cores. *Nature*，1993，p. 366.

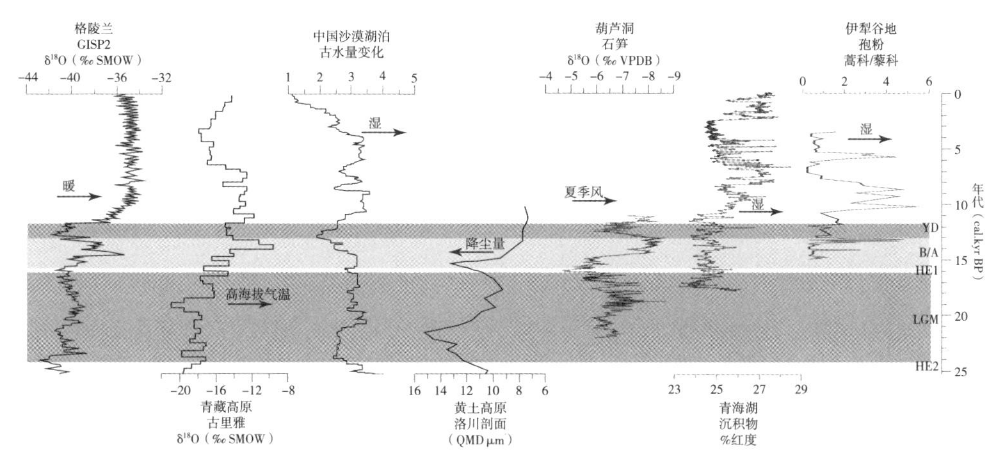

图 1.1　多项气候指标反映 2.5 万年以来的气候变化①

LGM，24.5～18.3 cal ka BP）② 几乎与旧石器时代晚期的开始相吻合；新仙女木事件（Younger Dryas，YD，12.9～11.5 cal ka BP）③ 则几乎与旧－新石器过渡的初始阶段相应。一直以来，旧石器文化的演进、旧石器向新石器时代过渡的过程与环境演变

---

① Seierstad IK，Abbott PM，Bigler M，et al.，Consistently Dated Records from the Greenland GRIP，GISP2 and NGRIP Ice Cores for the Past 104ka Reveal Regional Millennial－Scale $\delta^{18}O$ Gradients with Possible Heinrich Event Imprint. *Quaternary Science Reviews*，2014，p. 106；Lai Z，Chronology and the Upper Dating Limit for Loess Samples from Luochuan Section in the Chinese Loess Plateau Using Quartz OSL SAR Protocol. *Journal of Asian Earth Sciences*，2010，p. 37；Sun AZ，Ma YZ，Feng Z，et al.，Pollen－Recorded Climate Changes between 13.0 and 7.0 ^{14}C ka BP in Southern Ningxia，China. *Chinese Science Bulletin*，2007，p. 52；Wünnemann B，Hartmann K，Janssen M，et al.，*Responses of Chinese Desert Lakes to Climate Instability during the Past* 45，000 *Years. Developments in Quaternary Sciences.* Elsevier，2007；Ji JF，Shen J，Balsam W，et al.，Asian Monsoon Oscillations in the Northeastern Qinghai－Tibet Plateau since the Late Glacial as Interpreted from Visible Reflectance of Qinghai Lake Sediments. *Earth and Planetary Science Letters*，2005，p. 233；Zhang HC，Ma YZ，Peng JL，et al.，Palaeolake and Palaeoenvironment between 42 and 18ka BP in Tengger Desert，NW China. *Chinese Science Bulletin*，2002，p. 47；Wang YJ，Cheng H，Edwards RL，et al.，A High－Resolution Absolute－Dated Late Pleistocene Monsoon Record from Hulu Cave，China. *Science*，2001，p. 294；Zhang HC，Ma YZ，Wünnemann B，et al.，A Holocene Climatic Record from Arid Northwestern China. *Palaeogeography Palaeoclimatology Palaeoecology*，2000，p. 162；Grootes PM，Stuiver M，White JC，et al.，Comparison of Oxygen Isotope Records from the GISP2 and GRIP Greenland Ice Cores. *Nature*，1993.

② Wünnemann B，Hartmann K，Janssen M，et al.，*Responses of Chinese Desert Lakes to Climate Instability during the Past* 45，000 *Years. Developments in Quaternary Sciences.*

③ Madsen DB，Elston RG，Bettinger RL，et al.，Settlement Patterns Reflected in Assemblages from the Pleistocene/Holocene Transition of North Central China. *Journal of Archaeological Science*，1996，p. 23.

的关系都是相关领域的热点问题①。虽然文化时代的定义在不同的区域及不同的学者眼中略有差异，但是由于大尺度的气候演变和文化过渡在时间上的耦合，使研究者越来越重视文化与环境这两者之间的联系②。气候波动所引发的自然环境变化，使得研究者们将焦点聚集在人地关系上。因此，对于认识旧石器晚期人类和文化的发展而言，了解各类指标反映的自末次冰盛期以来的气候波动应是至关重要的一环。

末次冰盛期（LGM）被认为是全球冰量最大的一个时期，气候非常寒冷。但是，中国北方受到复杂季风变化、日照时间和地形地势等因素的影响，在末次冰盛期并没有发展显著的冰川进退事件③。从多样的气候指标提供的信息来看，可以识别出两次 H 事件（Heinrich Events），并以此作为中国北方末次冰盛期的起止，其时限大约在 25 ~ 16ka BP 之间④。在这个寒冷期，气候变得干燥，中国西北的沙漠不断扩张，同时期荒漠与草原的面积也相应扩展⑤。一些研究者认为，末次冰盛期中国北方的沙漠向东南部扩张，沙漠与草原的分界线已远远超过黄土高原的北界并影响广大的华北地区⑥。但是，一些基于全球大气环流模型的研究认为，末次冰盛期北半球中高纬度的沙漠扩张并不如之前推测得那样大⑦。无论沙漠环境本身是否向南扩张，沙漠与草原生物群落确实向南、向东发生了迁徙。不仅如此，中国西北的山间

---

① Mannion AM, *Global Environmental Change*. New York: Longman. 1997, pp. 42 – 128.

② 夏正楷、陈戈、郑公望等:《黄河中游地区末次冰消期新旧石器文化过渡的气候背景》,《科学通报》2001 年总第 46 期，第 1204 ~ 1208 页。

③ Benn DI, Owen LA, The role of the Indian summer monsoon and the mid – latitude westerlies in Himalayan glaciation: review and speculative discussion. *Journal of the Geological Society of London*, 1998, p. 155.

④ Wünnemann B, Hartmann K, Janssen M, et al., *Responses of Chinese Desert Lakes to Climate Instability during the Past* 45,000 *Years. Developments in Quaternary Sciences.*

⑤ Zhou WJ, Dodson J, Head MJ, et al., Environmental Variability within the Chinese Desert – Loess Transition Zone over the Last 20 000 Years. *Holocene*, 2002, p. 12.

⑥ 如，Ding ZL, Sun JM, Rutter NW, et al., Changes in sand content of loess deposits along a North – South Transect of the Chinese Loess Plateau and the implications for desert variations. *Quaternary Research*, 1999, p. 52.

⑦ Bush ABG, Rokosh D, Rutter NW, et al., Desert margins near the Chinese Loess Plateau during the mid – Holocene and at the Last Glacial Maximum: a model – data intercomparison. *Global and Planetary Change*, 2002, p. 32.

林地也退化为荒漠，说明这个时期的水热条件确实发生了巨大改变①。由于温度和水份状况的改变，湖泊普遍发生了退化，黄土堆积更加疏松②。

从14~13ka BP起，全球冰川开始消融，气候逐步转暖，由此至10ka BP左右，中高纬度地区的冰川不断消融。格陵兰冰芯和古里雅冰芯的记录显示北半球气温明显上升，这个阶段被称为BA（Bølling-Allerød）阶段。在这个阶段内，中国北方湖泊水位上升，特别是沙漠中的湖泊由于接受周围山脉的融雪而扩张，山间植被覆盖率较冰期增加③。然而，即便BA阶段较之前更温暖，它依旧处在冰期，中国北方由华北向黄土高原及西北沙漠过渡的地带仍以半干旱草原为主，森林环境仅发育在河谷与低地④。BA阶段在中国北方的气候记录并不显著，在黄土堆积中几乎无法识别⑤。

与BA暖期明显不同，大部分气候曲线都清楚地记录了新仙女木事件（YD）。与末次冰盛期相比，新仙女木阶段气温同样显著下降，但其持续的时间并不长，在全球各地发生和结束的时间也不同。该事件发生的^{14}C年代为11~10ka BP，持续约1000a，校正后的时间约为12.9~11.5cal ka BP，持续约1400a⑥。Denton⑦认为，从冬季平均温度上来看，新仙女木期间，中高纬度地区的气候环境比末次冰盛期更加

---

① Herzschuh U, Liu XQ, Vegetation evolution in arid China during Marine Isotope Stages 3 and 2 (~65 - 11ka), In Madsen DB, Chen FH, Gao X (eds.), *Late Quaternary Climate Change and Human Adaptation in Arid China*, Amsterdam: Elsevier, 2007; Sun XJ, Song CQ, Wang FY, et al., Vegetation History of the Loess Plateau of China during the Last 100,000 Years Based on Pollen Data. *Quaternary International*, 1997, 37.

② Zhou WJ, Dodson J, Head MJ, et al., Environmental Variability within the Chinese Desert - Loess Transition Zone over the Last 20,000 Years.

③ Zhang HC, Ma YZ, Peng JL, et al., Palaeolake and Palaeoenvironment between 42 and 18ka BP in Tengger Desert, NW China. Zhou WJ, Dodson J, Head MJ, et al., Environmental Variability within the Chinese Desert - Loess Transition Zone over the Last 20,000 Years.

④ Li X, Zhao K, Dodson J, et al., Moisture Dynamics in Central Asia for the Last 15 kyr: New Evidence from Yili Valley, Xinjiang, NW China. *Quaternary Science Reviews*, 2011, p30.

⑤ Chen FH, Bloemendal J, Wang JM, et al., High - Resolution Multi - Proxy Climate Records from Chinese Loess, Evidence for Rapid Climatic Changes over the Last 75 kyr. *Palaeogeography Palaeoclimatology Palaeoecology*, 1997, p. 130.

⑥ Broecker WS, Deton GH, Edwards R L, et al., Putting the Younger Dryas cold event into context. *Quaternary Science Reviews*, 2010, p. 29.

⑦ Denton GH, Alley RB, Comer GC, et al., The role of seasonality in abrupt climate change. *Quaternary Science Reviews*, 2005, p. 24.

恶劣。而在东亚，冬季风长时间的持续影响削弱了夏季风的势头，使得该地区在新仙女木阶段的冬季非常漫长①。然而，新仙女木阶段最重要的气候特征并不仅仅是寒冷，高频率的气候波动使得陆地的侵蚀加剧，堆积不断被剥蚀导致中高纬度地区的生物生存环境更加脆弱②。包括人类在内的各种生物都可能随着气候波动，不断调整自己的栖息地和生存策略。根据记录，北美的新仙女木事件发生的具体时间可能在 12.9cal ka BP 左右③。而从沙漠湖泊水面变化、青藏高原冰芯及洞穴石笋的记录来看，中国的新仙女木事件可能发生在 13cal ka BP 左右④。Madsen 等⑤对宁夏鸽子山遗址附近泉眼堆积中的风沙测年表明，在中国西北，新仙女木事件持续的时间大约为 13.5～11.6cal ka BP。从气候曲线的变化趋势来看，新仙女木事件开始得非常突然，结束得也相当快。Alley 等⑥的研究表明，新仙女木事件的结束可能发生在短短的 50 年之间。

在新仙女木事件结束之后，全球开始进入全新世暖期。中国北方开始由干冷变得温暖湿润，夏季风不断加强。虽然各地回温的进程可能不一，但总的来说，由末次盛冰期开始的气候剧烈波动到全新世初期就已经基本结束⑦。

高分辨率的气候曲线能够帮助研究者识别过去气候波动的各种细节，但对于考

---

① Cai Y, Tan L, Cheng H, et al., The Variation of Summer Monsoon Precipitation in Central China since the Last Deglaciation. *Earth and Planetary Science Letters*, 2010, p. 291.

② Barton L, *Early Food Production in China's Western Loess Plateau*, PhD Dissertation, University of California, Davis, 2009; Madsen DB, Elston RG, Bettinger RL, et al., Settlement Patterns Reflected in Assemblages from the Pleistocene/Holocene Transition of North Central China.

③ Firestone RB, West A, Kennett JP, et al., Evidence for an extraterrestrial impact 12,900 years ago that contributed to the megafaunal extinctions and the Younger Dryas cooling. *Proceedings of the National Academy of Sciences of the United States of America*, 2007, p. 104.

④ Sun AZ, Ma YZ, Feng Z, et al., Pollen - Recorded Climate Changes between 13.0 and 7.0 ^{14}C ka BP in Southern Ningxia, China.

⑤ Madsen DB, Li J, Elston RG, et al., The Loess/Paleosol record and the nature of the Younger Dryas climate in Central China. *Geoarchaeology*, 1998, p. 13.

⑥ Alley RB, Meese DA, Shuman CA, et al., Abrupt increase in Greenland snow accumulation at the end of the Younger Dryas event. *Nature*, 1993, p. 362.

⑦ Chen FH, Yu Z, Yang M, et al., Holocene moisture evolution in arid central Asia and its out - of - phase relationship with Asian monsoon history. *Quaternary Science Reviews*, 2008, p. 27.

古研究而言，越来越高精度的气候曲线有时会与宏观上的人类行为演化规律产生矛盾。这在很大程度上是由于大多数考古遗址的测年与气候曲线年代的尺度不同。另外，人类行为的主观能动性以及人群所处地理区位的特殊性也使得古人类不是气候变化的绝对被动适应者。所以，在运用气候曲线反映的气候变化特征来解释人类行为变化时，应该尽可能地采用多项气候指标进行综合分析，同时考虑其他地理因素以及测年精度可能带来的影响。

中国幅员辽阔，地理环境复杂。当我们谈到更新世动物群演化、动物地理区系以及古人类活动甚至农业起源等问题时，往往会以秦岭 - 淮河一线为界线，划分为中国北方和中国南方来讨论①。作为横跨一、二级阶地的东西走向屏障，秦岭不仅将黄河水系与长江水系分隔，而且减弱了东亚夏季风对中国北方的影响强度。秦岭以北地区不仅比南方更寒冷干燥，而且气候的季节性和年变化更强烈。从另一个角度讲，中国北方对东亚夏季风强弱的反馈更明显，而东亚夏季风变化正是全球气候变化的重要指征②。

中国的气候主要受到三大季风系统交替影响（图 1.2）。冬季风主要由西伯利亚高压推动冷空气向南移动导致，它影响的范围可经中国南方抵达澳大利亚北部。而两大夏季风，即东亚夏季风和南亚夏季风，则由海洋和大陆间的热力差异导致。南亚夏季风受喜马拉雅山和青藏高原的阻挡，影响范围仅限云南和广西的部分地区；东亚夏季风则将来自太平洋的暖湿气流带到大陆，其影响范围的北界跨越了秦岭 - 淮河一线抵达黄土高原西北缘，甚至有时可至中蒙边境处③。

东亚季风对东北亚的季节性影响可能始于 7.2 Ma BP 以前④。整个东亚季风系统的动力是太平洋与欧亚大陆间的水热差异，青藏高原不断隆升也影响着季风强弱。不

---

① Qu T, Bar - Yosef O, Wang Y, et al., The Chinese Upper Paleolithic: Geography, Chronology, and Techno - typology. *Journal of Archaeological Research*, 2013, p. 21; Elston RG, Dong G, Zhang D, Late Pleistocene Intensification Technologies in Northern China. *Quaternary International*, 2011, p. 242.

② An ZS, The History and Variability of the East Asian Paleomonsoon Climate. *Quaternary Science Reviews*, 2000, p. 19.

③ Zhou WJ, Dodson J, Head MJ, et al., Environmental Variability within the Chinese Desert - Loess Transition Zone over the Last 20, 000 Years.

④ An ZS, The History and Variability of the East Asian Paleomonsoon Climate.

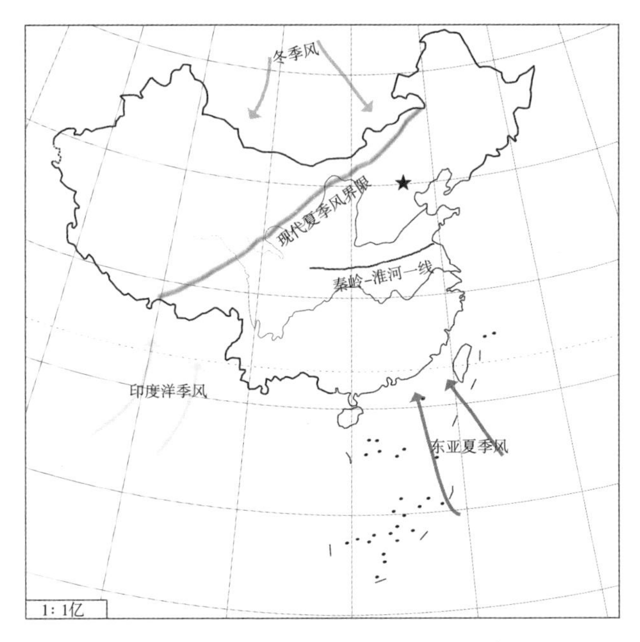

图 1. 2　影响中国的三大季风系统①

论是大尺度还是小尺度的季风变化都与全球性的海陆变化、大气循环、冰量以及太阳辐射变化相关②。另外，也受到夏季日照量和厄尔尼诺（ENSO）现象的影响③。全球性的气候变化对季风环流的影响显著，末次冰盛期东亚夏季风明显减弱，水汽减少，气温降低，马兰黄土发育④；新仙女木期间，冬季高压更甚，夏季高压更弱，极端气候加剧⑤。

---

① 修改自 Barton L，Brantingham PJ，Ji D，Late Pleistocene Climate Change and Paleolithic Cultural Evolution in Northern China：Implications from the Last Glacial Maximum.

② Ji JF，Shen J，Balsam W，et al.，Asian Monsoon Oscillations in the Northeastern Qinghai – Tibet Plateau since the Late Glacial as Interpreted from Visible Reflectance of Qinghai Lake Sediments. Yuan DX，Cheng H，Edwards RL，et al.，Timing，Duration，and Transitions of the Last Interglacial Asian Monsoon. *Science*，2004，p. 304.

③ Wu J，Wang Y，Cheng H，et al.，An Exceptionally Strengthened East Asian Summer Monsoon Event between 19. 9 and 17. 1ka BP Recorded in a Hulu Stalagmite. *Science in China Series D*：*Earth Sciences*，2009，p. 52.

④ Chen FH，Bloemendal J，Wang JM，et al.，High – Resolution Multi – Proxy Climate Records from Chinese Loess，Evidence for Rapid Climatic Changes over the Last 75 kyr.

⑤ Cai Y，Tan L，Cheng H，et al.，The Variation of Summer Monsoon Precipitation in Central China since the Last Deglaciation. Xiao J，Porter SC，An ZS，et al.，Grain – size of Quartz as an Indicator of Winter Monsoon Strength on the Loess Plateau of Central China during the Last 130，000 – YR. *Quaternary Research*，1995，p. 43.

第二节　冰消期古人类遗址的增长

除了环境波动之外，冰消期的另一个重要特点是人口增长。一些研究者认为人口增长所带来的压力是导致农业起源的重要原因①。旧石器遗址中极少发现与人口数量直接相关的证据，如墓葬、房屋等等，研究者只能通过更间接的指标来估算人口的数量与密度。

大多数研究者采用的指标是区域内遗址数量的变化。Bocquet - Appel 等②通过对比欧洲 2961 个旧石器时代晚期遗址在时空上的分布，提出了旧石器时代晚期人群规模的变化模型（图 1.3）。他们认为，从奥瑞纳时期（Aurignacian）到末次冰盛期（LGM）

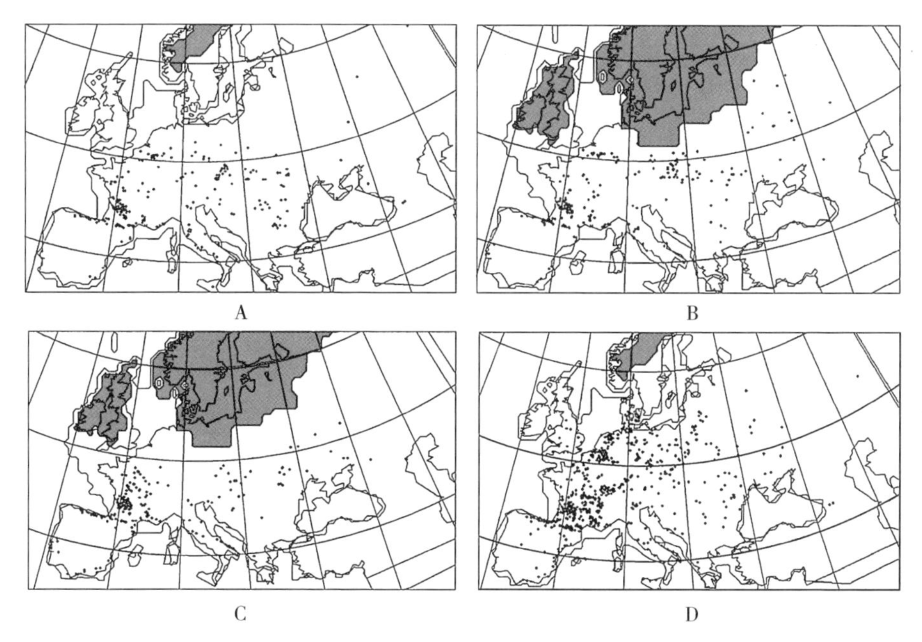

图 1.3　欧洲旧石器时代晚期不同阶段的遗址分布③

A. Aurignacian 时期；B. Gravettian 时期；C. 末次盛冰期；D. 末次盛冰期后

---

① Bar - Yosef O，Meadow RH，The Origins of Agriculture in the Near East.

② Bocquet - Appel JP，Demars PY，Noiret L，et al.，Estimates of Upper Palaeolithic Meta - Population Size in Europe from Archaeological Data. *Journal of Archaeological Science*，2005，p. 32.

③ 修改自 Bocquet - Appel JP，Demars PY，Noiret L，et al.，Estimates of Upper Palaeolithic Meta - Population Size in Europe from Archaeological Data.

之前，欧洲人口稳定增长；在末次冰盛期，为了适应寒冷气候，人群做出了相应调整，即 1. 人群分布北界沿纬度向南、沿经度自西向东分别收缩了 150～500km 不等；2. 人群集中生存在若干环境相对优越的“避难所”（如法国的佩里戈尔地区，西班牙坎塔布里山区及伊比利亚沿海地区）；3. 人群分散为若干小群体生存。而在冰消期，人群又回到北部并呈爆发式增长。也就是说，从 40～11.5ka BP 左右，欧洲人口数量一直在不断增长，虽然在末次冰盛期出现了人群迁移，但总的增长趋势并没有改变。这样一来，人口增长可能在农业萌芽以前就十分显著，而人口增长带来的压力或多或少会给人群的生存策略带来变化。

在中国，专门针对旧石器时代晚期遗址分布与气候变化关系的研究很少。但基于古人类遗址环境数据库进行的旧石器时代遗址时序性分布的初步分析表明（图 1.4），自晚更新世以来，中国境内考古遗址数量猛增，分布地域也不断由东部向西北部扩展，说明至少在晚更新世，人口可能在不断地增加。

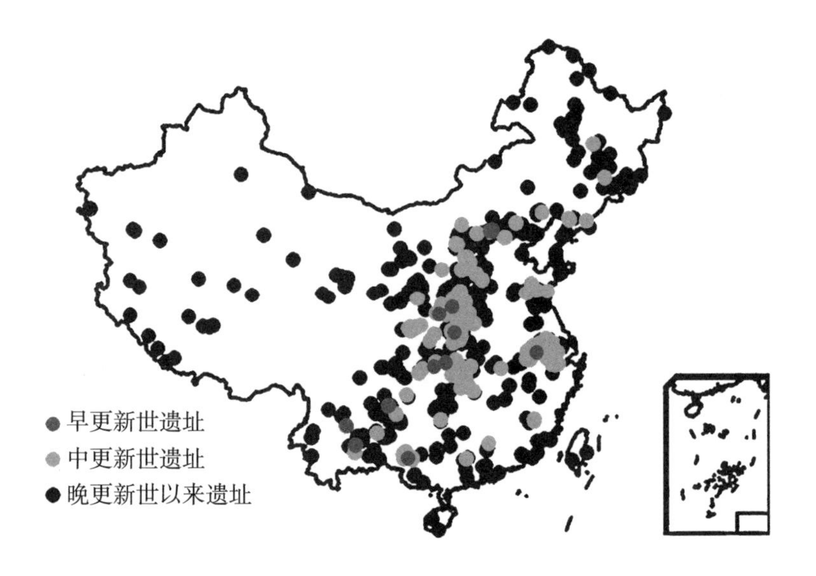

图 1.4　中国旧石器时代遗址的分布①

然而，遗址数量增加并不总意味着人口数量增加。人群流动性增加导致季节性

① 修改自武春林、张岩、李琴等：《中国古人类遗址环境数据库及遗址时空分布初步分析》，《科学通报》2011 年总第 56 期，第 2229～2231 页。

遗址增多也可能促使在相同人口规模下的遗址数量增长。Rick① 首次提出可以依据遗址^{14}C 测年结果来重建一个区域的人口密度，这是由于人口密度越大，所产生的与人类文化相关的碳就越多，^{14}C 年代的分布频率（Standardized Probability）就越高。很多欧洲学者依据这一方法估算了末次盛冰期以来的人口密度，其结果精度较高，并且大多与遗址数量分析的结果一致②。玉灿等③厘定了中国境内 3878 组来自 888 个遗址的^{14}C 数据，认为在末次冰期时，中国境内人口规模确实随气候波动而不断发生变化，在气候适宜时，人口规模增大。然而，末次盛冰期内的几次强冷事件，如末次盛冰期和新仙女木事件造成了中国境内人口的减少，真正的人口爆发到农业出现以后才发生（至少在距今 1 万年以后）。

第三节　冰消期人群制作工具技术的进步

不论是气候环境变化还是人口增长，都会给生活在冰消期的古人类带来资源紧张问题，也就是说，古人类必须获取更多资源来缓解环境波动和人口增加带来的压力。进一步讲，假如常规的劳动不能获取满足生存的资源，那么人类就会通过改变劳作方式来解决生计问题。对于狩猎 - 采集人群来讲，这种改变主要体现在开发更适宜的工具、减少集食的选择性、提高食物的存储性能或者扩展食谱等方面。总而言之，就是要提高获取能量的效率。从全球范围来看，冰消期的遗址非常多。依据这些遗址所反映的人群生存特征，在冰消期，人类适应性生存策略主要体现在三大技术，即细石叶、制陶和磨制石器技术的发生与演进上。这三类技术是考古遗存中最直观体现狩猎 - 采集人群改进生产工具以提高资源利用率的证据。而相对地，对

---

① Rick JW, Dates as data: an examination of the Peruvian preceramic radiocarbon record. *American Antiquity*, 1987, p. 52.

② Williams AN, The use of summed radiocarbon probability distributions in archaeology: a review of methods. *Journal of Archaeological Science*, 2012, p. 39; Peros MC, Munoz SE, Gajewski K, et al., Prehistoric demography of North America inferred from radiocarbon data. *Journal of Archaeological Science*, 2010, p. 37.

③ Wang C, Lu HY, Zhang JP, et al., Prehistoric Demographic Fluctuations in China Inferred from Radiocarbon Data and Their Linkage with Climate Change over the Past 50,000 Years. *Quaternary Science Reviews*, 2014, p. 98.

资源的强化利用也推动了晚更新世生产技术的变革。

欧亚大陆早期陶器的出现一直是史前考古最受争议的话题之一。依据现有材料来看，制陶技术最早可追溯至20cal ka BP的中国南方①，而此时正处于末次冰期最盛期，当地的人群也以狩猎—采集经济为主。在此后的几百年内，这种新技术可能不断向北传播，影响了中国北方、日本、韩国、俄罗斯的阿穆河流域以及贝加尔湖地区②。制陶技术的出现（10ka BP左右）是人类生存技术的重大革新，所以，对于中国甚至整个东北亚的史前研究而言，都被视为划分旧石器和新石器时代最主要的标志之一③。

然而，对于欧洲中、西部以及西亚地区而言，新石器时代到来的标志要复杂得多，主要表现为农业经济发生以及相应的文化、社会及意识形态改变，比如复杂社会的形成④。所以，他们在旧、新石器时代之间，又划分出“中石器时代（Epipaleolithic/Mesolithic，12～5cal ka BP）”来定义制陶技术尚未广泛出现的时期。不同的地区，人群和社会的变化并不总是同步的；而中国由于自然环境南北差异明显，制陶技术的出现和人群生存方式的变化也显然不总是同步。因此，也有中国学者建议引入欧洲学者所提出的“中石器时代”来定义中国北方一些兼具旧石器和新石器文化内涵的遗址，并认为他们所处的时代与欧洲相关遗址是一致的⑤。但其实，在西方定义的“中石器时代”的年代与内涵也一直存在争议⑥。到现在，“中石器时代”更多是指

---

① Wu X，Zhang C，Goldberg P，et al.，Early Pottery at 20,000 Years Ago in Xianrendong Cave，China. *Science*，2012，p. 336.

② Janz L，Feathers JK，Burr GS，Dating surface assemblages using pottery and eggshell：assessing radiocarbon and luminescence techniques in Northeast Asia. *Journal of Archaeological Science*，2015，p. 57；Wang YP，Zhang S，Gu W，et al.，Lijiagou and the Earliest Pottery in Henan Province，China. *Antiquity*，2015，p. 89；Kuzmin YV，Origin of Old World Pottery as Viewed from the Early 2010s：When，Where and Why? *World Archaeology*，2013，p. 45；Sato H，Izuho M，Morisaki K，Human Cultures and Environmental Changes in the Pleistocene - Holocene Transition in the Japanese Archipelago. *Quaternary International*，2011，p. 237.

③ Tsydenova NS，Piezonka H，The Transition from the Late Paleolithic to the Initial Neolithic in the Baikal Region：Technological Aspects of the Stone Industries. *Quaternary International*，2015，p. 355.

④ Stiner MC，Bicho N，Lindly J，et al.，Mesolithic to Neolithic Transitions：New Results from Shell - Middens in the Western Algarve，Portugal. *Antiquity*，2003，p. 77.

⑤ 如陈淳：《谈中石器时代》，《人类学学报》1995年第1期。

⑥ Salvatori S，Disclosing Archaeological Complexity of the Khartoum Mesolithic：New Data at the Site and Regional Level. *African Archaeological Review*，2012，29（4）.

一些特殊地域所处的时代，而并非一个广适的概念。

相比陶片的零星发现，从考古学记录的角度来看，石器技术的变化很可能才是古人类应对气候不断波动及人口增长的主要策略。在更新世末期，中国北方石器技术最显著的变化之一体现在细石叶技术的出现与扩张。关于细石叶技术起源的争论很多，一些年代较早的遗址，如柴寺、小南海、下川、峙峪及水洞沟第一地点下文化层，在年代、地层和对石器组合的认识上或多或少存在一些问题，更被广泛接受的中国最早的细石叶技术出现在油房遗址①。而在其后的西施遗址、龙王辿遗址、柿子滩遗址 S29 与 S14 和彭阳 3 号地点确认了细石叶制品组合的出现，表明在不晚于 25ka BP，细石叶技术已经在中国北方出现②。但这一阶段遗址的数量不多，密度较小，而后一段时间，中国北方的细石叶技术可能与传统小石片技术共存③。真正的细石叶技术扩张出现在 16ka BP 左右④，这种扩张不仅表现在细石器遗址的大量出现，也体现在传统小石片技术的消亡，代表性的遗址有柿子滩、鸽子山和泥河湾盆地的虎头梁遗址群以及水洞沟 12 地点。

另一个方面，除了细石叶技术的兴盛，新的石器文化元素出现和扩张也体现了古人类技术系统的多样化和复杂化。磨光石斧、磨盘和磨棒以及骨椎和骨针等磨制技术产品的出现，表明在冰消期，中国北方古人类适应环境的能力逐渐提升，利用的资源更加多样化，生产的产品也更加复杂。在大地湾、转年和东胡林等遗址，都可以观察到磨制产品的出现。以水洞沟第 12 地点为例，磨盘、磨棒的存在和骨针的出现说明古人类对本地资源的开发范围更广，层次更深，古人类不仅能够加工植物遗存而且也能利用动物的副产品，如毛皮等⑤。

虽然在中国，细石叶、制陶和磨制技术应该有很长一段时间并存，但由于诸多

---

① Nian X, Gao X, Xie F, et al., Chronology of the Youfang Site and Its Implications for the Emergence of Microblade Technology in North China. *Quaternary International*, 2014, p. 347.

② Yi MJ, Gao X, Li F, et al., Rethinking the origin of microblade technology: A chronological and ecological perspective. *Quaternary International*, 2016, p. 400.

③ 梅惠杰：《泥河湾盆地旧、新石器时代的过渡——阳原于家沟遗址的发现与研究》，博士研究生论文，北京大学，2007 年。

④ 泥河湾盆地马鞍山遗址的最新测年结果由关莹博士提供。

⑤ 仪明洁：《旧石器时代晚期末段中国北方狩猎采集者的适应策略——以水洞沟第 12 地点为例》，博士研究生论文，中国科学院大学，2013 年。

年代数据的不确定性，这三种技术在冰消期的产生和发展脉络不甚清晰。依据已经发表的测年结果和遗物报道，可以将三大技术在中国的时序性发展与气候曲线进行粗略的对比（图1.5）。

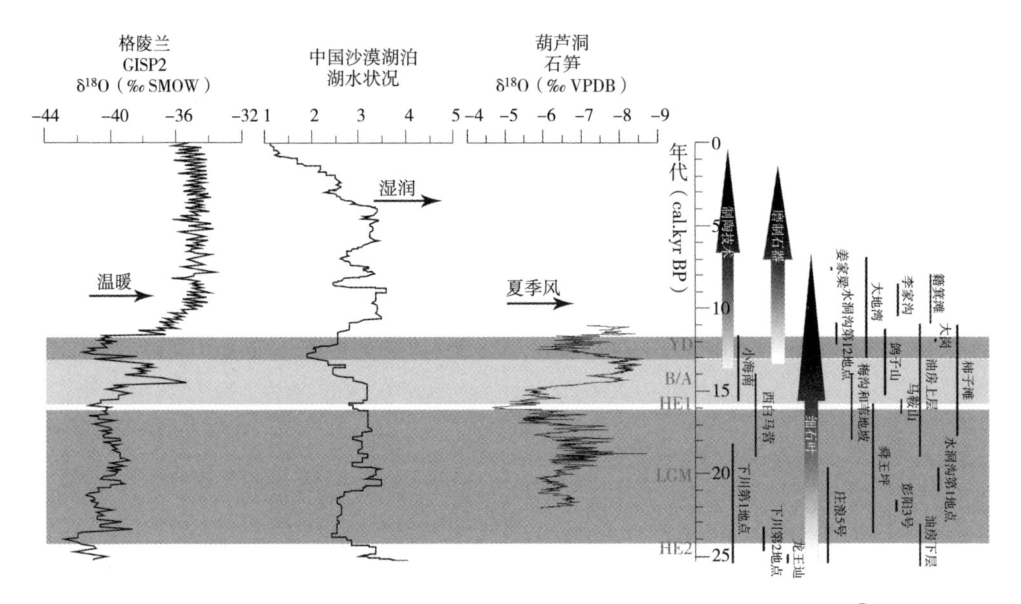

图1.5　三大技术在中国北方出现的大致时间及其与气候曲线的关系①

在末次冰盛期期间，中国北方的三大技术中仅有细石叶技术出现，而在末次冰盛期结束之后，制陶和磨制石器技术开始发展，而细石叶技术的发展则达到顶峰。进入全新世之后，制陶与磨制石器技术开始逐步取代细石叶技术，而后成为人类生产技术的主流。

过去，在大部分中国北方冰消期的遗址中，只要发现陶片、磨制石器等人工制品，即认为该遗址已经进入新石器时代，这与中国传统的新石器时代定义不无关系。长期以来，磨制石器技术、制陶技术、农业与定居被认为是中国考古遗址进入新石器时代的四大重要标准，而这四大标准过去几乎都被认为是指向对植物资源的开发②。但实际

① 遗址年代数据参考：Nian X, Gao X, Xie F, et al., Chronology of the Youfang Site and Its Implications for the Emergence of Microblade Technology in North China. Qu T, Bar - Yosef O, Wang Y, et al., The Chinese Upper Paleolithic: Geography, Chronology, and Techno - typology.

② Jin J, *Zooarchaeological and Taphonomic Analysis of the Faunal Assemblage from Tangzigou, Southwestern, China.*

上，在冰消期共存的三大工具制作技术并不仅仅指向植物资源的开发。

细石叶技术被认为是开发动物资源的导向型技术，复合和轻便工具的使用有助于长时间追踪、远距离狩猎和快速肢解动物，人群的流动性也进一步增强①。制陶技术虽然经常被认为与植物性资源开发相关，但实际上，陶制容器不仅可以用来煮食粮食，也可以被用来烹食贝壳、鱼类和肉汤以及炼制骨油和动、植物性粘剂②。磨制石器工具最初被认为是用来加工植物性材料，后来也有学者提出它可能会被用来加工颜料，而来自北美的证据表明磨制工具有时也会被用来研磨小动物的尸体或者碾碎松质骨骼以炼制骨油③。所以，这三种技术的发展应该并不仅仅只与植物性资源开发相关，而与动物资源的开发也有着深刻的联系。

人类获取食物方式的转变导致人群（或社会）快速重组，其中动植物资源管理方式的变化是重组的基础。在中东地区，区域性的对比表明，“新石器化”进程不稳定且多样化④。一些没有陶片出土的新石器时代早期聚落已经发现有动物管理的征兆，同时植物培育也已经非常普遍。在这些地方直到新石器时代晚期才有驯养动物的确切证据，之后新石器化的进程才进一步加速⑤。如果说三大技术的出现表明了人类对资源的利用率提高，那么，在不同的地区，由于环境的差异，三大技术出现的时间不一，人们所掌握的资源开发方式也不一致，提高其利用资源效率的表现也应该有很大的差异。

---

① Elston RG, Brantingham PJ, Microlithic Technology in Northern Asia: A Risk - Minimizing Strategy of the Late Paleolithic and Early Holocene. *Archeological Papers of The American Anthropological Association*, 2002, p. 12.

② Eerkens JW, Privatization, small - seed intensification, and the origins of pottery in the western Great Basin. *American Antiquity*, 2004, p. 69; Bettinger RL, Madsen DB, Elston RG, Prehistoric Settlement Categories and Settlement Systems in the Alashan Desert of Inner - Mongolia, PRC. *Journal of Anthropological Archaeology*, 1994, p. 13; Braun DP, *Pots as tools. Archaeological hammers and theories.* New York: Academic Press; Linton R, 1944. North American cooking pots. *American Antiquity*, 1983, p. 9.

③ Outram AK, *The Identification and Paleoeconomic Context of Prehistoric Bone Marrow and Grease Exploitation.* PhD Dissertation, Durham University, 1998.

④ Goring - Morris AN, Belfer - Cohen A, Neolithization Processes in the Levant The Outer Envelope. *Current Anthropology*, 2011, p. 52.

⑤ Asouti E, Fuller DQ, From Foraging to Farming in the Southern Levant: the Development of Epipalaeolithic and Pre - Pottery Neolithic Plant Management Strategies. *Vegetation History and Archaeobotany*, 2012, p. 21.

第四节　食物管理的前奏：广谱革命还是资源强化利用？

从觅食、集食到农耕，人群对食物的认知和管理能力不断地提升。长期以来，新石器时代中晚期的研究材料丰富，考古学家对该阶段的农业发展研究卓有成就。相对地，由于新石器时代早期乃至更早阶段的材料匮乏，关于狩猎－采集人群如何参与（或者发明）农业生产行为的研究总是陷入困境。于是，从狩猎－采集觅食者的研究到定居农业生产者的研究之间总有很难跨越的鸿沟。如Stiner等[①]所述，研究农业的起源有两种视角：大部分考古学家愿意由晚推早，这种视角在农产品本身、农业生产工具以及相应的生活方式甚至社会变化方面都有丰富的证据；而相对较少的研究者愿意关注旧石器晚期最后阶段到新石器早期（欧洲称为“中石器时代”）。然而，从演化的角度看，后者的思路显然更符合简单的演化逻辑。从后一种视角出发，在旧石器时代晚期到新石器时代早期这个关键的时间段，人群应该采取了不断优化食物种类或者品种并且通过短期或长期的储存这样的管理手段来增强自身应对季节和环境变化的能力。

农业的概念十分复杂，但总体来说包含几个方面：管理（managed）、操控（manipulated）和驯化（domesticated）资源[②]，这三个方面既是逐步递进的，有时也是交互进行的。不同的研究者根据以上三个方面在生产活动中占有的比例来定义农业：Zvelebil和Dolukhanov[③]认为这个比例应该是50%，而Winterhalder和Kennett[④]则认为该比例需要达到75%。也就是说，当人类消耗的资源中有一半以上是可以由人类

---

① Stiner MC, Buitenhuis H, Duru G, et al., A Forager－Herder Trade－Off, from Broad－Spectrum Hunting to Sheep Management at Asikli Hoyuk, Turkey.

② Barton L, *Early Food Production in China's Western Loess Plateau.*

③ Zvelebil M, Dolukhanov P, The transition to farming in eastern and northern Europe. *Journal of World Prehistory*, 1991, p. 5.

④ Winterhalder B, Kennett DJ, Behavioral ecology and the transition from hunting and gathering to agriculture, In Kennett DJ, Winterhalder B (eds.), *Behavioral ecology and the transition to agriculture*, Berkeley: University of California Press, 2006.

管理或操控的时候，才能说明农业已经产生。如果我们只从概念出发来研究材料，那么我们总可以把不同的遗址钉到一条百分比坐标轴的不同点上。然而，农业是一种生产行为，它必然是动态变化的，那么，在流动地食物采集和有意识地食物生产之间，必然存在一些渐变的、模棱两可的对食物进行管理和操控的过程，这个过程应该不仅仅是上面所讲的比例不断上升这样简单①。

从动态发展的角度来看，与其讨论农业起源的具体时间节点，不如从人与动、植物的关系是怎样逐步强化（intensity）来展开讨论。Barton② 提出，对于中国北方而言，需要关注的主要生物种类应该是黍（*Panicum miliaceum*）、粟（*Setaria italica*）、大米（*Oryza sativa*）、犬（*Canis* sp.）、猪（*Sus* sp.）和鸡（*Gallus* sp.）。他认为，随着人与动、植物之间的关系逐步强化，选择的压力会导致人们逐渐地驯化以上这些物种。

于是，有关农业起源的问题讨论就落到了两个关键的概念：食物采备（food procurement）和食物生产（food production）。Harris③ 对野生食物生产（wild－food production）有清晰的解释，即简单培育和管理特定的野生动植物以提高它们的产能，具体的做法可能包括：播种或种植，维护，短期的圈禁与饲养，生殖隔离，以及对某些种群形态基因的驯化。相应地，他也提出野生食物采备（wild－food procurement）和农业生产（agricultural production）的概念，前者主要指渔猎与狩猎采集，后者不仅指培育及饲养已经驯化的动植物，而且指在这个阶段，农业经济体系已经形成并扩展。从野生食物采备到野生食物生产，再到农业生产，这几者似乎在时间上是线性发展的，然而，野生食物生产和农业生产之间的鸿沟并没有野生食物生产和采备之间那么大。假如低效的野生食物生产是高效的农业生产行为的前奏，那么是怎样的压力导致了对某些特定动植物由采备到生产的改变呢？由此，我们可以把目光放在狩猎采集行为的后期，即对野生食物的采备和低效的储藏或管理之间。由于这条鸿沟的界线并不明显，不同的研究者给它取了不同的名字，比如“中间面”（middle ground）④、低级别食物生

---

① Harris DR, Agriculture, cultivation and domestication: exploring the conceptual framework of early food production., In Denham, T, Iriarte J, Vrydaghs L (eds.), *Rethinking Agriculture: archaeological and ethnoarchaeological perspectives*, Walnut Creek, CA: Left Coast Press, 2007.

② Barton L, *Early Food Production in China's Western Loess Plateau.*

③ Harris DR, Agriculture, cultivation and domestication: exploring the conceptual framework of early food production.

④ Smith BD, Low－Level Food Production. *Journal of Archaeological Research*, 2001, p. 9.

产（low－level food production）[①] 或低效的食物管理（low－level stock production）[②]等。针对动物资源，这种低效的储藏和管理行为可以具体表现为制作副产品，如油脂糕、肉干等，或者对捕获的野生猎物进行短期、松散的牵养或者圈养。

Binford[③] 和 Flannery[④] 认为在旧石器时代晚期，由于气候的波动较大，欧洲中高纬地区的狩猎—采集人群通过改变其获取、加工和管理食物的方式来提高对环境的适应能力，发生了"广谱革命"。对广谱革命起因的探索促成了一些经典理论的完善和发展，如上文所述的狩猎采集理论（Foraging Theory）及食谱拓展模型（Diet Breadth Models）。广谱革命的视角在后来的研究中被频繁地运用，但大多数研究者的关注点都集中在植物资源的利用上，因为研究植物性资源的利用过程可以更有逻辑地将广谱革命和农业起源联系起来，也能很好地与资源压力的背景契合。目前在植物遗存方面的发现表明，至少在距今 1 万年左右，食谱的广化革命确实存在，它发生的原因不仅与气候的波动有关，还受到旧石器时代晚期人口激增的影响[⑤]。人口密度增加而产生的压力可能导致原始农业形成[⑥]。这个论点的关键论据在于在自然界的猎食系统（Predator－Prey）中，密度压力（Density－dependent Effects）是影响系统平衡的最重要动力[⑦]，而人类的获取食物的方式理应受到同样动力的影响[⑧]。

假如我们以人群面临的资源压力为出发点，从动物资源的角度来进行另一个推导，广谱革命的证据也是存在的。最佳觅食理论（Optimal Foraging Theory）

---

① Barton L, *Early Food Production in China's Western Loess Plateau.*

② Stiner MC, Buitenhuis H, Duru G, et al., A Forager－Herder Trade－Off, from Broad－Spectrum Hunting to Sheep Management at Asikli Hoyuk, Turkey.

③ Binford LR, Post－Pleistocene Adaptions.

④ Flannery KV, Origins and Ecological Effects of Early Domestication in Iran and the Near East.

⑤ Bar－Yosef O, The Natufian Culture in the Levant, Threshold to the Origins of Agriculture. *Evolutionary Anthropology*, 1998, p. 6.

⑥ Stiner MC, Thirty Years on the "Broad Spectrum Revolution" and Paleolithic Demography. Winterhalder B, Goland C, On Population, Foraging Efficiency, and Plant Domestication. Keeley LH, Hunter－gatherer economic complexity and "population pressure". *Journal of Anthropological Archaeology*, 1988, p. 7.

⑦ Garvin A, Why ask "why": The importance of evolutionary biology in wildlife science.

⑧ Winterhalder B, Goland C, On Population, Foraging Efficiency, and Plant Domestication. Harpending H, Bertram J, Human Population Dynamics in Archaeological Time: Some Simple Models.

是狩猎采集觅食模式（Hunter - gatherer Foraging Models）在西方考古学中最重要的运用之一，是生态学原理在考古学领域的具体实践[①]。仪明洁等[②]系统地回顾了狩猎采集觅食模式及其在旧石器时代考古学中的应用，详细介绍了最佳觅食理论的内涵。在“最高效地摄食”和“保证成功繁殖”这两个前提下，觅食者总是追求在单位时间内获得更多的卡路里，即最佳觅食原理所强调的觅食效率和觅食产出的最大化。在这一理论的基础之上，Stiner[③] 提出，针对动物而言，在捕获、处理和最终获取能量之间的权衡能很好地反映人类对高回馈率食物的追求。在捕获困难程度相当的情况下，强壮凶猛的大型牛科动物的肉量远远高于体形小但逃逸速度快的兔型动物，相对来讲，前者具有较高的回馈率；而在飞行速度快的鸟类和爬行速度慢的龟类之间，后者的回馈率相对要高。假如猎食者可以轻易获得高回馈率的食物，那么他们就会放弃低回馈率的食物；但在高回馈率食物减少的情况下，猎食者可能会拓宽食谱而转向低回馈率的食物。也就是说，在高回馈率食物相对丰富的情况下，猎食者的食谱多样性可能更低，反之，则食谱的多样性增加。Stiner 和 Munro[④] 认为，传统的林奈分类系统指出了不同物种之间的区别和联系，但却不能反映人类的猎食行为。人类捕猎追求的是觅食效率即更高的回馈率，这种行为不必遵循猎物的生物学分类。很多在分类上差异很大的动物在躲避捕猎的行为上却很相似，其处理成本也类似。如果将猎物的分类限定在生物学的范畴之内，就很难准确地评价遗址中出土的猎物组合，而对整个猎物多样性的认识也会有偏颇。于是，他们提出了依据成本与收益模型（Prey Ranking System）来划分人类选择的猎物。划分的具体标准是依据猎物的体形大小、生存方式、躲避捕猎的速度、捕获要求和种群产出率。他们将猎物划分为高回馈率（即大型动

---

① Munro ND, *A Prelude to Agriculture: Game Use and Occupation Intensity in the Natufian Period of the Southern Levant.*

② 仪明洁、高星、Bettinger R：《狩猎采集觅食模式及其在旧石器时代考古学中的应用》，《人类学学报》2013 年第 2 期。

③ Stiner MC, Small Animal Exploitation and Its Relation to Hunting, Scavenging, and Gathering in the Italian Mousterian.

④ Stiner MC, Munro ND, Approaches to Prehistoric Diet Breadth, Demography, and Prey Ranking Systems in Time and Space.

物）和低回馈率（即小型动物），并进而依据生殖特点及躲避捕猎的能力将小型动物进一步划分为两类：行动较快和行动较慢的动物。在新的分类系统下，Stiner 检验了地中海沿岸的32个遗址的猎物多样性，并与林奈分类系统下计算的动物多样性指数对比。在这个分类系统下的动物多样性在1万年左右达到了最高，表明人类遗址的猎物多样性增加，对回馈率较低的猎物进行了一定程度的开发。近十年内，Stiner 提倡的分类系统被广泛地运用于动物考古学研究中，特别是与"广谱革命"有关的旧石器时代晚期遗址的研究①。张乐等②利用水洞沟第12地点的材料，首次提出了广谱革命在中国北方发生的动物考古学证据，认为第12地点的古人类对猎物的选择倾向性较低，指示了肉食广谱革命的发生，这与地中海及西亚地区同时段遗址的情况十分相似。

当然，很多学者质疑这样的分类体系，认为在捕猎工具和技巧相对进步的情况下，Stiner 体系中低回馈率猎物的猎取效率可能会提高③。但必须考虑到的是，工具和技巧的进步极有可能反映了人口数量和密度的增加，在这种条件下，即使提高了猎取效率，低回馈率的小体型动物提供的平均能量依然不如大型动物多。

---

① 如，Munro ND，Kennerty M，Meier JS，et al.，Human Hunting and Site Occupation Intensity in the Early Epipaleolithic of the Jordanian Western Highlands. *Quaternary International*，2016，p. 396；Zhang SQ，Yue Z，Shu LJ，et al.，The broad－spectrum adaptations of hominins in the later period of Late Pleistocene of China：Perspectives from the zooarchaeological studies. *Science China Earth Sciences*，2016，59（8）；Rillardon M，Brugal J－P，What about the Broad Spectrum Revolution? Subsistence Strategy of Hunter－Gatherers in Southeast France between 20 and 8ka BP. *Quaternary International*，2014，p. 337；Hardy BL，Moncel M－H，Daujeard C，et al.，Impossible Neanderthals? Making String，Throwing Projectiles and Catching Small Game during Marine Isotope Stage 4（Abri du Maras，France）. *Quaternary Science Reviews*，2013，p. 82；Blasco R，Fernandez Peris J，A Uniquely Broad Spectrum Diet during the Middle Pleistocene at Bolomor Cave（Valencia，Spain）. *Quaternary International*，2012，p. 252；Cochard D，Brugal JP，Morin E，et al.，Evidence of Small Fast Game Exploitation in the Middle Paleolithic of Les Canalettes Aveyron，France. *Quaternary International*，2012，p. 264.

② 张乐、张双权、徐欣等：《中国更新世末全新世初广谱革命的新视角：水洞沟第12地点的动物考古学研究》，《中国科学：地球科学》2013年第4期，第628～633页。

③ Darwent CM，The highs and lows of high Arctic mammals：Temporal change and regional variability in Paleoeskimo subsistence，In Mondini M，Munoz S，Wickler S（eds.），*Colonisation，migration and marginal areas：A zooarchaeological approach*，Oxford：Oxbow Books，2004；Outram AK，Identifying Dietary Stress in Marginal Environments：Bone Fats，Optimal Foraging Theory and the Seasonal Round，In Mondini M，Munoz S，Wickler S（eds.），*Colonisation，Migration and Marginal areas：A Zooarchaeological Approach*，Oxford：Oxbow Books，2004.

其实，在Stiner的体系中，将小型动物，特别是兔子和鸟作为肉食广谱革命的证据链有两个缺陷。一是在捕食效率方面，捕食兔子和鸟类的策略与捕食大中型有蹄类截然不同，前者往往采取陷阱、下套等延时性的策略，捕猎单个猎物所需要的人员不多。如果大量熟练的捕猎者参与到陷阱的设置中，仅需很少的人力即可回收可观的猎物。有时在这一过程中，并不需要强壮的猎手对猎物进行追踪或与猎物搏斗，甚至不需要耗费很多力气来搬运猎物。在某些群体中，捕猎这类动物的活动完全可以由处在采集者地位的青少年或者妇女来完成。而后者则需要采取跟踪、蹲守或围猎等即时性的策略，参与的人员较多，一旦成功所能获取的猎物量也不少，所以单从捕食效率上来看，很难讲清孰高孰低。二是季节性的问题，对兔子和鸟类的捕获效率在冬季往往高于其他季节。因为冬季植被减少、积雪增多，使得这类小型快速动物无处躲藏且更易留下痕迹，它们的行动速度也相对下降。加上冬季食物的匮乏使得小型动物的觅食范围也相应扩大，进入陷阱的可能性更高。单从遗址出土的大小型动物比例变化中很难排除季节性的因素，所以从捕猎环境来看，也很难说明小型动物的增加到底是因为广谱革命发生还是由于单纯的季节变化。

如果回到人群应对资源压力的主要方式上，那么提高流动性和对本地资源进行强化利用是两类最基础的策略。提高流动性最重要的特征即季节性遗址增多，人群使用的工具也相应地轻便化。资源强化利用（Resource Intensification），是指以牺牲觅食效率为代价来提高对特定领域的能量攫取，“提高”的主要表现为对资源对象在宽度上的扩展以及在深度上的挖掘，前者既食谱的扩展（Dietary Expansion），后者既对食物的集约加工（Intensive Carcass Processing）①。研究肉食资源的广谱革命是研究人类对资源强化利用的一个重要方面，那么研究对猎物的集约加工应该能从另一个视角来探讨资源强化利用的方式以及其对人类生产技术发展的推动。而且，集约加工的手段多样，其最终产品就包含有能够进行低效管理和储藏的肉食资源。本书通过动物考古学研究手段，

① Morgan C, Is it Intensification Yet? Current Archaeological Perspectives on the Evolution of Hunter - Gatherer Economies. Elston RG, Dong G, Zhang D, Late Pleistocene Intensification Technologies in Northern China. Munro ND, Epipaleolithic Subsistence Intensification in the Southern Levant: the Faunal Evidence, In Hublin J - J, Richards MR (eds.), *The Evolution of Hominin Diets*, Netherlands: Springer, 2009.

提供了若干有关生活在中国北方冰消期的一群狩猎采集者对猎物资源进行集约性开发的证据。这种对动物资源强化利用的行为给本地动物驯化提供了经验。

第五节　旧石器时代动物考古学的研究现状与问题

动物考古学（Zooarchaeology），由祁国琴老师①首译进而引入国内，是考古学与动物学相结合的一门科学。动物考古学的研究对象应该包括所有与人类活动相关的考古遗址中出土的动物遗存，如动物牙齿、骨骼、蛋壳以及用它们制作的工具或装饰品等等。基础的动物考古学研究能够提供大量的一手数据来帮助解决许多考古学问题，比如，人群所处的生态环境、人群对自然的认识状况、人群消费和管理动物资源的方式以及他们在极端气候条件下的生存策略调整等等。在近期提出的“当今考古学研究面临的挑战”的 25 项研究焦点问题中②，人与环境的互动关系、人群的能动性等方面的研究都需要动物考古学基础数据的支持。

基于考古遗址出土的遗物、遗迹特征的差异，中国的考古学研究可以粗略地分为史前考古与历史时期考古，而动物资源是史前社会最为重要的资源，史前动物考古学是揭示当时人与动物关系最重要的手段。由于学科发展历史与归属、研究方法的差异等问题，中国的史前考古学，即新石器时代考古学与旧石器时代考古学研究在一定时期内存在脱节。随着学科发展的不断深入，这两个时段的考古学研究的隔阂也越来越小。但在动物考古学方面，这两个时段的研究状况有较大的差别。新石器时代的动物考古学在中国起步早、发展快，其研究的内容从最基础的鉴定和研究报告，到各类专题研究，结合同位素、古 DNA 等先进的研究手段，在家畜的起源和饲养、古代人类获取肉食资源的方式、随葬或埋藏动物研究、骨角器的制作、古环境研究等方面取得了多项突破③。与旧石器时代相比，新石器时代的人类行为更复杂

---

① 祁国琴：《动物考古学所要研究和解决的问题》，《人类学学报》1983 年第 2 期。

② Kintigh KW, Altschul JH, Beaudry MC, et al., Grand challenges for archaeology. *American Antiquity*, 2014, p. 79.

③ 袁靖：《中国动物考古学》，北京：文物出版社，2015 年。

多样，人的社会性增强，人类与动物的相互关系远远超越了人类对食物的基本需求，所以新石器时代动物考古学的研究内容更加丰富、研究方法更加多元。旧石器时代动物考古学的研究在中国的起步更早，但发展得相对缓慢，与旧石器时代遗址动物骨骼相关的研究报告往往都是种属鉴定和化石的特征描述，而后据动物群的特征推断人类生存的环境，有些研究还会罗列各种属的可鉴定标本数和最小个体数。张乐①回顾了中国旧石器时代动物考古学的发展历史，并且提出了现阶段旧石器时代动物考古学研究所面临的主要问题，包括：研究报告偏重形态描述而缺乏数据支持、实验研究不够系统、缺乏控制和统计分析、没有系统的骨骼单元分布研究、研究方法与手段没有与国际接轨，而这些直接导致了相关研究缺少科学、客观的对比和参照。Steele② 在总结当今旧石器时代动物考古学的发展状况时，特别强调了地域发展的不平衡。在中国，由于大多数旧石器时代遗址出土的动物骨骼量多，但又比较破碎，导致动物考古学的基础研究在大多数研究者眼里是一件费时费力又无法快速取得亮眼成果的工作。

要改变研究现状首先要打开研究的思路，以地中海地区的相关研究为例，从对不同时间段人类生存方式研究的核心问题来看，在不同的层面上，旧石器时代的动物考古学都扮演了重要的角色（图 1.6）。

不同时段要解决的核心问题不同，动物考古学研究所关注的研究对象不同，研究方法和手段也会有一定的差异。以旧石器时代晚期为例，该阶段人类行为趋向复杂化，气候、人口的压力以及技术的发展导致食物的构成及获取食物的方式发生改变，最为显著的就是上文所述的肉食资源广谱革命及资源强化利用行为的发生与发展。中国针对旧石器时代晚期的动物考古学研究并不多，并且主要针对中国南方的遗址③。中国北方的研究仅有水洞沟 12 地点一例④。着眼于中国北方环境的多样性，从动物群面貌

---

① 张乐：《马鞍山遗址古人类行为的动物考古学研究》，博士研究生论文，中国科学院研究生院，2008 年。

② Steele TE, The contributions of animal bones from archaeological sites: the past and future of zooarchaeology. *Journal of Archaeological Science*, 2015, p. 56.

③ 如 Jin J, *Zooarchaeological and Taphonomic Analysis of the Faunal Assemblage from Tangzigou, Southwestern, China*. Prendergast ME, Yuan J, Bar - Yosef O, Resource Intensification in the Late Upper Paleolithic: A View from Southern China. *Journal of Archaeological Science*, 2009, p. 36；张乐、王春雪、张双权等：《马鞍山旧石器时代遗址古人类行为的动物考古学研究》，《中国科学（D 辑：地球科学）》2009 年第 9 期。

④ 张乐、张双权、徐欣等：《中国更新世末全新世初广谱革命的新视角：水洞沟第 12 地点的动物考古学研究》，《中国科学：地球科学》2013 年第 4 期。

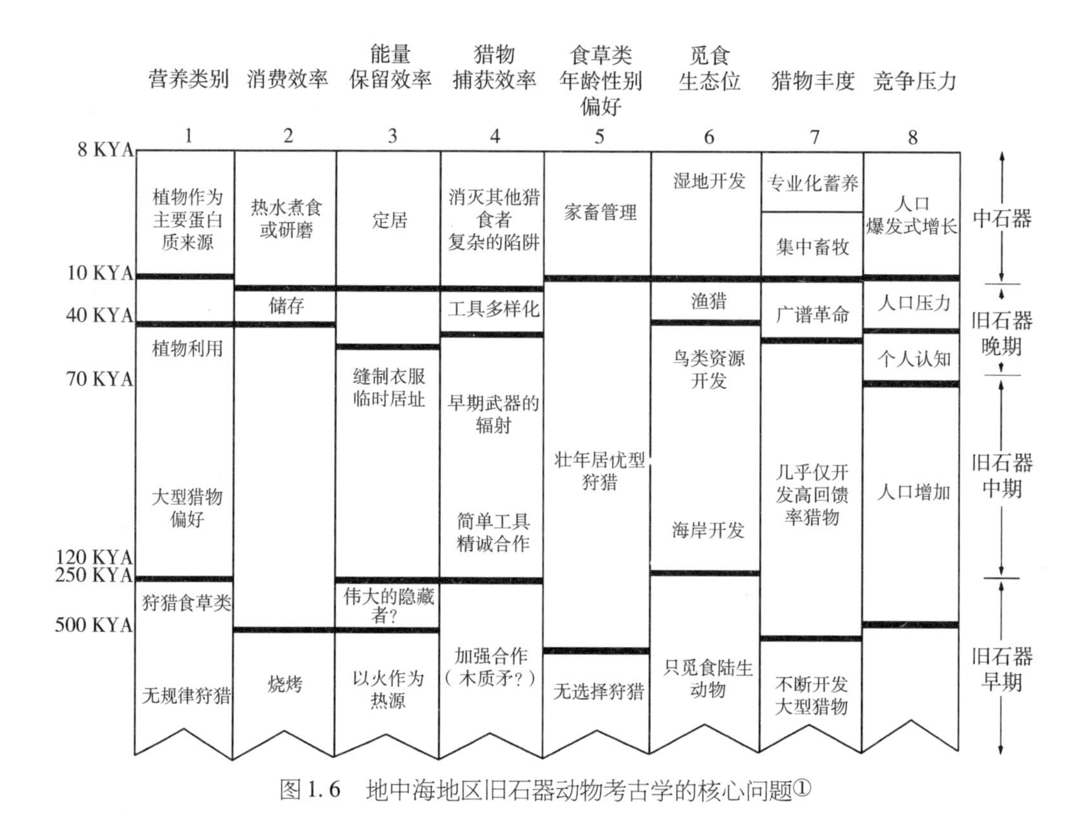

图1.6　地中海地区旧石器动物考古学的核心问题①

上看，华北地区与西北地区既有相似性，也有不同之处。由于皆属半干旱草原地区，在大型动物方面，华北地区与西北地区的旧石器时代晚期遗址中都发现有适应草原环境的各类有蹄动物。但在小动物方面，华北地区并没有确切的报道。华北地区是典型的生态交错带，生态交错带对于动物有特定的影响，所以对于依赖动物而生的旧石器时代人群也有特殊的意义②。在旧石器时代晚期，由于气候的不断波动，华北生态交错带的位置和影响也是不断变化的，这种变化最容易带来人类行为的多样性。

泥河湾盆地内发现了大量旧石器时代至新石器时代的遗存。从早更新世到全新世初期，不同时期的地点分布在盆地内的泥河湾层、桑干河阶地以及上覆的黄土及黄土状堆积中。盆地内旧石器时代晚期到新石器时代早期遗址的分布有两种情况：一是在桑干河及其支流、支沟的第二级阶地中；二是在披覆于古老基岩、泥河湾层

① 修改自 Stiner MC, Kuhn SL, Changes in the "Connectedness" and Resilience of Paleolithic Societies in Mediterranean Ecosystems. *Human Ecology*, 2006, p. 34.

② 陈胜前：《史前的现代化——中国农业起源过程的文化生态考察》，北京：科学出版社，2013年。

和阶地堆积上的马兰黄土中①。其中，虎头梁遗址群的遗址点分布密集，其范围西自八马坊村，东至东城镇。这些遗址的遗存大部分埋藏在二级阶地的中上部，其年代在0.8～1.5ka BP②。石制品面貌以细石叶技术为主，还发现有骨制工具、装饰品和用火遗迹。在泥河湾盆地东部的东马坊村和虎头梁遗址群中的于家沟遗址，都发现了陶片与磨制石器、细石叶制品共存的情况。这些遗址为研究这一地区的旧－新石器时代过渡进程提供了翔实的材料③。

对于泥河湾盆地丰富的考古学材料，在人工制品，特别是石制品研究方面的成果斐然。在已经发掘的几十处遗址中，每个遗址至少有1～2项石制品或者遗址综合分析的研究报道。但是，在动物考古学方面，除了动物群名单和简单的人工痕迹判断之外，在泥河湾盆地的旧石器遗址中，几乎没有一项系统、完整的研究报道。本项研究以泥河湾盆地内旧石器时代晚期到新石器时代早期的代表性遗址——于家沟遗址出土的动物骨骼为研究材料，采取系统的旧石器时代动物考古学研究方法，从动物群构成、骨骼表面痕迹、骨骼单元分布、动物死亡年龄、骨骼破碎方式与状态等方面，运用统计学的多种手段，提取更多的信息以从动物资源利用的角度来分析人类生存策略的变化。

从初步的观察来看，处于华北的于家沟遗址与处于西北的水洞沟遗址12地点相比，最大的差异就是小动物（如兔子）的缺失。在获取动物资源不同的情况下，面对资源压力，人群开发资源的方式会产生显著差异。基于这一认识，从猎物集约开发的角度分析于家沟人的季节性狩猎、幼年个体的初步管理及油脂开发行为，能为人群面对资源压力时的行为多样性提供证据。另外，反映旧石器时代晚期到新石器时代早期资源强化利用的三大技术特征在于家沟遗址皆有出现。依据于家沟遗址最新的测年结果，制陶和磨制石器技术的出现可能早于之前的认识。那么，动物考古学提供的信息也可能说明三大技术的发展与开发动物资源的关系。

基于于家沟遗址动物遗存的客观情况，本书的下一章中详细介绍了动物考古学信息采集数据库的设计，以及一些常用的统计学指数。

---

① 谢飞、李珺、刘连强：《泥河湾旧石器文化》，石家庄：花山文艺出版社，2006年。

② 谢飞：《泥河湾》，北京：文物出版社，2006年。

③ 梅惠杰：《泥河湾盆地旧、新石器时代的过渡——阳原于家沟遗址的发现与研究》。

第二章　研究材料、方法与设计

第一节　遗址概况与研究现状

一　发现与发掘

于家沟遗址位于河北省阳原县东城镇西水地村东南约1千米的于家沟西侧，地理坐标为114°28′47″E，40°09′49″N，海拔约865米左右（图2.1）。

1972～1974年，中国科学院古脊椎动物与古人类研究所的盖培和卫奇先生在桑干河中游地段进行旧石器调查工作时，在河北省阳原县虎头梁村附近发掘了九个地点。这些地点均位于桑干河左岸，以虎头梁村为中心，分布在不到10平方公里的范围内①。1973年，中国科学院古脊椎动物与古人类研究所在其中的65039地点（即于家沟遗址）进行了试掘，发现了大量石制品和动物骨骼。

1995～1998年，由河北省文物研究所和北京大学考古系组成的调查队在桑干河北岸虎头梁一带进行了新一轮的大规模调查和发掘。发现以小石器工业传统为主的梅沟和苇地坡地点，以及以细石叶技术为主的于家沟、马鞍山、瓜地梁、大地园、八十亩地及马蜂窝遗址②。在这些新发现的遗址中，于家沟遗址的文化遗物类型最丰富。于家沟遗址的野外发掘由河北省文物研究所和北京大学合作开展，1995～1997年，

---

① 盖培、卫奇：《虎头梁旧石器时代晚期遗址的发现》，《古脊椎动物学报》1977年第4期。

② 梅惠杰：《泥河湾盆地旧、新石器时代的过渡——阳原于家沟遗址的发现与研究》。

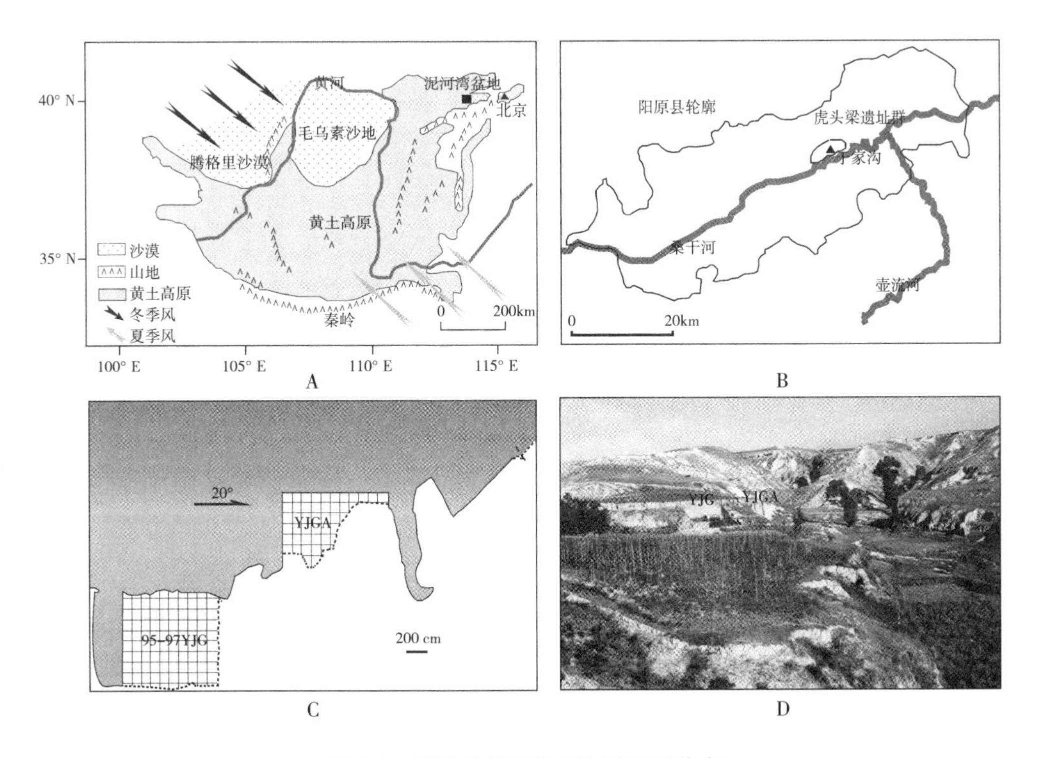

图 2.1　遗址的地理位置与发掘区分布

A. 泥河湾盆地在中国北方的位置及周边重要的地理地貌①；B. 虎头梁遗址群及于家遗址在阳原地区的位置；C. 于家沟遗址发掘区分布；D. 于家沟遗址发掘区周围的地貌

在该地点正式发掘的面积为 $80m^2$（编号为 YJG）；1997 年底，在原探方西北 3 米处又发掘一较小探方，面积为 $40m^2$（编号为 YJGA）（图 2.1：C、D）。

于家沟遗址埋藏在桑干河二级阶地的堆积内，该阶地地质剖面下部为砾石层、砂和从基座泥河湾层剥蚀的灰绿色黏土，含细石叶工艺制品、装饰品和动物化石等；中部以灰黄色砂质黏土为主，含细石器、陶片、装饰品和动物骨骼等；上部为灰黑色砂质黏土，含新石器文化遗迹和遗物②。梅惠杰③对于家沟遗址的地层堆积进行过

① 修改自 Ao H, Mineral - Magnetic Signal of Long - Term Climatic Variation in Pleistocene Fluvio - Lacustrine Sediments, Nihewan Basin (North China). *Journal of Asian Earth Sciences*, 2010, p. 39.

② 夏正楷、陈福友、陈戈等：《我国北方泥河湾盆地新 - 旧石器文化过渡的环境背景》，《中国科学（D辑：地球科学）》2001 年总第 31 期。

③ 梅惠杰：《泥河湾盆地旧、新石器时代的过渡——阳原于家沟遗址的发现与研究》。

详尽的介绍，遗址堆积可以划分为7层。以YJG探方西壁剖面为例（图2.2），由上至下为：

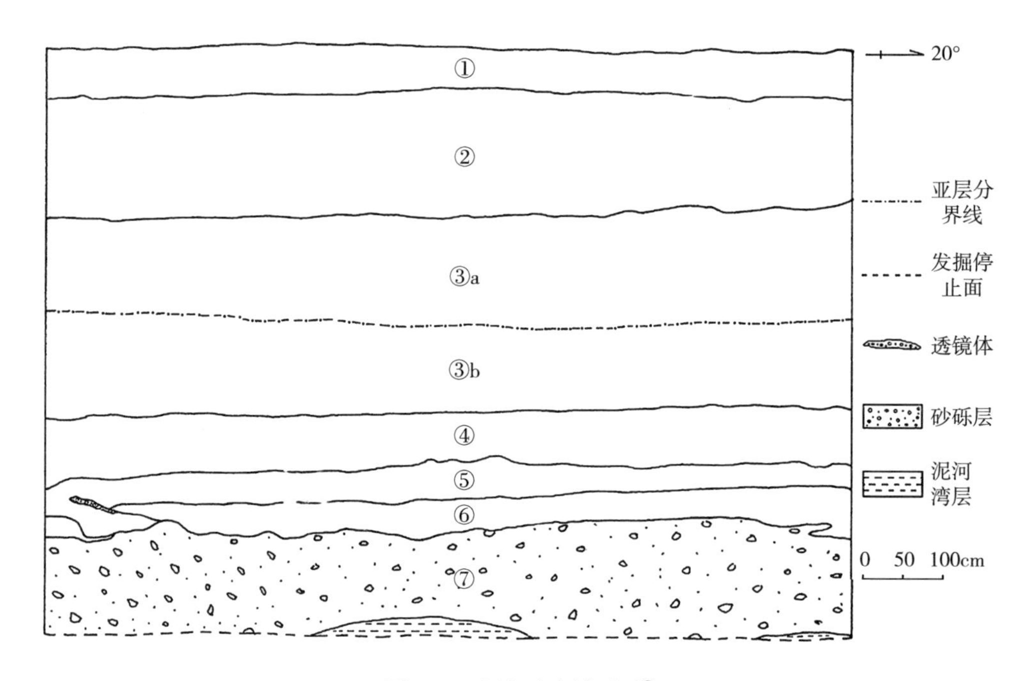

图2.2　遗址西壁剖面图①

- 第①层：褐黄色黄土质粉砂（表土层），垂直节理发育，属现代扰土层，出土晚期陶片、瓷片等。厚约0.55m。
- 第②层：灰黑色黏土质粉砂，质地疏松，富含有机物与新石器时代打制和磨制石制品、骨器、陶片、装饰品、烧骨、石块和动物化石等遗物及遗迹。厚约1.45m。
- 第③层：黄褐色黄土质粉砂，质地疏松，堆积较厚，按土质土色及包含物的不同又分为a、b两亚层。

③a：深黄褐色，质较疏松，孔隙较多，夹杂小砾。含大量细石器工业制品和动物化石，另外还包括少量磨制石器、骨器（?）、陶片、烧骨、砾石、炭屑等遗物。厚约1.30m。

① 梅惠杰：《泥河湾盆地旧、新石器时代的过渡——阳原于家沟遗址的发现与研究》。

③b：浅黄褐色，质地较致密，土色较为纯净。含大量细石器工业制品、动物化石、烧骨和炭屑，另出土陶片、装饰品、砾石等以及极少的局部磨制石器和骨制品。厚约 1.10m。

- 第④层：褐灰色黄土质粉砂，质地致密，含大量白色斑点，顶部有铁锈，下部含棕黄色和黑色条带，夹杂一些小砾，砾径多小于 0.01m。含大量细石器工业制品、动物化石、烧骨和炭屑，另出土少量陶片、装饰品和砾石等。厚约 0.65m。
- 第⑤层：棕黄色钙质细粉砂，多铁锈，上部含棕黄色条带，水平相变较大，由粉砂到中粗砂混杂。其下部石制品和动物化石较多，此外有少量烧骨、装饰品与红色泥岩和赤铁矿团块。厚约 0.40m。
- 第⑥层：褐灰－灰绿色钙质细粉砂质和棕黄色中粗砂相间，有铁锈，仅分布于探方西部，局部夹杂小砾。含较多动物化石、少量细石器工业制品及烧骨。厚约 0.40m。
- 第⑦层：砂砾层，具斜层理。岩性以灰岩为主，磨圆度较好，无分选，砾径多小于 0.01m，0.02～0.03m 者常见，0.07m 以上者较少。上部局部轻度胶结，下部较松散，地层向东南部倾斜，探方东部未见底。在探方西侧，其下部出露泥河湾层（灰绿色黏土）。含较多细石器工业制品和动物化石，也出土极少装饰品和红色泥岩团块。发掘部分厚 1.15m。

～～～～～ 侵蚀不整合 ～～～～～

- 泥河湾层（灰绿色黏土）

出土遗物的分层统计结果见表 2.1。

遗址发掘严格按照旧石器考古田野操作规程，以 1m×1m 为单位布方，每 5cm 为一水平层向下逐层发掘。所有遗物均记录了在探方中的相对位置（水平位置以探方西南角为基点，垂直位置以发掘区外固定点为基点）及产状（走向、倾向和倾角）。发掘过程中，所有堆积物均经过筛选（5mm 干筛及水洗）。清理完毕后即在标本上标注详细出土信息（写号并涂刷清漆），筛出标本则按单位编号装袋。

表 2.1　出土遗物分层统计①

层位	动物化石	打制石制品	磨制石制品	磨制骨角工具	陶片	装饰品			
						贝壳串珠	骨制串珠	石环	蛋皮串珠
②	185	389	11	7	27	2	1	0	0
③a	483	292	1	0	2	2	0	0	0
③b	12382	3689	0	1	8	7	1	7	4
④	4388	6793	1	0	3	1	0	10	0
⑤	905	408	0	0	0	0	0	2	0
⑥	410	107	0	0	0	0	0	0	0
⑦	933	291	0	0	0	0	0	1	0
总计	19686	11969	13	8	40	12	2	20	4

二　研究简史

虎头梁遗址群所在的阳原盆地是太行山至大青山之间的许多山间构造盆地之一，它北依熊耳山，南临恒山余脉，西与大同盆地接壤，东以石匣峡谷为界。除了在盆地边缘的山麓地带零星分布的第三纪的地层以外，整个盆地几乎全被泥河湾层和砂质黄土层所占据②。泥河湾层经过长期的剥蚀，在剥蚀面上覆盖着一层黄土或者砂质黄土。据盖培和卫奇③的记载，虎头梁遗址群的 8 个地点均埋藏在桑干河二级阶地的砂质黄土层中（仅 65040 地点埋藏在二级阶地的砾石层中）。虎头梁遗址群被认为是泥河湾盆地内细石叶技术的典型代表，所以，对遗址群发现的石制品研究很多。虎头梁所报道的 9 个地点均以楔形石核和细石叶为代表，盖培和卫奇④描述了遗址群中典型的楔形石核、刮削器、尖状器以及部分装饰品；朱之勇和高星⑤复原了该遗址群

① 修改自梅惠杰：《泥河湾盆地旧、新石器时代的过渡——阳原于家沟遗址的发现与研究》。

② 梅惠杰：《泥河湾盆地旧、新石器时代的过渡——阳原于家沟遗址的发现与研究》。

③ 盖培、卫奇：《虎头梁旧石器时代晚期遗址的发现》。

④ 盖培、卫奇：《虎头梁旧石器时代晚期遗址的发现》。

⑤ 朱之勇、高星：《虎头梁遗址楔型细石核研究》，《人类学学报》2006 年第 2 期；朱之勇、高星：《虎头梁遗址中的细石器技术》，《人类学学报》2007 年第 4 期。

中的细石器技术；张晓凌等①运用微痕分析的方法说明了尖状器的使用方式，并确认了锛状器作为复合工具在加工木料方面的运用。

于家沟遗址的发掘结束之后，梅惠杰系统研究了于家沟遗址出土的石制品，并与盆地内其他的遗址对比，认为在 20～14ka BP，楔形石核工艺作为一种生态适应性极佳的技术传统，逐渐取代原有的小石器传统，在泥河湾盆地内占据了统治地位；这种局面在 14～9ka BP 持续了很长时间②。

夏正楷等③对于家沟遗址的堆积做了孢粉分析，发现遗址诸层的孢粉均以草本植物占优，木本植被则一直比较稀疏。他们据此推测在华北地区，细石叶传统和草原环境有着密切的对应关系。

于家沟遗址的地质剖面连续，依据各层的测年和石制品分析的结果，该遗址的文化是连续发展的，没有明显间断，在此处基本上可以建立旧石器向新石器时代过渡的完整考古文化序列④。谢飞认为，在华北地区，细石器文化直接参与了陶器及农业的起源与发展，从而促成了旧石器文化向新石器文化过渡的社会变革⑤。于家沟遗址系统的考古学研究为这一论点提供了丰富的证据。

三　遗址年代及其所处的古气候阶段

卫奇报道，依据发掘动物化石测定虎头梁遗址的^{14}C 年代为 10,690±210 BP（未校正年代）⑥，但这只是提供了对虎头梁遗址群的年代估算。根据北京大学环境学院对于家沟遗址的热释光测定和沉积速率推算（测试样品为细粒的石英砂），该遗址的

---

① 张晓凌、高星、沈辰等：《虎头梁遗址尖状器功能的微痕研究》，《人类学学报》2010 第 4 期；张晓凌、沈辰、高星等：《微痕分析确认万年前的复合工具与其功能》，《科学通报》2010 年第 3 期。

② 梅惠杰：《泥河湾盆地旧、新石器时代的过渡——阳原于家沟遗址的发现与研究》。

③ 夏正楷、陈福友、陈戈等：《我国北方泥河湾盆地新－旧石器文化过渡的环境背景》。

④ 梅惠杰：《泥河湾盆地旧、新石器时代的过渡——阳原于家沟遗址的发现与研究》；夏正楷、陈福友、陈戈等：《我国北方泥河湾盆地新－旧石器文化过渡的环境背景》。

⑤ 谢飞：《泥河湾》。

⑥ 卫奇：《泥河湾盆地考古地质学框架》，见童永生、张银运、吴文裕等编著：《演化的实证——纪念杨钟健教授百年诞辰论文集》，北京：海洋出版社，1997 年，第 193～207 页。未报道动物化石具体出土的地点和层位。

年代为13.7～2.1ka BP①。另外，发掘者还对③a层出土的陶片进行了热释光年龄测定，其结果约为11.7ka BP。长友恒人等②也在该遗址采集样品进行了光释光的测年，显示遗址第⑥层的年代在9ka BP左右。具体年代信息见表2.2。

表2.2　2010年之前对于家沟遗址的测年结果

层位	材料	方法	年代		
			未校正^{14}C	校正^{14}C（95%）	其他（ka）
西水地二级阶地	化石	传统^{14}C	10,690±210	12,233～12,826	–
②层上部	石英砂	TL	–	–	2.1±0.3
②层下部	石英砂	TL	–	–	6.1±1.1
③a层上部	石英砂	TL	–	–	7.0±0.8
③b层中部③	石英砂	TL	–	–	11.1±0.9
⑥层上部	石英砂	TL	–	–	12.2±1.0
⑦层	–	估算	–	–	13.7
⑥层上部	混合矿物	OSL	–	–	9.2±1.4
⑥层下部	混合矿物	OSL	–	–	9.0±1.3
③层上部	陶片	TL	–	–	11.7

2010年以前对于家沟遗址进行的年代测定多采取释光方法。除③层上部的陶片之外，释光方法测定的均为于家沟遗址的沉积物年龄，它与遗物堆积时间的早晚很难确定。另外，早年的释光测年误差较大，误差范围约为±10%左右④。相对于^{14}C测年10%的误差，对1万年左右的遗址而言影响很大。于家沟遗址沉积物的释光测

① 夏正楷、陈福友、陈戈等：《我国北方泥河湾盆地新－旧石器文化过渡的环境背景》。

② ［日］長友恒人、下岡順直、波岡久惠等：《泥河湾盆地几处旧石器时代文化遗址光释光测年》，《人类学学报》2009年第3期。

③ 在对沉积物的热释光年代研究中，此数据为第④层的年代数据，但此项研究并未区别出③a及③b。梅惠杰在其博士论文中依据取样深度将该数据所代表的层位改为③b层。

④ 陈铁梅：《科技考古学》，北京：北京大学出版社，2008年。

年有一些是采用热释光，但事实上，沉积物的释光信号置零很难完全，热释光测定沉积物年龄的最终结果并不总是准确。

而在^{14}C年代方面，对西水地二级阶地的哺乳动物化石年代测定采取了传统^{14}C的方法。该数据在距今1万年左右，但误差范围很大。Graf① 认为^{14}C年代测定的误差范围如果超过±200a，该数据的可使用性会降低。另外，由于前处理技术的制约，测年样品中现代碳的排除不够，新碳的污染造成在2000年之前测定的旧石器时代晚期遗址的^{14}C数据普遍偏晚②。这种现象也发现于贵州老鸦洞遗址早期的测年结果中③。因此，2010年以前对于家沟的测年结果或多或少都存在问题，这些问题可能影响我们对人类活动确切年代的判定。

为了获取更确切的年代数据，本研究分层位选取了14个骨骼样品送往Beta实验进行AMS^{14}C年代测定。于家沟遗址的野外发掘信息完善，每个自然层出土的标本都分别从1开始顺序编号；以5cm为水平层逐层向下清理，标本的自然层位与高程记录明确。将测年标本野外记录的高程与地层剖面相对照，14个测年样品代表了从第②层到第⑦层的连续堆积。在14个样品中，最终有8个样品顺利获取了年代数据，其余样品均因骨胶原含量不足而未能检测出任何结果（表2.3）。

从测年的方法和样品的选择上来看，新的AMS^{14}C测年结果集中在人工制品与动物骨骼都非常富集的第③b、④和⑤层，而旧的释光测年结果则集中在第②、③a和③b层的中部，且缺乏第④、⑤层的数据。所以，新的测年结果应该更能反映古人类活动较为频繁与集中的时间。与旧的测年结果相比，新的AMS^{14}C的年代数据更早，但跨越的范围并没有旧的测年结果大。第②层和第③a层均早于距今8000年，在第③a层与③b层之间有非常明显的年代间断，而第③b层至第⑤层的测年结果比较连续，均早于距今14000年。在热释光的测年结果中，第③a层上部与第③b层中部也存在3000年左右的差距，但由于第③b层上部和第④、⑤层均没有直接测定的具体数

① Graf KE, "The Good, the Bad, and the Ugly": evaluating the radiocarbon chronology of the middle and late Upper Paleolithic in the Enisei River valley, south - central Siberia. *Journal of Archaeological Science*, 2009, p. 36.

② Higham T, European Middle and Upper Palaeolithic Radiocarbon Dates are Often Older than They Look: Problems with Previous Dates and Some Remedies. *Antiquity*, 2011, p. 85.

③ 关莹、蔡回阳、王晓敏等：《贵州毕节老鸦洞遗址2013年发掘报告》，《人类学学报》，2015年第4期。

表2.3　2016年AMS^{14}C测年数据（校正曲线为INTCAL1①）

层位	野外编号	实验室编号	材料	方法	年代	
					未校正年代/BP	校正（95%）年代/BP
第②层下部	95YJG②：165	Beta－439276	骨	AMS^{14}C	7, 670 ±30	8, 540 ~8, 405
第③a层	95YJG③：5	Beta－439277	骨	AMS^{14}C	9, 110 ±30	10, 270 ~10, 225
第③b层上部	95YJG③：891	Beta－439278	骨	AMS^{14}C	12, 360 ±40	14, 630 ~14, 165
第③b层中部	95YJG③：1385	Beta－439279	骨	AMS^{14}C	–	–
第③b层下部	97YJG③：2874	Beta－439280	骨	AMS^{14}C	12, 520 ±50	15, 065 ~14, 490
第③b层下部	97YJG③：3261	Beta－439281	骨	AMS^{14}C	12, 170 ±50	14, 155 ~13, 960
第④层上部	96YJG④：120	Beta－439282	骨	AMS^{14}C	13, 180 ±40	15, 950 ~15, 730
第④层下部	97YJG④：1282	Beta－439283	骨	AMS^{14}C	12, 850 ±40	15, 405 ~15, 210
第⑤层上部	97YJG⑤：99	Beta－439284	骨	AMS^{14}C	13, 020 ±40	15, 730 ~15, 430
第⑤层下部	97YJG⑤：262	Beta－439285	骨	AMS^{14}C	–	–
第⑥层上部	97YJG⑥：30	Beta－439286	骨	AMS^{14}C	–	–
第⑥层下部	97YJG⑥：72	Beta－439287	骨	AMS^{14}C	–	–
第⑦层上部	97YJG⑦：49	Beta－439288	骨	AMS^{14}C	–	–
第⑦层下部	97YJG⑦：210	Beta－439289	骨	AMS^{14}C	–	–

据，这个差距产生的原因及其前后堆积的年代都没有确切的交代。因此，在本文的研究中，采用了新的AMS^{14}C测年结果作为讨论的基础。

测年结果的差异影响了对古环境重建的认识。之前热释光测年结果表明，在13.7~2.1ka BP，于家沟遗址不断地被古人类占据，他们可能在此处度过了新仙女木期，即^{14}C校正年龄为12.9~11.5ka BP的冷期，而后在不断转暖的气候中继续生活在此。与热释光测年同时开展的孢粉、氧碳同位素、碳酸钙和有机碳含量的测定工作提供了多项气候代用指标。夏正楷等②由剖面下部向上划分了四个孢粉带（图2.3），并提出它们应该可以代表至少四个气候演化阶段。

① Reimer PJ, Bard E, Bayliss A, et al., Intcal 13 and Marine 13 Radiocarbon Age Calibration Curves 0－50,000 Years Cal BP. *Radiocarbon*, 2013, p.55.

② 夏正楷、陈福友、陈戈等：《我国北方泥河湾盆地新－旧石器文化过渡的环境背景》。

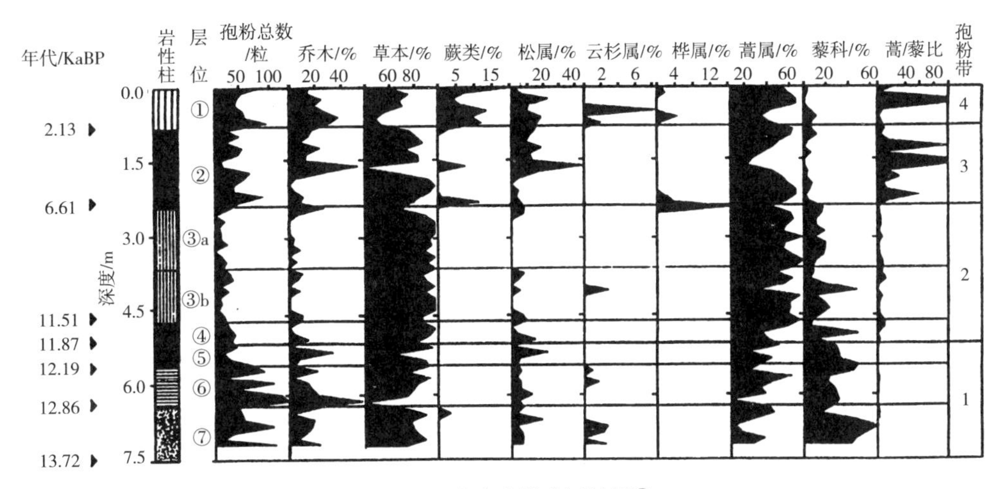

图 2.3　遗址孢粉分析结果①

第1阶段为13.7～11.9ka BP（第⑦～⑤层）。孢粉组合主要以草本植物占优势，主要有藜科和蒿属；木本植物较少，主要为松属、云杉及一些耐干旱乔木，属寒冷干燥气候下的温带稀树草原环境，后期温湿度突然上升，反映出气候突变和波动的迹象。第2阶段为11.9～6.6ka BP（第④～③层）。孢粉组合中草本植物占绝对优势，主要为蒿属，禾本科次之，藜科显著减少，还有一些典型的温带草原植物；木本植物较少，以松属为主，云杉少见，阔叶落叶树明显减少，耐旱乔木也少见。气候特征为较稳定的持续温暖干燥，比第1阶段相对暖湿一些，属温暖干燥气候条件下的温带草原或稀树草原环境。第3阶段为6.6～2.1ka BP（第②层）。孢粉组合仍以草本植物占优势为特征，主要为蒿属，藜科明显减少，出现较多的温带草原植物种属，如禾本科、毛茛科、豆科等；木本植物明显增多，针叶树有松属和云杉属，落叶阔叶树种较多；蕨子植物孢子增多，气候明显比第2阶段更加湿润，温度略有下降，为温暖湿润气候条件下的温带森林草原环境。第4阶段为2.1ka BP之后（第①层）。孢粉组合中仍以草本植物占优势，以蒿属为主，出现较多的禾本科等温带草原植物种属；木本植物较多，落叶阔叶树种中出现较多的耐旱植物；蕨类植物孢子增多，气候比上一个阶段又明显变干，温度略升，属比较温暖湿润气候条件下的温带森林草原环境②。

---

① 修改自梅惠杰：《泥河湾盆地旧、新石器时代的过渡——阳原于家沟遗址的发现与研究》。

② 夏正楷、陈福友、陈戈等：《我国北方泥河湾盆地新－旧石器文化过渡的环境背景》。

新的 AMS^{14}C 测年则恰好缺乏校正年龄为 12.9～11.5 cal ka BP 这个时间段的数据（图 2.4）。但第⑤层上部到第④层上部的测年数据确实对应一个相对的冷期，而第③层中下部的年代也确实集中在一个暖期。这样一来，新的测年数据将于家沟的主要堆积提前到了另一个冷暖交替的阶段，即从 LGM 结束至 B/A 期转暖这一阶段。古人类在末次冰盛期的晚期到达了于家沟，其间气候不断波动，而后突然升温；在气候相对稳定的 B/A 暖期，古人类又占据该遗址很长的一段时间；当新仙女木这个冷期突然到来之时，古人类可能离开了这里；在全球进入早全新世之后，气候回暖，又

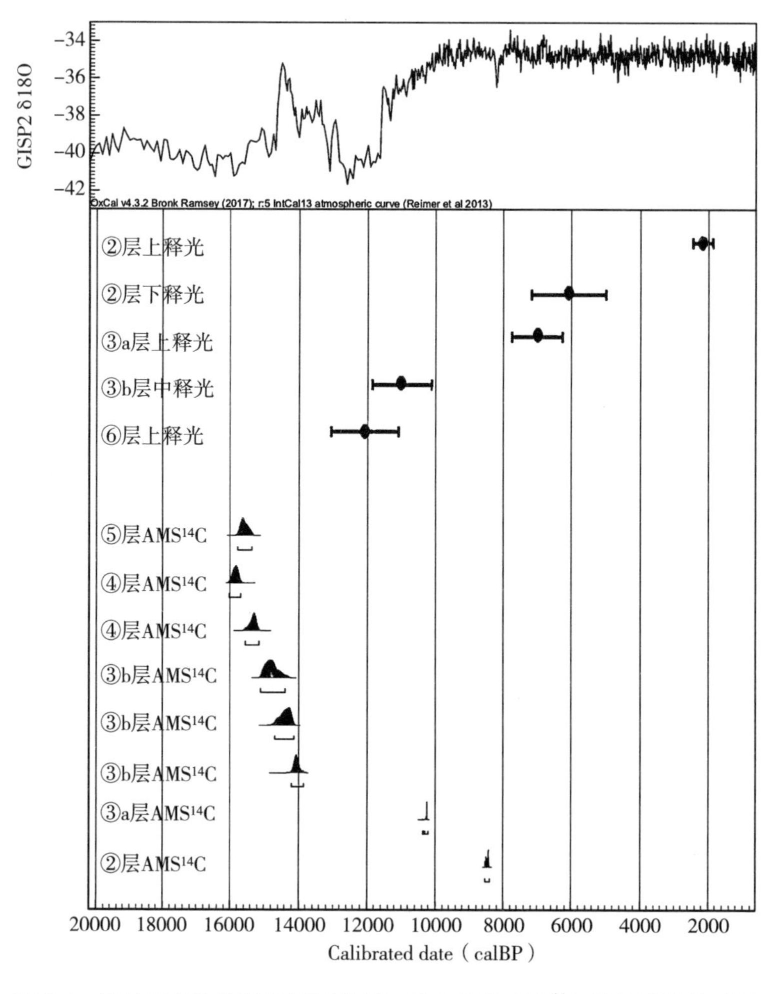

图 2.4　遗址沉积物热释光测年结果与出土骨骼 AMS^{14}C 测年结果的对照

有古人类再次出现在此地。

在虎头梁地区，除了于家沟遗址之外，比它年代稍早的马鞍山遗址新的 AMS ^{14}C 测年结果也显示了新仙女木阶段人类活动的缺失（图 2.5）。2014～2016 年，中国科学院古脊椎动物与古人类研究所关莹博士在马鞍山遗址开展了新的野外发掘。发掘期间对出土的动物遗存连续测年，发现马鞍山遗址的古人类活动集中在 17～16 cal ka BP。与于家沟遗址相比，其下部古人类活动时间略早。

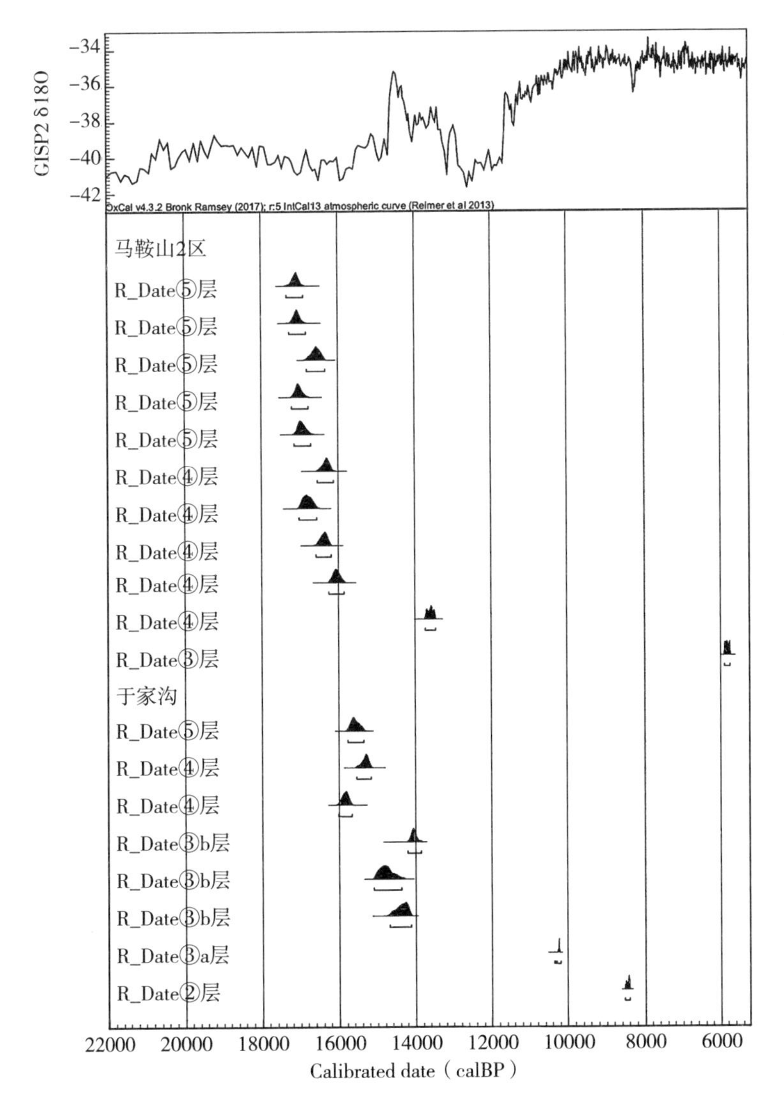

图 2.5　于家沟与马鞍山 2 区的 AMS^{14}C 年代对照（马鞍山 2 区 AMS^{14}C 数据由关莹博士提供，数据尚未发表）

四　文化遗物

于家沟遗址出土的人工制品类型丰富，除了石制品之外，还有磨制骨角工具、装饰品和陶片。于家沟遗址石制品的主要原料有石英岩、燧石、玛瑙等。其石制品类型有石片、石核、细石核、细石叶、打制和磨制类工具；工具类型有锛状器、尖状器、砍砸器、刮削器、雕刻器、石镞、石矛头、磨盘磨棒和磨光石斧。细石叶和细石核在石制品中占有很大的比例。石制品的剥片技术主要是压制技术和锤击技术，修理则多采用软锤压制，工艺水平很高[①]。从梅惠杰[②]介绍的出土物信息来看，第③层首件完整而典型的楔形石核出土于第41水平层，同层还出土一件磨光石器，在此水平层之上的③a层器物组合既包括早期的楔形石核、晚期的锥形石核和磨光石斧，而③b层则以典型楔形石核技术为主。另外，③a层仅发现有2件残破的装饰品，与③b层大量的鸵鸟蛋皮串珠和穿孔螺壳的面貌完全不同。结合AMS^{14}C的测年信息，③a和③b层应该是两个时代、文化面貌差异很大的层位。

细石叶制品、磨制工具和陶片在于家沟遗址均有发现，这使得于家沟遗址成为中国北方文化内涵最复杂的遗址之一。从这三类遗物在地层中的分布来看（见表2.1），以细石叶制品为代表的打制类石制品在遗址贯穿始终，在第④层与第③b层细石叶制品数量达到高峰；陶片和磨制类石制品最早出现均在第④层。这表明在该遗址生活的古人类一直以细石叶制品为主要工具，他们可能同时掌握了制陶和磨制加工技术。从上文对年代的重新测定结果来看，于家沟遗址的人类活动主要集中在新仙女木事件之前，结合于家沟的人工制品类型及出现时序，陶器和磨制石器技术的出现应该早于13.5cal ka BP。这三类技术是冰消期古人类应对气候频繁波动的重要生存手段[③]。细石叶技术被认为是典型的高流动性狩猎－采集者的适应技术，而高流

① 梅惠杰：《泥河湾盆地旧、新石器时代的过渡——阳原于家沟遗址的发现与研究》；谢飞、李珺、刘连强：《泥河湾旧石器文化》。

② 梅惠杰：《泥河湾盆地旧、新石器时代的过渡——阳原于家沟遗址的发现与研究》；谢飞、李珺、刘连强：《泥河湾旧石器文化》。

③ Elston RG, Dong G, Zhang D, Late Pleistocene Intensification Technologies in Northern China. p. 242.

动性也被认为是应对气候波动的首要策略①。过去陶器和磨制石器的出现往往简单地直接与定居对应起来，而从于家沟遗址的情况来看，这两种技术很可能最早出现在流动人群中，它们的零星出现并不能说明定居的存在。

晚更新世末期气候频繁波动给人类生存带来的最大困境是资源短缺，特别对于在中国北方旷野中生存的古人类，他们要解决的问题除了获取资源以外，还有维护居址、维系群体生活等等。从于家沟遗址人工制品的组合来看，不仅出现了生产技术的多样性，也有用火和对个人意识的追求。虽然人工制品能提供古人类获取和加工动物资源技术的信息，但遗址中出土的动物遗存更能直观地反映古人类消费动物资源的策略。

第二节　动物化石材料

于家沟遗址的发掘结束之后，化石材料被运往北京大学考古实验室保存。为了便于研究，后由河北省文物研究所委托，转存于中国科学院古脊椎动物与古人类研究所动物考古学实验室。

于家沟遗址 7 个层位的动物化石共计 19686 件（表 2. 4）。梅惠杰②对各个层位出土的动物化石标本数量进行了统计。他统计的动物化石包含了牙齿、蛋皮、角等。本项研究对化石材料数量的统计与之前的统计基本一致，仅在第②、③b、④层的分层统计结果上有少许出入。

本文的研究材料包括 1995 ~ 1997 年在于家沟遗址 YJG 区及 YJGA 区出土的所有动物化石，但不包括被人类制作为装饰品和工具的动物遗存。其中，单个牙齿共 1636 件，鸵鸟蛋皮共 52 件，角心 33 件，其他骨骼共 17965 件。材料既包含了编号标本，即有三维坐标的标本共 4796 件；也包含了筛出标本，即分单位装袋的“碎骨”共 14890 件。

---

① 陈胜前：《史前的现代化——中国农业起源过程的文化生态考察》；仪明洁：《旧石器时代晚期末段中国北方狩猎采集者的适应策略——以水洞沟第 12 地点为例》；陈胜前：《中国晚更新世 - 早全新世过渡期狩猎采集者的适应变迁》，《人类学学报》2006 年第 3 期，第 195 ~ 207 页。

② 梅惠杰：《泥河湾盆地旧、新石器时代的过渡——阳原于家沟遗址的发现与研究》；谢飞、李珺、刘连强：《泥河湾旧石器文化》。

表 2.4　本文的研究材料概况

	地层	②层	③a 层	③b 层	④层	⑤层	⑥层	⑦层	总计
出土类型	编号标本	177	134	3084	755	328	118	200	4796
	筛出标本	0	349	9255	3684	577	292	733	14890
遗物类型	单个牙齿	62	4	1107	285	112	12	54	1636
	鸵鸟蛋皮	0	0	46	6	0	0	0	52
	角心	0	0	21	4	4	4	0	33
	骨骼	115	479	11165	4144	789	394	879	17965
分层统计		177	483	12339	4439	905	410	933	19686

动物化石保存在北京大学期间，黄蕴平教授对动物骨骼进行了初步鉴定。可鉴定的动物种类主要为：鸵鸟（*Struthio* sp.）、鼢鼠（*Myospalax* sp.）、狐狸（*Vulpes* sp.）、野马（*Equus przewalskyi*）、野驴（*Equus hemionus*）、牛（*Bos* sp.）、马鹿（*Cervus elaphus*）、羚羊（*Gazella* sp.）、黄羊（？*Prodorcas gutturosa*）和野猪（*Sus scrofa*）。其中，哺乳动物骨骼的可鉴定标本数和最小个体数在不同层位的分布比例（图 2.6）表明，第③层的动物化石应该是动物群研究的重点。原先的初步鉴定并未将③层出土的动物化石按③a 和③b 层分开，本文为了研究的深入和系统化，尝试对这两个亚层的标本进行分层对待。

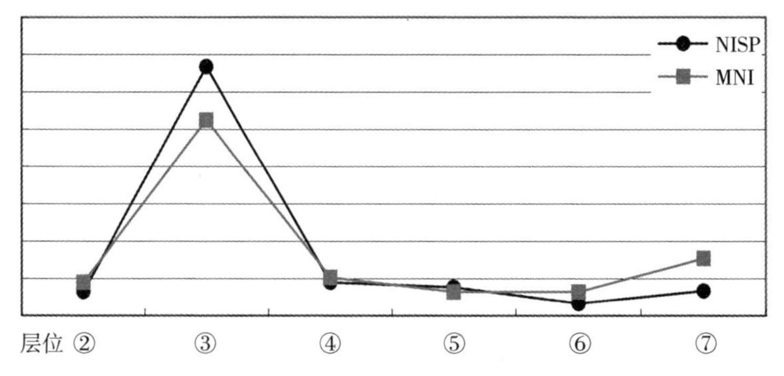

图 2.6　2007 年报道的于家沟哺乳动物骨骼分层统计结果①
NISP：可鉴定标本数；MNI：最小个体数

① 引自梅惠杰：《泥河湾盆地旧、新石器时代的过渡——阳原于家沟遗址的发现与研究》，谢飞、李珺、刘连强：《泥河湾旧石器文化》。

第三节　动物化石信息采集的数据库设计与运用

依据于家沟遗址动物化石的保存状况，本研究设计了一系列指标来进行数据采集，指标字段的构成参考了之前有代表性的动物考古学工作①。在采集数据时，选用了一款由 Old Stone Age. com 发布的信息录入软件 E4，它通过一一对应的问答式交互设计，将各类指标对应的标本数据写入 Access 数据库，降低了直接录入数据时的错误发生率。另外，这款软件还可以设置数据的唯一性，避免误录标本号带来的困扰。

一　野外发掘信息

于家沟遗址出土标本的基本三维信息都通过钢卷尺和水平仪进行了记录。本人于 2014 年 5 月赴河北省考古研究所收集原始的纸质发掘记录，将野外信息录入数据库。收集的数据包括发掘日期、标本编号、自然层、水平层、探方号及三维坐标。在发掘的过程中，每件编号标本上都清楚标明了发掘区、发掘年份、自然层和编号。依此将野外记录与标本编号一一对应起来，便获取了每件标本的野外记录信息。

在野外发掘时，发掘者对③a 层和③b 层未加以分辨，所以③层的标本均未标明

---

① Bar - Oz G, Belfer - Cohen A, Meshveliani T, et al., Taphonomy and Zooarchaeology of the Upper Palaeolithic Cave of Dzudzuana, Republic of Georgia. *International Journal of Osteoarchaeology*, 2008, p. 18; Reitz EJ, Wing ES, *Zooarchaeology* (*2nd ed*). London: Cambridge University Press, 2008; Costamagno S, Exploitation de l'antilope saïga au Magdalenien en Aquitaine. *Paleo*, 2001, p. 13; Costamagno S, Griggo C, Mourre V, Approche expérimentale d' un problème taphonomique : utilisation de combustible osseux au Paléolithique. *Préhistoire Européenne*, 1998, p. 13; Lyman RL, Quantitative Units and Terminology in Zooarchaeology. *American Antiquity*, 1994, p. 59; Stiner MC, *Honor among Thieves: A Zooarchaeological Study of Neandertal Ecology.* Princeton, New Jersey: Princeton University Press, 1994; Binford LR, *Faunal Remains from Klasies River Mouth*, Orlando: Academic Press, 1984; Grayson DK, *Quantitative Zooarchaeology: Topics in the Analysis of Archaeological Faunas.* New York: Academic Press, 1984; Binford LR, *Bones. Ancient Men and Modern Myths*, Orlando: Academic Press, 1981; Gifford DP, Taphonomy and Paleoecology: A Critical Review of Archaeology's Sister Disciplines, In Schiffer, MB (ed.), *Advances in Archaeological Method and Theory*, New York: Academic Press, 1981.

a 和 b。依照梅惠杰的介绍①，将第③自然层中第 26 ~ 43 水平层的标本划入③a 层，其下至第④自然层上的标本归入③b。编号标本和筛出标本均可依此被区分开来。

二　对标本的清理

于家沟遗址的化石标本在野外均进行了清洗，然后分别装袋，分层装箱。由于标本在发掘之后已经在库房存放了近 20 年，期间也有不少搬动，所以，在对每件标本进行观察记录之前，对标本表面的灰尘和滋生的霉菌进行了清理；黏合了在搬运过程中因为碰撞而破碎的标本；更换了破旧的标本袋，并重新分层分类装箱。

三　解剖学与分类学鉴定

动物分类学和解剖学的判定主要依照实体标本与标本图谱。参照的主要实体标本是中国科学院古脊椎动物与古人类研究标本馆收藏的化石与现生标本，以及法国图卢兹二大动物考古学实验室收藏的现生标本。参照的标本图谱主要是英、法学者绘制的现生标本线图②。对一些化石，特别是绝灭种的鉴定参照了相关学者的研究成果③。在动物分类学的表述中，sp. 代表未定种，表明标本的属可确定，但难于归入已知种；sp. indet. 代表不能鉴定的种，指化石保存状况低劣，无法鉴定到种；cf. 为相似种，指与某一已知种在形态上有一定相似性，但仍有差别。另外，在本项研究

---

① 梅惠杰：《泥河湾盆地旧、新石器时代的过渡——阳原于家沟遗址的发现与研究》，第 48 页。

② 如 Barone R, *Anatomie comparée des mammifères domestiques. Tome* 3: *Splanchnologie I*, 4*e éd.* Paris: Vigot, 2010; Hillson S, *Mammal Bones and Teeth*: *An Introductory Guide to Methods of Identification.* London: University College London, 1999; Hillson S, *Teeth* (2*nd ed*). Cambridge: Cambridge University Press, 2005.

③ 如董为、李占扬：《河南许昌灵井遗址的晚更新世偶蹄类》，《古脊椎动物学报》2008 年第 1 期；郑绍华、张兆群、崔宁：《记几种原鼢鼠（啮齿目，鼢鼠科）及鼢鼠科的起源讨论》，《古脊椎动物学报》2004 年第 4 期；金昌柱、徐钦琦、郑家坚：《中国晚更新世猛犸象（*Mammuthus*）扩散事件的探讨》，《古脊椎动物学报》1998 年第 1 期；邓涛：《根据普氏野马的存在讨论若干晚更新世动物群的时代》，《地层学杂志》1999 年第 1 期；邱幼祥、肖方：《普氏野马与亚洲野驴、斑马的牙齿比较》，《首都师范大学学报自然科学版》1990 年第 2 期；周明镇：《山西大同第四纪原始牛头骨化石》，《古生物学报》1953 年第 1 期。

中，特别注意兔类和鸟类标本的鉴定与区分，但除了鸵鸟蛋皮外，未发现有确切的相关标本。

一般来说，除了啮齿类动物之外，任何尺寸大于20mm的标本都应进行详细的观察以判断其解剖学部位及种属。对于一些实在无法确定到种属但却可以划定解剖学部位的标本，按照动物体型的大小归入不同的级别。有蹄类动物体型的分级主要依据 Norton 和 Gao 对东亚动物群的研究①；参照 Brain 对非洲动物群的研究②、Costamagno③ 和 Lacarrière 等④对欧洲动物群的研究以及北非动物群的研究成果⑤将不同种属和类别的动物归入不同的体型级别（表2.5）。

表2.5　出土动物化石所代表的主要动物类别的体型分级

动物体型分级	动物属种	有蹄类动物体型	重量（kg）
1级	贝壳、鼢鼠、灵猫		<23 kg
2级	羚羊，转角羚羊，鸵鸟，野猪，狐狸		23～84 kg
		小型鹿科	<50 kg
		小型牛科	<60 kg
3级	马，驴，马鹿，鬣狗	马科	84～296 kg
		大型鹿科	>150 kg
4级	牛		296～1,000 kg
		大型牛科	>600 kg
5级	披毛犀	犀牛类	>1,000 kg

---

① Norton CJ, Gao X, Hominin – Carnivore Interactions during the Chinese Early Paleolithic: Taphonomic Perspectives from Xujiayao. *Journal of Human Evolution*, 2008, p. 55; Norton CJ, Gao X, Zhoukoudian Upper Cave Revisited. *Current Anthropology*, 2008, p. 49.

② Brain CK, *The Hunters or the Hunted: An Introduction to African Cave Taphonomy*. Chicago: University of Chicago Press, 1981.

③ Costamagno S, Exploitation de l'antilope saïga au Magdalenien en Aquitaine. *Paleo*, 2001, p. 13.

④ Lacarrière J, Bodu P, Julien M – A, et al., Les Bossats (Ormesson, Paris basin, France): A New Early Gravettian Bison Processing Camp. *Quaternary International*, 2015, pp. 359 – 360.

⑤ Campmas E, Amani F, Morala A, et al., Initial insights into Aterian hunter – gatherer settlements on coastal landscapes: The example of Unit 8 of El Mnasra Cave (Témara, Morocco). *Quaternary International*, 2016, p. 413.

对动物解剖学信息的采集主要针对以下几个方面：1. 标本所属的解剖学类别，如角、牙齿、中轴骨、附肢骨等；2. 骨骼标本的类别，如长骨、短骨、扁骨和不规则骨；3. 解剖学方位；4. 解剖学部位；5. 骨骼单元，如近端骨骺，骨干等。关于各项的详细设定见附录1。

四 骨骼破碎状况记录

首先，对骨骼完整性进行评估，将标本分为完整、近乎完整和无法鉴定三类。每块不完整标本的残长均被测量并记录。

史前遗址的骨骼破碎是由多种原因造成的。骨骼断裂发生时骨骼是否处于新鲜状态是判定骨骼破碎原因的重要依据[①]。如果骨骼在新鲜状态下破裂，那么人类[②]、食肉类[③]及一些偶然事件（如踩踏等[④]）可能是诱因。而如果骨骼在干燥状态下破裂，原因则可能是由于沉积作用或者踩踏等偶然事件。当然，发掘过程中的各种操作也都有可能造成骨骼再次破碎。

对有骨髓腔的骨骼（即四肢骨和下颌骨）而言，骨外壁破裂往往留下可识别的特征（图2.7）。Villa 和 Mahieu[⑤] 提出了三类特征来判断骨骼在破裂时是否处于新鲜的状态，即骨骼断口的外轮廓形态、断口的质地及断口内角度。一般来说，呈光滑质地的V字形螺旋断口是在骨骼新鲜状况下形成的，其断口内角度往往呈锐角。但对松质骨而言，就很难识别其破裂特征，这是由于其海绵状的结构分散了力的传导，使其无法形成规则的断口[⑥]。

---

① Myers TP, Voorhies MR, Corner RG, Spiral Fractures and Bone Pseudotools at Paleontological Sites. *American Antiquity*, 1980, p. 45.

② 如 Haynes G, Frequencies of Spiral and Green - Bone Fractures on Ungulate Lim Bones in Modern Surface Assemblages. *American Antiquity*, 1980, p. 48.

③ 如 Bonnichsen R, Some Operational Aspects of Human and Animal Bone Alteration, In Gilbert BM (ed.), *Mammalian Osteo - Archaeology: North America*, Columbia: Archaeological Society, University of Missouri, 1973.

④ Myers TP, Voorhies MR, Corner RG, Spiral Fractures and Bone Pseudotools at Paleontological Sites.

⑤ Villa P, Mahieu E, Breakage Patterns of Human Long Bones. *Journal of Human Evolution*, 1991, p. 21.

⑥ Darwent CM, Lyman, RL, Detecting the Postburial Fragmentation of Carpals, Tarsals and Phalanges, In Haglund WD, Sorg MH (eds.), *Advances in Forensic Taphonomy: Method, Theory and Archaeological Perspectives*, Boca Raton, 2002.

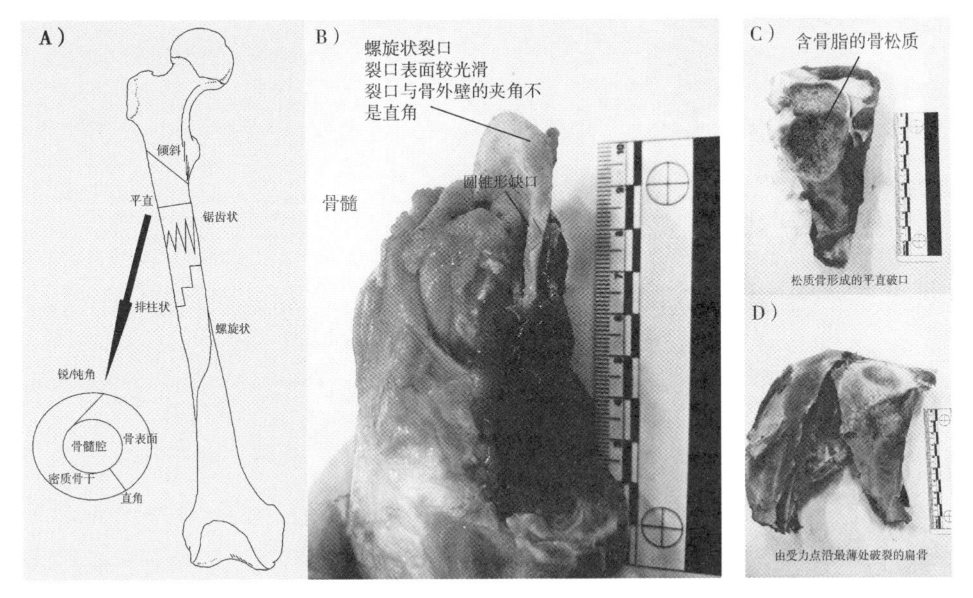

图2.7　骨骼不同破裂状况的图示

A、B. 长骨的破裂状况；C、D. 松质骨在新鲜状况下的破裂状况

另外，对于长骨碎片而言，其残留的骨壁周长比例及其残长占原骨骼长度的比例也是衡量其破碎程度的重要指标。对残周长与残长的比例划分详见附录1。残存比例的计算依据的是与其分类单元最接近的现生动物标本。古脊椎所标本馆保存了不少被横向锯开的长骨标本，为这个指标的观测提供了重要参考。

五　痕迹的观察与鉴定

在观察骨骼表面痕迹时采用了X10、X20和X60的手持放大镜，一些特殊标本还在高倍显微镜下进行了观察。

对骨骼表面痕迹的观察分为四个步骤：首先，观察骨骼表面是否有痕迹出现；其次，判断痕迹的性质；再次，记录痕迹的分布位置；最后，鉴别该骨骼所属的解剖学部位和动物种类。当痕迹单个出现时，将其计为1；当痕迹成组出现时，按出现的数量计数；在痕迹大量出现却无法计数时，仅将其计为出现（无法计数的痕迹一般为啮齿类磨牙和植物根系腐蚀等自然力产生的痕迹）。

不同痕迹的鉴定特征及易混淆痕迹的鉴别方法将在第四章第二节详述。

六　动物死亡年龄与季节信息

动物在死亡时的身体发育状况可以提供它的年龄信息。目前，判断哺乳动物死亡年龄的方法主要集中在两种材料的三个方面。一种材料为长骨骨骺，另一种材料是牙齿。一般来说，骨骺是否愈合是区分幼年个体和成年个体的可靠标准，而牙齿的信息就较为复杂。牙齿白垩质生长线的计数一直被认为是最为可靠的手段，但在标本量大的时候无法一一检验所有标本，而只能有选择性地进行统计。另外，对于一些齿带发育的动物，如鹿科动物，其牙齿垩质经常不发育，所以很难通过此方法提取年龄信息。针对牙齿标本，最被广泛运用的方法是通过齿冠高度与牙齿冠面磨耗特征来推测年龄。Klein 和 Cruz – Uribe① 认为，判定有蹄类动物化石年龄最有效的部位是牙齿。这是由于在一般情况下，牙齿化石是最易保存、最易鉴定、最易区分和最易对比的材料；此外，在史前考古遗址中，牙齿数量往往占较高比例②。

由此，在数据库中，骨骺愈合的情况及牙齿磨耗状况是记录的重点之一。磨耗阶段依据不同研究者对现生动物的观察来划分（详见第五章）。在数据库中直接记录该骨骺和牙齿状况所反映的年龄阶段。

第四节　旧石器时代动物考古学研究视角与本书的研究设计

在完成标本的基本数据采集之后，就需要对数据进行分析与解释。旧石器时代的遗址综合分析的目的是复原遗址在过去多样的环境状态下所发挥的具体功效，阐释对象包含遗址所处的时代和位置、人工制品、动物骨骼以及各类人工结构（如火

① Klein RG, Cruz – Uribe K, The Computation of Ungulate Age (Mortality) Profiles from Dental Crown Heights. *Paleontological Society*, 1983, p. 9.

② 王晓敏：《湖北郧西白龙洞更新世大额牛 *Bos* (*Bibos*) *gaurus* 及其年龄结构研究》，硕士研究生论文，中国科学院大学，2013 年。

塘、建筑遗迹）等①。人工制品往往是石制品，它的属性能提供最为重要的信息，如原料采办、加工技术、工具类型、使用痕迹及残留物等；其他人工制品，如骨器及装饰品同样能提供有价值的信息；动物骨骼则为认识狩猎—采集人群利用遗址来适应环境的行为方式提供了多样的信息，如猎物种属、骨骼部位、猎物的死亡年龄与季节、猎物的生态与行为以及古人类屠宰、消费猎物的方式等等。遗址的综合分析并不是一蹴而就的，特别是对人工制品和动物骨骼的研究，因为它们往往数量庞大。旧石器时代的研究者往往侧重于人工制品的研究，而忽略了对动物骨骼的深挖，因为人工制品的属性更加单纯、所提供的信息更加显著并且多样。但实际上，近几十年来多视角的动物骨骼分析同样提供了大量多样的信息，图 2.8 展示了现今旧石器时代动物考古学的主要研究分支及它们之间的关系。

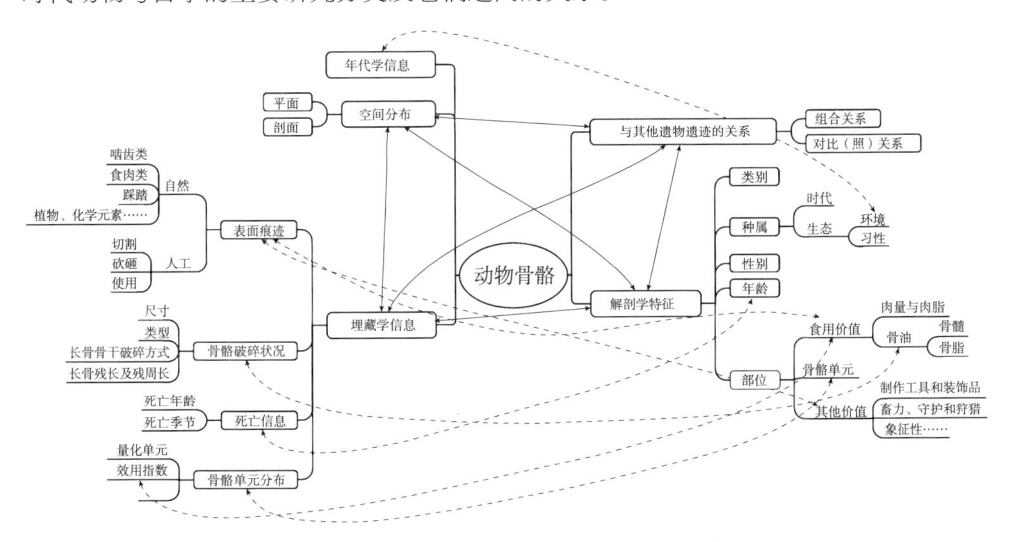

图 2.8　旧石器时代动物考古学的主要研究领域

一　骨骼量化单元及其延伸指数指标

在完成对动物骨骼的鉴定之后，需要进行相关的统计分析。这些统计分析大多是对比例的估算或者指数的计算。要进行统计就需要量化的数据，动物考古学最基

---

① Parkington J, Volman TP, Time and Place: Some Observations on Spatial and Temporal Patterning in the Later Stone Age Sequence in Southern Africa [with Comments and Reply]. *South African Archaeological Bulletin*, 1980, p. 35.

本的量化单元有两类，一类为描述性单元，即标本总数（the Number of Specimen, NSP）、可鉴定标本数（the Number of Identified Specimen per taxon，NISP）；另一类为分析性单元，即最小个体数（the Minimum Number of Individual animals，MNI）、最小骨骼部位数（the Minimum Number of a particular skeletal Element or portion of a taxon, MNE）和最小骨骼单元数（the Minimum Analysis Unit，MAU）。

张乐等[①]介绍了基本量化单元的含义、使用方法和注意事项，并从操作层面上清晰明确地展现了各种量化单元在贵州马鞍山遗址的应用。但是，从量化单元产生之初，不同的研究者根据自己的材料对量化单元就有不同的理解和定义，所以，在任何动物考古学的研究之前，阐明对量化单元的理解很重要。

标本总数（NSP）：即某个统计单元内标本数量的总和。可鉴定标本数（NISP）即可以鉴定到骨骼部位或可以据其进行系统分类的标本数量。NISP 是最基本的量化单元，它的计算可与标本的鉴定同时完成。在其最初的英文释义中，它仅指可以鉴定到种属的标本数量，但在实际操作中，它往往也包含可以鉴定到部位但很难直接说明种属的标本。有些学者会采用可鉴定种属数（NISP - taxon）和可鉴定部位数（NISP - element）进行区分。NISP 可以帮助我们估量标本的总体数量，但由于没有考量不同的埋藏环境和不同的动物种类的骨骼破碎状况，它往往会造成对单一种属丰度的误判。Uerpmann[②] 就认为 NISP 只能用来计算体型相似动物的相对丰度。

最小个体数（MNI）：用来计算某个分类中可以鉴定的标本所代表的最小个体数量，即选择解剖学单元的统计最大值[③]。它可以帮助解决 NISP 所忽略的标本相关性问题（即某些可鉴定标本属于同一个体），但由于它是基于解剖学单元的统计，而标本不可能总在各个层位中平均分布，所以 MNI 的加权值可能会因为不同的地层划分方法而不同。统计 MNI 的方法一直存在着争论，与可鉴定标本数不同，它仅仅是分析的产物，所以它并没有严格反映遗址中实际个体的数量，或者仅反映了一部分个体的数量。不论是 MNI 的概念还是具体的运用，不同的学者都有一些不同的处理，

---

① 张乐、Norton CJ、张双权等：《量化单元在马鞍山遗址动物骨骼研究中的运用》，《人类学学报》2008 年第 1 期。

② Uerpmann HP, Animal bone finds and economic archaeology: A critical study of "osteoarchaeological" method. *World Archaeology*, 1973, p. 4.

③ White TE, A Method of calculating the dietary percentage of various food animals utilized by aboriginal peoples. *American Antiquity*, 1953, p. 18.

如加入年龄、性别和体型大小的考量①；或将全部骨骼碎片作为样本，计算单位骨骼碎片所占的比例②。总之，最小个体数的比较应该建立在相同层级的生物分类系统上，因为它仅仅能说明特定分类单元的可鉴定标本数量。

无论 MNI 还是 NISP 均无法单独解决全部问题，在理想状态下，NISP 和 MNI 可以看作是一个组合中种属数量的最大值和最小值，而实际的数量应该介于二者之间③。所以在进行具体研究时，应该将这两个量化单元的数值和比例都罗列出来。

以上所述的两个量化单元是以生物分类单元为标准来统计的，而在大多数与人类相关的遗址中，以骨骼单元为标准进行的统计，对于区分动物究竟是食用、仪式用、遗址伴生还是跟随其他动物来到遗址附近更有益处④。不同骨骼单元的出现频率可以用来区分动物是在居址附近还是在远离居址的地方被宰杀⑤。

---

① Chaplin RE, *The study of animal bones from archaeological sites.* New York: Seminar Press, 1971; Bokonyi S, A New Method for the Determination of the Number of Individuals in Animal Bone Material. *American Journal of Archaeology*, 1970, p. 74; Flannery KV, Vertebrate Fauna and Hunting Patterns, In Byers DS (ed.), *The Prehistory of the Tehuacan Valley* (*Vol.* 1), Austin: University of Texas Press, 1967.

② Albarella U, Davis SMD, Mammals and Birds from Launceston Castle, Cornwall: Decline in Status and the Rise of Agriculture. *Circaea*, 1996, p. 12; Klein RG, Cruz – Uribe K, *The Analysis of Animal Bones from Archaeological Sites.* Chicago: Chicago University Press, 1984.

③ Grayson DK, Frey CJ, Measuring Skeletal Part Representation in Archaeological Faunas. *Journal of Taphonomy*, 2004, p. 2; Grayson DK, *Quantitative Zooarchaeology: Topics in the Analysis of Archaeological Faunas.* Grayson DK, On the quantification of vertebrate archaeofaunas, In Schiffer MB (ed.), *Advances in archaeological method and theory* (*Vol.* 2), New York: Academic Press, 1973.

④ Thomas R, Behaviour behind Bones: The Zooarchaeology of Ritual, Religion, Status and Identity. *International Journal of Osteoarchaeology*, 2005, p. 15; Sampson CG, Taphonomy of Tortoises Deposited by Birds and Bushmen. *Journal of Archaeological Science*, 2000, p. 27.

⑤ Morin E, Ready E, Foraging Goals and Transport Decisions in Western Europe during the Paleolithic and Early Holocene., In Clard JL, Speth JD (eds.), *Zooarchaeology and Modern Human Origins*, Springer Netherlands, 2013, pp. 227 – 269; Saladie P, Huguet R, Diez C, et al., Carcass Transport Decisions in Homo Antecessor Subsistence Strategies. *Journal of Human Evolution*, 2011, p. 61; Lupo KD, Archaeological Skeletal Part Profiles and Differential Transport: An Ethnoarchaeological Example from Hadza Bone Assemblages. *Journal of Anthropological Archaeology*, 2001, p. 20; Metcalfe D, Barlow KR, A model for exploring the optimal trade – off between field processing and transport. *American Anthropologist*, 1994, pp. 340 – 356; Grayson DK, Bone Transport, Bone Destruction, and Reverse Utility Curves. *Journal of Archaeological Science*, 1989, p. 16; O'Connell JF, Hawkes K, Blurton – Jones N, Hadza hunting, butchering, and bone transport and their archaeological implications. *Journal of Anthropological Research*, 1988, p. 44; Lyman RL, Bone Frequencies: Differential Transport, Insitudestruction, and the MGUI. *Journal of Archaeological Science*, 1985, p. 12.

这种统计方法的关键在于对骨骼单元的认识，骨骼单元的划分因研究者的认识和研究需要而不同。有些基于解剖学部位，如将标本归到特定骨骼（如肱骨或股骨）的特征部位①；有些划分解剖区域，即将一些相邻的骨骼划定为骨骼组，如中轴骨、前肢骨或脚部骨骼②；或者放大到更宽泛但又与人类行为相关的屠宰单元，这个单元包括了来自相邻骨骼、相邻解剖单元的部位，如前肢末端③。不论采取何种标准，以何种方法计算这些破碎标本或骨骼单元所代表的个体数量间的关系都是较难解决的问题。比较统一的做法是，无论基于何种标准来划分骨骼单元，都按照动物种属来统计可鉴定标本数，再以不同的方式展示出来④。

以上的两种统计思路看上去只是对标本的计数，但这些数字是建立在大量比较和鉴定基础之上的。特别是可鉴定标本数，从不同角度对这个数值进行展示即可以反映原始材料的各方面信息；它既是后续统计分析工作的基础，也是检验数据合理性的重要证据。

为了更直接地反映人类对动物身体各个部分的取舍，特别是依据食用价值的选择，Binford⑤ 拟定了另外两个单元，后来在多位学者的发展下，建立了一套更完善的量化指标，这套方法改进了以上两种以生物分类单元为标准的量化方法，将尽可能多的碎骨标本纳入统计和比较体系中。

最小骨骼部位数（MNE）：依据特定解剖学部位来计算一个分类中某类骨骼或骨骼部位的数量。它的累计与 MNI 相比采取了不同标准，摒弃了对骨骼左侧或右侧的区分，以不同的营养价值为考量，将统计 MNI 时排除在外的不可区分左右的标本纳入分析中，量化地解释人类行为。但是，MNE 并未考虑各解剖学部位在个体中存在的数量可能不同，在统计不同骨骼部位出现率时，就可能产生问题。

---

① Llorente – Rodríguez L, Ruíz – García J – J, Morales – Muñiz A, Herders or Hunters? Discriminating Butchery Practices through Phalanx Breakage Patterns at Cova Fosca (Castellón, Spain). *Quaternary International*, 2014, p. 330.

② Miracle P, Milner N, *Consuming Passions and Patterns of Consumption.* Cambridge: McDonald Institute Monographs, 2002.

③ Lyman RL, Analysis of historic faunal remains. *Historical Archaeology*, 1977, p. 11.

④ Stiner MC, *Honor among Thieves: A Zooarchaeological Study of Neandertal Ecology.* Dobney K, Rielly K, A method for recording archaeological animal bones: The use of diagnostic zones. *Circaea*, 1988, p. 5.

⑤ Binford LR, *Nunamiut Ethnoarchaeology*, New York: Academic Press, 1978.

最小骨骼单元数（MAU）：指一个指定骨骼单元分类中的最具代表性数值。骨骼单元是由骨骼部位组成的，它涵盖的范围应根据研究的需要来确定。用某类骨骼MNE的值除以这类骨骼在一副完整骨架中的出现次数，获得的数值即可代表MAU的值。

在Binford的量化体系中，MNE是争议最大的量化单元，它脱胎于Binford对White①所指的MNI的不同理解。他起初认为，MNI应该是对全部有特征骨骼的统计，包括不可以区分左右的标本，所以他提倡用最小骨骼单元的可鉴定标本数除以这个骨骼单元在完整骨架中出现的次数来确定最小个体数，这实际上已经与White所指的MNI不是同一含义。后来，Binford②把他所认为的MNI修改为MNE，并将MNE和MAU联系起来。不断有学者试图完善MNE的概念和算法，现在广泛采用的做法是Lyman③的模式，即统计所有标本在特征解剖学部位所占的比例，并依据解剖学部位加权。

随着MNE统计方法的调整，MAU也经历了反复的修饰，但它总是反映了一个标本集合中代表某一特定解剖学部位的最基本数量。在对不同地点的MAU值进行比较时，由于标本量的区别，MAU值的数量级别可能不同，于是Binford④又提出对MAU值进行标准化处理。在得到所有MAU值后，将最大的MAU值作为标准值，将所有MAU值除以这一标准值然后乘以100，得到%MAU。这样每个基本骨骼部位的%MAU都可以制成与其他指数相比较的图，并且可以与各种经济策略相关的效用数据进行对比⑤。

在获取基本量化单元的数值以后，我们可以根据每个骨骼部位的期望数量来确定骨骼的完整程度⑥。期望数量的确定方法有多种，可以依据研究材料里各个骨

① White TE, A Method of calculating the dietary percentage of various food animals utilized by aboriginal peoples, p. 18.

② Binford LR, *Faunal Remains from Klasies River Mouth.*

③ Lyman RL, Quantitative Units and Terminology in Zooarchaeology, p. 59.

④ Binford LR, *Faunal Remains from Klasies River Mouth.*

⑤ Grayson DK, Frey CJ, Measuring Skeletal Part Representation in Archaeological Faunas, p. 2; Lyman RL, Anatomical Considerations of Utility Curves in Zooarchaeology. *Journal of Archaeological Science*, 1992, p. 19.

⑥ Thomas R, Fothergill BT, Animals, and Their Bones, in the 'Modern' World: A Multi – Scalar Zooarchaeology Foreword. *Anthropozoologica*, 2014, p. 49.

骼部位中可鉴定标本数值最高的部位[①]；也可以依据单独一件完整骨骼的值[②]。依据不同的期望数量，骨骼完整程度的计算方法不同。本文采用的计算方法见第五章第三节。

食物利用指数（Food Utility Index，FUI）是 Metcalfe 和 Jones[③] 从北美驯鹿的肉量利用指数（Meat Utility Index，MUI）衍生出的一个概念，定义为某一部位的总重量减去该部位的干骨重量，而其中的总重量是指每个部位的骨、肉、骨髓、油脂的重量。他们将肉量利用指数加以修正，为每一个基本骨骼算出一个 FUI 值。而后他们又将基本骨骼部位按照它们的 FUI 值分成 3 组：<1000 的为低 FUI 值，1000～3000 为中 FUI 值，>3000 的为高 FUI 值。很多学者将这个指数与% MAU 进行比较，解释古人类搬运动物骨骼部位的选择。

以上所述的针对骨骼出现频率的统计和对比计算是现在较主流的研究方法，也有其他一些学者针对材料的特殊性，采用了其他的研究方法。需要注意的是，所有这些量化研究并不能提供毫无缺陷的答案。在使用任何一种手段对遗址中的骨骼进行评估时，都要考虑遗址的埋藏状况、动物的生态学特征、特殊的考古学现象和其他民族学的证据。

NISP∶NSP，即可鉴定标本数与标本总数的比值，它直接反映了标本的可鉴定率。根据可鉴定率，可以了解标本的破碎状况，可鉴定率越高，说明标本都相当完整，保留了较多的可鉴定特征。但实际上，保留较多可鉴定特征的标本并不总是相对较完整的标本。一些本身具有明确鉴定特征的部位或种属，如单个牙齿、角心等的存在经常会提高可鉴定的比例，却并不能准确说明标本的破碎状况。

NISP∶MNE，即可鉴定标本数与最小骨骼部位数的比值，这个比值被称为破碎率（Fragmentation Ratio）[④]。破碎率通常以解剖学部位为单位，因为 MNE 只有在确立解

---

① Lyman RL, Relative abundances of skeletal specimens and taphonomic analysis of vertebrate remains. *Palaios*, 1994, p. 9.

② Stiner MC, *Honor among Thieves: A Zooarchaeological Study of Neandertal Ecology.*

③ Metcalfe D, Jones KT, A Reconsideration of Animal Body－Part Utility Indexes. *American Antiquity*, 1988, 53: pp. 486－504.

④ Wolverton S, NISP: MNE and % Whole in Analysis of Prehistoric Carcass Exploitation. *North American Archaeologist*, 2002, p. 23.

剖学部位的基础之上才有意义。一般情况下，NISP 的值应该大于 MNE 的值，这是由于 MNE 是某一骨骼单元的出现频率而非数量，这个频率经常不等于 1（即骨骼单元完整出现）。骨骼越破碎、骨骼部位的定义越宽泛，都会导致越大的 NISP：MNE。最理想的状况即 NISP：MNE 为 1，这说明遗址中发现的该类骨骼几乎是完整的。

NISP：NSP 及 NISP：MNE 都能说明标本的完整情况，但它们又都不能毫无疑义地提供破碎信息，这是因为它们都是基于 NISP 的。NISP 与骨骼破碎的关系并不是线性的，如果骨骼为完整，NISP 即为 1；完整的骨骼单元破裂为可以鉴定的若干大碎片，NISP 会随着破碎程度增加；骨骼越破碎，便有越多的骨骼失去鉴定特征，那么 NISP 则会下降。表 2.6 说明了 NSP、NISP 与 MNE 的关系。

表 2.6　NSP、NISP、MNE 及其比值间的关系

	A	B	C	D	E	F
NSP	1	3	6	24	50	3
NISP	1	3	6	4	1	1
MNE	1	1	1	1	1	1
NISP：NSP	1	1	1	0.17	0.02	0.33
NISP：MNE	1	3	6	4	1	1
图例	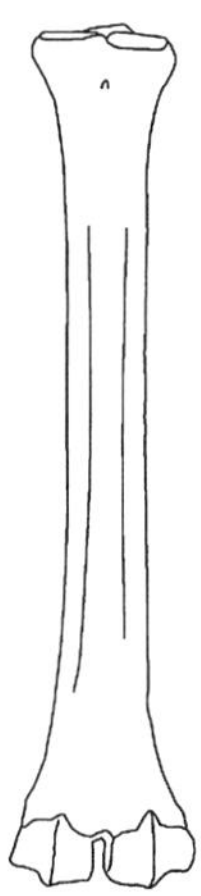	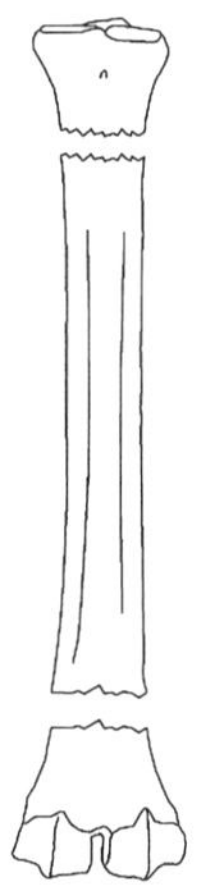	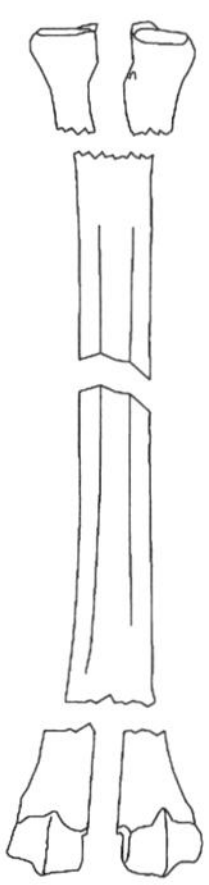			

Grayson 和 Frey 提出，由于 MNI、MNE 和 MAU 实际上都是依据 NISP 计算出来的，所以他们之间应该存在一定的关系；将 NISP 按照动物类别及解剖学部位进行分类统计，然后如获取 MAU 的方法一样，将 NISP 除以各解剖学部位在单个动物中的出现频率，则可以得到一个值，称为 NNISP（Normed NISP values）[①]。经过他们的检测，% NNISP 和% MAU 在某些遗址中的量化价值是一致的，即它们的分布是一致的。另一方面，他们认为 NNISP 可以将同类别的动物放在一起研究而不必讨论骨骼是否能被鉴定到某一类别的具体种属，扩大了统计的范围。

NNISP 的本质实际是想寻找一个简易的指标来代替 MNE 和 MAU 的运算，但当骨骼非常破碎之时，NNISP 的值与 MAU 的值会出现比较大的差异，因为 MAU 是依据研究者定义的骨骼单元进行的计算，它所囊括的解剖学部位可多可少，研究者可能依据经验将某些骨骼划归到特定的类别和部位，而 NISP 则只是加和了可鉴定的骨骼数量。但是，究竟哪种衡量方法更接近实际的情况根本不得而知，不同的研究者通常是根据自己的理解来选用统计比较的值，由于 MAU 的出现时间更长，影响更加深远，所以 NNISP 的使用还并不多，也有研究者建议在条件允许的情况下应该将二者都统计并进行比较[②]。

二　生态学、埋藏学与古人类获取资源的方式

获取并量化数据之后，我们获得的最直接信息就是动物群构成，而动物群构成可以提供群内动物的栖息环境、食物选择以及集群特征等相关生态信息，这样便构建了一个群落的生态模型。对于考古遗址而言，这个生态模型受到古人类的各类改造。所以，对考古遗址动物群所反映的生态学信息的研究，对于任何试图了解某一环境中人类的生态位、人类对生物资源的利用状况以及古环境都是极其重要的[③]。

---

① Grayson DK, Frey CJ, Measuring Skeletal Part Representation in Archaeological Faunas, p. 2.

② Lanoë FB, Pean S, Yanevich A, Saiga Antelope Hunting in Crimea at the Pleistocene – Holocene Transition: the Site of Buran – Kaya III Layer 4. *Journal of Archaeological Science*, 2015, p. 54.

③ Reitz EJ, Wing ES, *Zooarchaeology*（*2nd ed*）.

当一个生态模型被一些营力堆积到考古遗址之后，埋藏作用便时时刻刻对其进行着改造。直到我们有选择性地获取了考古遗址中的标本，最初的生态群落所带有的丰富信息其实已经所剩无几。所以说，埋藏学是动物考古学研究的最重要组成部分，埋藏学研究的最终目的是要将人类行为与其他自然因素造成的骨骼组合区分开①。张双权②回顾了埋藏学的发展历史并总结了相关研究方法；骨骼表面痕迹、骨骼破碎方式及骨骼单元分布的研究是厘清人类与自然改造的主要手段。

生态学和埋藏学的重建最终都指向古人类获取资源行为与方式的分析。古人类获取资源的行为方式主要涵盖以下两个方面：一是狩猎方式；二是猎物的搬运及处理方式。要了解这两方面的信息，所运用的数据其实就是我们在关注生态和埋藏信息时所获得的。这其中包括动物群的构成、动物的死亡年龄与季节、动物的骨骼单元分布、骨骼表面痕迹及骨骼破碎的方式。

三　研究设计

依照第二章第三节介绍的数据库设计理念及附录 1 中罗列的具体指标，本项研究对于家沟遗址动物化石的基本数据进行了采集，并分层位计算了不同的量化单元。依据于家沟遗址的动物化石特点，从动物考古学的基本研究视角出发，本文开展了三个方面的研究，即于家沟动物群所反映的生态学研究、于家沟遗址动物堆积的埋藏学研究及古人类获取、利用动物资源策略的研究。

本书第三章将就于家沟遗址动物群的构成及其所反映的生态学基本信息进行讨论，并利用生态学研究的各类指数说明古人类对遗址的占据状况和开发资源的强度。而第四章则利用骨骼表面痕迹和骨骼单元分布频率来重建于家沟遗址的埋藏历史和古人类开发动物资源的基本策略。第五和第六章分别从动物的死亡年龄与季节以及“碎骨”所反映的油脂开发策略这两个角度来介绍古人类获取资源行为的多样性。最后，第七章讨论了这些多样性所反映的区域特征和时代意义，并提出了本书未决的问题，希望能对今后的研究有所裨益。

---

① Brain CK, *The Hunters or the Hunted: An Introduction to African Cave Taphonomy.*

② 张双权：《河南许昌灵井动物群的埋藏学研究》，博士研究生论文，中国科学院研究生院，2009 年。

第三章　于家沟遗址动物群的生态信息

生态指生物的存活状态，而生态学注重生物与其存活环境的相互依存关系，生态学家的主要研究内容就是调查生物的存活状态、研究生物的栖息地、觅食策略、繁殖方式、种群特点以及周遭环境对生物的影响等①。与现代的生态学家一样，狩猎－采集群体也关注生物的存活状态。猎人和渔民以实际经验为依据而得到大量的“生态”信息，这些知识在群体中世代积累并传递下来，以此获取存活所需要的资源②。资源会因为环境变化而发生改变，人群获取和利用资源的方式不仅随着资源本身和周遭环境调整，也因人群的技术和消费策略不同而表现出多样性。对古人类获取和利用资源方式的重建和分析，首先应该关注资源本身。具体到动物考古学，就应该关注考古遗址中出土动物的生态特征。

从考古学研究逻辑出发，对考古遗址中出土的动物生态的研究几乎全部借鉴现有的动物生态学知识。由此，我们关注的问题可以分为几个层面：一是特定动物的生态位，它包含动物栖息地和食物结构；二是特定动物的生活史对策，它包括了动物的集群特点、种群大小、结构与调节机制；三是动物群所代表的生态环境系统，它包括了动物群所代表的自然环境及其生产率，动物群的丰度，均匀度和多样性。

---

① Ricklefs RE, *Ecology* (2*nd ed*). New York: Chiron Press, 1979.

② Reitz EJ, Wing ES, *Zooarchaeology* (2*nd ed*).

通过研究这几个层面的问题，我们至少可以获取如下的信息，如不同动物在何时何地被获取、哪种猎取方式更行之有效。

大多数动物考古学的研究报告都包含有生态学的基本研究，即基于动物群名单而做的古环境推测。基于这些推测，我们往往能对遗址所在区域进行一些基本的生态复原，如是否存在水体、草地与森林等等。然而，如上所述，我们从考古遗址出土的动物群中能够获得的生态学认识远不止于简单的环境重建。

需要注意的是，即使我们从考古学的角度定义了特定的时间、空间和技术背景，依据现代生态学所推导出的获取资源策略也并不是唯一的结论①。比如，尽管我们可能认为需要渔网和渔叉才可以发展渔猎，但其实只要有足够的耐心，徒手捉鱼也并非不能②；尽管我们认为野牛非常凶猛，捕猎大量野牛的古人类必然强壮、团结并且拥有锋利的工具，但其实以某种方式将它们赶下悬崖或陡坎，也能以逸待劳获得肉食。注意到这些偶然发生的捕获，才能促使我们思考基于考古材料重建的获取资源方式是否是有效的、连续的。

现在生态学与考古学结合较好的史前研究案例多针对新石器时代，研究地域多集中在海岛与海岸，研究方法更侧重通过同位素进行的直接复原③。这是由于一方面同位素的精度较高，另一方面海岸和海岛的生物非常丰富，并且几乎所有生物都对生态环境的变化非常敏感。而对于旧石器时代遗址，哺乳动物化石的证据可能更多。在目前的条件下，动物群所反映的动物生境信息、习性与行为以及遗址中动物群多样性可以帮助我们构建一个相对系统、客观的生物资源体系。在这个框架下，可以建立一个相对宏观的环境，在环境中讨论古人类的行为特征。但是，如 White④ 所述，将任何的生态学重建应用到解释单个遗址甚至单个文化时，都需要谨慎的讨论。

---

① Lyman RL, The Influence of Time Averaging and Space Averaging on the Application of Foraging Theory in Zooarchaeology. *Journal of Archaeological Science*, 2003, p. 30.

② Reitz EJ, Wing ES, *Zooarchaeology*（2nd ed）.

③ Monks GG, Human Impacts on Seals, Sea Lions, and Sea Otters: Integrating Archaeology and Ecology in the Northeast Pacific. *American Antiquity*, 2012, p. 77; Miller MJ, Capriles JM, Hastorf CA, The fish of Lake Titicaca: implications for archaeology and changing ecology through stable isotope analysis. *Journal of Archaeological Science*, 2010, p. 37.

④ White TE, A Method of calculating the dietary percentage of various food animals utilized by aboriginal peoples. p. 18.

限于研究材料，本文只能以较宏观的动物群讨论为基础，归纳动物群反映的古环境与动物行为信息，从一个并不全面的生态学重建窥视古人类在这个生态系统中的适应策略。依据出土化石的状况，本文的生态学研究主要涉及以下四个方面：1. 动物群的鉴定和组成；2. 不同动物所反映的生境信息；3. 优势动物的习性与行为；4. 动物资源丰度与遗址占用强度。

第一节　遗址动物群的组成

本次研究的于家沟动物群包括 1995 ~ 1997 年从探方 YJG 及 YJGA 的 7 个层位出土的全部动物化石（不含装饰品及骨制工具），共计 19,686 件标本。

于家沟遗址的动物群与 1977 年虎头梁报道的动物群相比（表 3. 1），缺少了一些两栖类和啮齿类，如蛙（*Rana* sp. ）和蒙古黄鼠（*Citellus citellus mongolicus*）等。在有蹄类的名单上，二者并没有大的出入。本文与 1997 年黄蕴平教授提供的鉴定名单相比，在对非哺乳类动物及啮齿类的认识上比较一致。在食肉类方面，通过一件残破的下颌齿列确认了桑氏鬣狗的存在，但此件标本非常破碎。在奇蹄类方面，依据两件较完整的肱骨近端标本，确认了披毛犀的存在。在偶蹄类方面，通过角心确认普氏原羚的存在，但由于普氏原羚和黄羊的牙齿以及头后骨骼很难区分，所以并不能排除黄羊存在的可能性；通过一件较完成的角心，确认了转角羚羊的存在。

在近两万件的化石中，于家沟可以鉴定到种属的化石仅 593 件，占标本总量的 3. 01%（附录 2）。从不同种属动物的 NISP 来看，小型牛科动物，即普氏原羚及转角羚羊，占总 NISP 的 51. 94%；马科动物，即普氏野马与野驴，占总 NISP 的 28. 33%。从不同层位的 NISP 来看，仅第③b 层就占了 64. 42%，而第③b 层的优势种属仍是小型牛科，占总量的 58. 64%。

从附录 2 亦可以发现，于家沟遗址不同自然层的动物群构成存在差异。第②层动物化石很少，动物种类也相对较少；除了蚌壳化石之外，仅有遗址最常见的普氏原羚角心与牙齿以及普氏野马的牙齿；该层也是遗址唯一出土野猪化石的层位。第

表 3.1　虎头梁及于家沟动物群名单对照

类别	拉丁名	中文名	虎头梁遗址群①	97 于家沟②	本文
贝类	–	蚌	–	–	√
两栖类	*Rana* sp.	蛙	√	–	–
鸟类	*Struthio* sp.	鸵鸟	√	√	√
啮齿类	*Myospalax fontanieri*	中华鼢鼠	√	–	–
	Myospalax sp.	鼢鼠	–	√	√
	Citellus citellus mongolicus	蒙古黄鼠	√	–	–
	Microtus brandtioides	似布氏田鼠	√	–	–
	Cricetulus varians	变种仓鼠	√	–	–
食肉类	*Vulpes* sp.	狐狸	–	√	√
	Canis lupus	狼	√	–	–
	Pachycrocuta cf. *sinensis*	桑氏鬣狗	–	–	√
有蹄类	*Equus przewalskyi*	野马	√	√	√
	Equus hemionus	野驴	√	√	√
	Coelodonta antiquitatis	披毛犀	–	–	√
	Sus scrofa	野猪	√	√	√
	Cervus elaphus	马鹿	–	√	√
	Cervus sp.	鹿	√	–	–
	Procapra przewalskii	普氏原羚	√	–	√
	Gazella subgutturosa	鹅喉羚	√	–	–
	Gazella przewalskyi	黄羊	–	√	√
	Gazella sp.	羚羊	–	√	–
	Spiroceros sp.	转角羚羊	√	–	√
	Bos sp.	牛	√	√	√
	Palaeoloxodon namadicus	纳玛象	√	–	–

① 盖培、卫奇：《虎头梁旧石器时代晚期遗址的发现》。表中的拉丁文与中文名来自此文献。

② 梅惠杰：《泥河湾盆地旧、新石器时代的过渡——阳原于家沟遗址的发现与研究》。

③a层的情况与第②层类似。第③b层化石数量最多，种类最丰富；在食肉类方面，该层仅出土小型食肉类的下颌及牙齿；在有蹄类方面，不见野猪，鹿及牛的标本；普氏原羚、普氏野马及鸵鸟标本占有绝对优势。第④层与第③b层较相似，但优势种在数量上远不如第③b层；该层不见蚌类、啮齿类、食肉类的标本，但见3件马鹿牙齿标本。第⑤、⑥、⑦层的动物标本数量与种属明显减少；第⑤层与第⑦层发现有牛的标本，第⑦层发现有较完整的鬣狗牙齿标本。另外，这三层中仅第⑤层不见犀类标本。从动物群的分层构成来看，只有普氏原羚和普氏野马的标本贯穿始终，其他不同种类的动物都有其特定的分布层位。

如果将分类的尺度放大到动物类别上（图3.1、彩版五），所能获取的信息就比单纯依靠动物种属更加丰富。2级有蹄类动物在第③b层和第④层所占的比例都超过50%，在较晚的第③a层和第②层也占有相当的比例，但在第④层之后，比例明显下降。3级有蹄类动物的比例则随时间的推进不断减少，但在早于第④层的层位中，3级有蹄类动物所占的比例还是较2级有

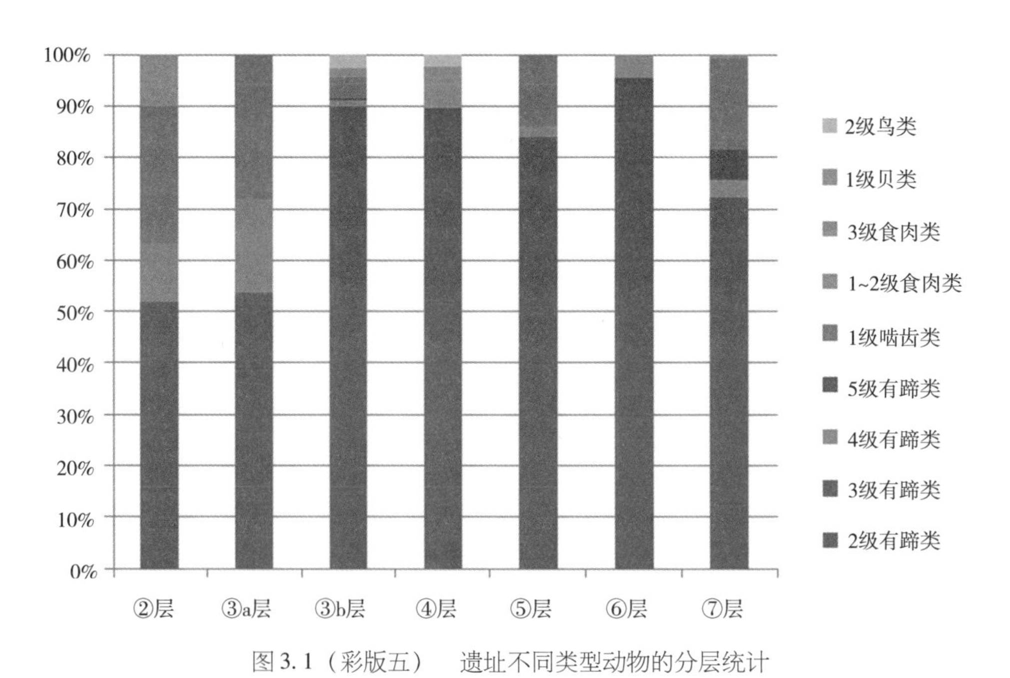

图3.1（彩版五）　遗址不同类型动物的分层统计

蹄类更高。4 级有蹄动物只在第②和③a 层占有显著的比例，在其他层位的分布较少。5 级有蹄类动物仅在第③b、④、⑤及⑥层分布。啮齿类动物在②、③a、⑤和⑦层占有明显的比例，其对③b 及④层的贡献较小。明显的小型食肉类分布仅出现在第③b 和④层，而大型食肉类仅见于⑥、⑦层。贝类仅在上部层位有所分布。鸟类遗存仅发现于第③b 及④层。总的来说，第2、3 级有蹄类动物在遗址的各个层位都占有较大的优势；第③b 层和第④层的动物类别最为丰富。

综上可知，于家沟遗址不同层位的动物群构成有很大差异，了解不同种类动物的生存环境与食性对重建不同层位的生态环境特点至关重要；而重点分析优势种属的生态信息，如以普氏原羚为代表的2 级有蹄动物和以普氏野马为代表的3 级有蹄动物对识别古人类利用周围动物资源的方式有重要意义。

第二节 不同动物所反映的生态学信息

一 动物群所反映的自然环境特征

不同动物在自然界中占据了不同的生态位，通过现今动物的自然地理分布特征可以推知考古遗址中相关动物的生境特征①。于家沟遗址动物群所反映的生境特征并不多样，主要是半湿润或半干旱的草原环境。表3.2 归纳了该遗址不同动物的生境特征及现今在中国境内的分布状况。从主要动物的生境特征来看，于家沟遗址的大多数动物是较耐寒耐旱的；植食性动物只有少量生活在森林，大多数还是生活在草原及荒漠环境中。遗址周围有淡水水体。这种动物群组合与冰消期泥河湾盆地的温带大陆性气候特征相对应。

---

① Lanoë FB, Pean S, Yanevich A, Saiga Antelope Hunting in Crimea at the Pleistocene - Holocene Transition: the Site of Buran - Kaya III Layer 4. p. 54; Costamagno S, Exploitation de l'antilope saïga au Magdalenien en Aquitaine. 13.

表 3.2　于家沟主要动物的生境特征①

动物种属	食性	生境	气温	水份	现今分布
贝类	杂食	淡水水体	广适	湿润	广布
鸵鸟	植食	草地、半荒漠	温和或寒冷	半干旱	无
鼢鼠	杂食	草地	温和	湿润与半湿润	华北、西北与四川
灵猫	肉食	草地、灌丛	温和	湿润与半湿润	中部及南方
狐狸	肉食	苔原、沙漠、灌丛、森林等	广适	广适	广布
鬣狗	肉食	开阔草场、稀疏草原	温和	半干旱	无?
羚羊	植食	荒漠、半荒漠、草地	寒冷	半干旱	青海
野猪	杂食	灌丛、森林、草地、沼泽等	温和	湿润与半湿润	广布
马鹿	植食	森林、沼泽、草甸、草原	温和或寒冷	湿润与半湿润	北方
牛	植食	草原、荒漠	温和或寒冷	湿润与半湿润	广布
野马	植食	草甸、半荒漠	寒冷	半干旱与干旱	新疆、甘肃
野驴	植食	荒漠	温和或寒冷	半干旱与干旱	新疆、甘肃、内蒙古
披毛犀	植食	苔原、荒漠、冰原、稀疏草原	寒冷	半干旱与干旱	绝灭

二　普氏原羚与普氏野马的生态特征

普氏原羚与普氏野马的生态信息是本文生境研究的重点，原因有三：一是这两种动物在地史上广布欧亚大陆，特别频繁地出现在北亚和东亚的旧石器时代遗址中；在于家沟遗址，它们也是古人类最主要的猎物；二是这两种动物的生境限制大，有较强的环境指征；三是由于该两种动物现均趋绝灭，动物学家基于保护生物学的研究积累了大量的生态学数据。

① 蒋志刚、马勇、吴毅等：《中国哺乳动物多样性》，《生物多样性》2015 年总第 23 期；Qiu ZX，Quaternary Environmental Changes and Evolution of Large Mammals in North China. *Vertebrata Palasiatica*，2006，p. 44.

（一）普氏原羚的生态信息

普氏原羚角心形态简单，横切面椭圆形而无棱角，角心表面为纵向排列的竖纹。角心较长，稍向后弯曲，弯曲度较小。角心表面最深的纵沟位于前方。上臼齿前附尖和中附尖发育，下臼齿下前附尖发育[①]。

普氏原羚（*Procapra przewalskii*）是偶蹄目牛科羚羊亚科原羚羊属动物。现生的原羚仅有三种，即普氏原羚（*Procapra przewalskii*）、藏原羚（*Procapra picticaudata*）以及蒙古瞪羚（*Procapra gutturosa*，即黄羊），其中，前两种为中国特有种。由于普氏原羚与蒙古瞪羚、藏羚羊很难区分，所以它的分类位置一直存在争议[②]。直至 1949 年，Stroganov 才将采集于鄂尔多斯的标本正式定名为普氏原羚。

普氏原羚曾分布于蒙古南部、我国新疆、西藏、青海、内蒙古、甘肃、宁夏等半干旱的沙漠草原和稀树草原地带[③]，是北方晚更新世动物群中的常见种类。由于气候环境演变和人类活动的影响，普氏原羚现仅分布在青海湖一带，种群数量不足 300 只[④]。

现生的普氏原羚分布于环青海湖的草原和荒漠生态系统中，高原典型草原生态系统是普氏原羚的典型生境之一[⑤]。青海湖地处青藏高原的东北部，其流域内地貌类型复杂多样，普氏原羚主要生活在共和县湖东种羊场和海晏县克图地区。湖东—克图的地形由湖滨平原滩地、沙丘和高山草地组成。据蒋志刚的报道[⑥]，当地牧民实行季节轮牧制度，夏秋牧场位于海拔 4000m 以上的山上，冬春牧场位于 3000 ~ 4000m 的开阔地带，夏秋牧场不见普氏原羚活动。普氏原羚有季节性水平迁移现象，一般是由于水分状况导致了草场优劣变化。冬季成大群向南迁移，到植被较丰富，积雪更薄并有水源的地区。

普氏原羚最喜欢采食的植物有芨芨草（*Achnatherum*）、赖草（*Leymus*）、冰草（*Agropyron*）和苔草（*Carex*）；在食物匮乏的情况下，普氏原羚便会采食狼毒（*Stellera*）与蒿

① 董为、李占扬：《河南许昌灵井遗址的晚更新世偶蹄类》。
② 蒋志刚：《中国普氏原羚》，北京：中国林业出版社，2004 年。
③ 王应祥：《中国哺乳动物种和亚种分类名录与分布大全》，北京：中国林业出版社，2003 年。
④ 蒋志刚、冯祚建、王祖望等：《普氏原羚的历史分布与现状》，《兽类学报》1995 年第 15 期。
⑤ 李迪强、蒋志刚、王祖望：《普氏原羚的活动规律与生境选择》，《兽类学报》1999 年第 19 期。
⑥ 蒋志刚：《中国普氏原羚》。

类（*Artemisia*），其中狼毒多分布在沙丘的外围，是草原退化的指示性植物①。

普氏原羚的发情期为11月下旬到12月中旬。产仔期为6月下旬到8月中旬，产仔高峰期为7月下旬。普氏原羚的居群结构有单身群、母子群与混合群，有时形成20只左右的大群，有时为3~5只的小群，独自生活的情况很少。普氏原羚社群大小随季节变化而变化。群平均大小在春季较小，在产仔期间和哺乳期增加，在发情期（11月下旬）达到最高峰②。

雌雄二型的有蹄类动物常见同性聚群的现象③。普氏原羚的雄性单身群在发情期数量下降最快，因为很多雄性加入混合群参与繁殖；雌性单身群在哺乳期数量下降，此时成年雌性会与幼仔形成母子群。幼年个体不会离开雌性而单独与雄性单身群生活④。平时普氏原羚幼体不跟随母体一起觅食，而是隐藏在草丛中等候母亲哺育。

（二）普氏原羚生态学信息的启示

有蹄类动物经常形成5只左右的居群，小于5只时，群体的警戒性低，防御的投资增加；大于5只时，在警戒的反应时间上并不存在优势，防御的效率降低⑤。但普氏原羚行动机敏，对声音和气味都十分敏感。当人接近普氏原羚至500m左右时，普氏原羚即开始逃跑，奔跑速度可达60km/h⑥。所以即使脱离群体的羚羊个体，也很难通过追逐的方式被捕获。

依据普氏原羚的集群特征，假如考古遗存中发现有幼年个体，那么它应该生存在混合群与母子群中。在此基础上，如果有大量角心出现，那么捕获的群落为混合群无疑。

---

① 刘丙万、蒋志刚：《普氏原羚的采食对策》，《动物学报》2002年总第48期。

② 刘丙万：《普氏原羚在草原生态系统中的地位初探》，博士研究生论文，中国科学院动物研究所，2002年。

③ Ruckstuhl KE, Neuhaus P, Sexual segregation in ungulates: a new approach. *Behaviour*, 2000, p. 137.

④ Lei R, Jiang Z, Liu B, Group pattern and social segregation in przewalski's gazelle (*Procapra Przewalski*) around Qinghai Lake, China. *Journal of Zoology*, 2001, p. 255.

⑤ Pulliam HR, Caraci T, Living in groups: is there an optimal group size? In Krebs JR, Davies NB (eds.), *Behavioural Ecology: an evolutionary approach.* 2nd, Oxford: Blackwell Scientific Publication, 1984; Caraco T, Pulliam HR, Time budgets and flocking dynamics. *Proceedings of the XVII International Ornithological congress*, Berlin, Germany, 1980.

⑥ 蒋志刚：《中国普氏原羚》，第98页。

与普氏野马不同，普氏原羚的交配制度为典型的求偶场交配，即群落中的交配多为随机的①，而不像野马那般有固定的家庭群。这也是普氏原羚在交配期经常形成大规模混合群的原因。另外，在迁徙期，普氏原羚也形成大的混合群。在交配、觅食和饮水时，大规模混合群的警戒效率最低，这为捕猎者提供了最佳的狩猎机会。

根据对青海湖狼的食物构成的研究，发现狼群在傍晚及夜间捕食普氏原羚的机会远高于白天，它们往往在羚羊群从饮水地返回夜间驻地时对其进行伏击。另有对羚羊求偶过程的细致描绘，雄性在求偶时，为了向异性展示其身姿，会选择一个高出荒漠或草滩的土坡。另外，雄性羚羊在发现捕猎者时，会立即报警，将臀部独有的白色尾毛竖起外翻。这两种行为要么导致脱群，要么导致过于显眼，容易成为捕猎者的目标②。

（三）普氏野马的生态信息

普氏野马（*Equus przewalskii*），又可称为蒙古野马或亚洲野马，是奇蹄目马科马属动物。现存的马科动物共计 7 种，全部属于真马属（*Equus*），除普氏野马外，其他分别为平原斑马（*E. burchelli*）、细纹斑马（*E. grevyi*）、山斑马（*E. zebra*）、非洲野驴（*E. africanus*）、蒙古野驴（*E. hemionus*）及藏野驴（*E. kiang*）。普氏野马是现存的唯一真正野马，也是现代家马的唯一祖先，其体型健硕，体长约 2. 8m，肩高 1m 以上，体重约为 300kg③。1881 年，沙俄学者普利亚科夫（Nikolai Przewalski）首次命名了普氏野马。现在普遍认为普氏野马在野外已经绝灭④，但圈养的普氏野马由于受到人类的保护而存活下来。2001 年 8 月，27 匹人工圈养的普氏野马在新疆卡拉麦里自然保护被放归野外。作为一个濒危的物种，普氏野马在当下的衰落与地史时期的繁盛截然不同。但正是由于它的珍贵，动物学家对它生态特征的观察才更加全面细致。

---

① 游章强、蒋志刚：《动物求偶场交配制度及其发生机制》，《兽类学报》2004 年第 24 期，第 254 ~ 259 页。

② Ruckstuhl KE，Neuhaus P，Sexual segregation in ungulates：a new approach，p. 137.

③ 蒋志刚：《中国普氏原羚》，第 98 页。

④ 高行宜、谷景和：《马科在中国的分布与现状》，《兽类学报》1989 年第 9 期。

邓涛和薛祥煦①系统研究了中国的真马化石及共生活环境，他们认为普氏野马最早出现在晚更新世的丁村动物群；后于20～10ka的冬季风盛行期广泛地出现在中国中、东部的动物群中，如乌尔吉动物群（20ka BP）与青头山动物群（11ka BP）；而全新世的中国北方动物群中，至今没有确定的普氏野马化石发现。结合普氏野马的栖居环境特点，他们还提出这种典型的适应干燥寒冷气候的荒漠动物应该完全受控于东亚季风的时空变迁，随着季风强弱的变化，野马的分布在中国东部和西部发生变化。由此，可以将普氏野马化石的出现作为环境变化的指示物。

现代普氏野马的自然栖居环境为沙漠、草原、丘陵、戈壁等②。从现今的地理分布来看，普氏野马主要集中在欧亚大陆中心的干旱地带，该地带冬季由西伯利亚高压控制，而夏季风无法将热量与水汽输送至此，是明显的冬季风盛行区③。从动物地理区划上看，普氏野马的分布区属于古北界中亚亚界蒙新区西部荒漠亚区④。

现生的普氏野马群落的生境狭窄，而与普氏野马同属的蒙古野驴（*Equus hemionus*）的分布范围则要宽广得多，其在国内分布于新疆、宁夏、青海和内蒙古⑤。

普氏野马的主要食物是荒漠中的植物，如芨芨草（*Achnatherum*）、梭梭（*Haloxycon*）、艾草（*Artemisia*）及芦苇（*Phragmites*）等；它们常用前足在低洼地区踏小坑以饮用坑中积水。在冬季，它们食雪解渴，食枯草与苔藓植物充饥⑥。实际上，普氏野马对食物的喜好是依季节变化的：在春季，它们喜爱披碱草（*Elymus*），羊茅草（*Festuca*）和土荆芥（*Chenopodium*）这样的耐旱、耐寒、耐碱草；在夏初，它们偏好鸭茅（*Dactylis*）和车轴草（*Trifolium*）等汁多肥美的多年生草本；而在夏末，它们则又转向披碱草；在冬季，它们经常啃食松树等树木的树皮；另外，它们也常寻找埋在冰雪之下的羊茅草和披碱草⑦。

---

① 邓涛、薛祥煦：《中国的真马化石及其生活环境》，北京：海洋出版社，1999年。

② 寿振黄：《中国经济动物志（兽类）》，北京：科学出版社，1962年，第426～431页。

③ 邓涛：《根据普氏野马的存在讨论若干晚更新世动物群的时代》。

④ 张荣祖：《中国自然地理（动物地理）》，北京：科学出版社，1979年，第7～108页。

⑤ 邓涛、薛祥煦：《中国真马（*Equus* 属）化石的系统演化》，《中国科学（D辑：地球科学）》1998年总第28期，第505～510页。

⑥ 寿振黄：《中国经济动物志（兽类）》，第426～431页。

⑦ 蒋志刚：《普氏野马（*Equus przewalskii*）》，《动物学杂志》2004年总第39期。

普氏野马多在晨昏沿固定的路线到泉、溪边喝水。在觅食、饮水及休息的过程中，马群的警惕性很高，经常轮流做哨马，使食肉类近体捕杀的可能性减小①。据对放归新疆的死亡野马进行的分析，因狼的袭击而死亡的个体多为幼年②。

普氏野马主要营一雄多雌的集群生活③。一个小的集群仅有一头公马主宰，幼年个体在即将成年时（一般为2~3岁）会被驱逐，而被驱逐的雄性个体通常会行成一个小型“单身汉群”直至他们击败其他“家庭群”中的公马从而“接管”该集群。这个“单身汉群”通常也包括被击败的“家庭群”中的头马④。其他组成“家庭群”的方式还包括从其他“家庭群”偷窃雌性个体或寻找被“家庭群”驱逐的雌性个体⑤。由此看来，一般情况下，“家庭群”中的年龄结构多倾向于幼年及成年个体，性别结构既存在雄性也存在雌性；而顾名思义，“单身汉群”的性别结构非常单一、年龄结构更丰富，可能存在亚成年，成年和老年个体。

普氏野马的雌性个体从3岁起即可生育。求偶期一般在5~6月，雌性个体的孕期长达11~12个月。野外的幼年个体出生多发生在每年的4~6月。通常在生育一周之后，雌性个体便重新进入发情期，开始求偶和交配⑥。

（四）普氏野马生态学信息的启示

普氏野马的迁徙不如普氏原羚明显，所以季节性并不会影响对其的狩猎。由于其单身群和家庭群成员变化的可能性较大，在猎物群性别和年龄上可能也体现不出太大的差异。但一般情况下，老年个体无法维系家庭群，典型的幼年个体则最可能出现在家庭群中，所以一旦在考古遗址中发现老年个体占优的情况，则该猎物群的

---

① Sokolov VE, Amarsanaa G, Paklina MW, et al., Das Letzte Przewalskipferd areal und seine Geobotanische Characteristik, In Seifert S (ed.), *Proceedings of the 5th International Symposium on the Preservation of the Przewalski Horse*, Leipzig: Zoologischer Garten Leipzig, 1992.

② 张峰：《普氏野马行为节律及其影响因子研究》，硕士研究生论文，北京林业大学，2010年。

③ Mohr E, *The Asiatic Wild Horse.* London: J. A. Allen and Co. Ltd, 1971.

④ Zimmermann W, Brabender K, Kolter L, A Przewalski's horse population in a unique European steppe reserve – the Hortobágy National Park in Hungary. *Equus*, *Zoo Praha*, 2009.

⑤ Van Dierendonck M, Bandi N, Batdorj D, et al., Behavioural observations of reintroduced takhi or Przewalski horses (*Equus ferus przewalskii*) in Mongolia. *Applied Animal Behaviour Science*, 1996, p. 50.

⑥ King SB, Boyd L, Zimmermann W, et al., *Equusferus* ssp. *przewalskii.* The IUCN Red List of Threatened Species 2016: e. T7961A97205530. Downloaded on 07 December 2016.

雌性个体应该不多；而一旦幼年占优，则说明古人类有对抗家庭群中的头马而获取幼年个体的能力。

依据普氏野马的活动习性，可能采取的狩猎策略有取水路线伏击或者远距离射击。法国梭鲁特遗址曾报道存在一种特殊的猎马方式：由于遗址当地地势陡峭，有学者推测远古猎人是将马群赶下悬崖致使它们摔死，或赶至陷阱里用矛刺死①。但也有学者质疑以这种策略一次性大规模获取有蹄类动物的可能性②。

第三节　捕猎者与猎物的生态学关系

一　狩猎强度变化对猎物群体结构的影响

捕猎者与猎物之间的相互作用在一方面会强烈地影响猎物的群体规模和结构，另一方面会影响捕猎者的狩猎方式和强度③。人类狩猎活动对猎物的种类、群体规模与年龄、性别结构的影响，以及这些影响发生之后人类的适应性策略调整，是动物考古学研究关注的重点。如果要开展相关方面的研究，需要对猎物群体的初始状况、人类影响的方式以及猎物群体受到的影响进行综合评估，这些工作是很难做到的。另外，由于猎物的生存状态总受到气候及周遭环境的影响，使得开展这些评估性的工作变得更加困难。

即使如此，一些研究者还是开展了一些模拟动物群年龄结构变化的工作。这其中，与于家沟遗址最为相关的是 Munro④ 建立的羚羊群体结构在不同狩猎压力下的变

---

① Olsen SL, Solutré: A theoretical approach to the reconstruction of Upper Palaeolithic hunting strategies. *Journal of Human Evolution*, 1989, p. 18.

② Lubinski PM, What is adequate evidence for mass procurement of ungulates in zooarchaeology? *Quaternary International*, 2013, p. 297.

③ Conard NJ, Bolus M, Muenzel SC, Middle Paleolithic Land Use, Spatial Organization and Settlement Intensity in the Swabian Jura, Southwestern Germany. *Quaternary International*, 2012, p. 247; Munro ND, *A Prelude to Agriculture: Game Use and Occupation Intensity in the Natufian Period of the Southern Levant.*

④ Munro ND, *A Prelude to Agriculture: Game Use and Occupation Intensity in the Natufian Period of the Southern Levant.*

化模型。她依据以色列地区的现生羚羊生态学特征，提取雌性羚羊的生殖年龄及年生产率、成年羚羊个体的发病死亡率、幼年个体的夭折率及羚羊的最大平均年龄等信息，建立了羚羊的年龄结构与狩猎压力之间的关系（图3.2）。从她的研究中我们至少可以总结三方面的结果，1. 随着狩猎压力的增加，死亡羚羊群体中幼年个体的数量不断增加；2. 随着狩猎压力的增加，低生产率（即生育率低死亡率高）的群体中幼年个体的死亡速率比高生产率的群体快；3. 在没有狩猎压力的情况下，无论生产率的高低，羚羊群体中死亡的幼年个体比率几乎相同，这说明狩猎压力是导致幼年个体死亡比率变化最重要的因素。

这项模拟的结果提供了人类在狩猎羚羊时与羚羊群体的互动关系，由于幼年个体是模型中最为敏感的变化因子，所以在探究古人类狩猎压力时，可以通过考察遗址中成年与幼年个体比例的变化来寻找线索。这部分的研究将在第六章展开。

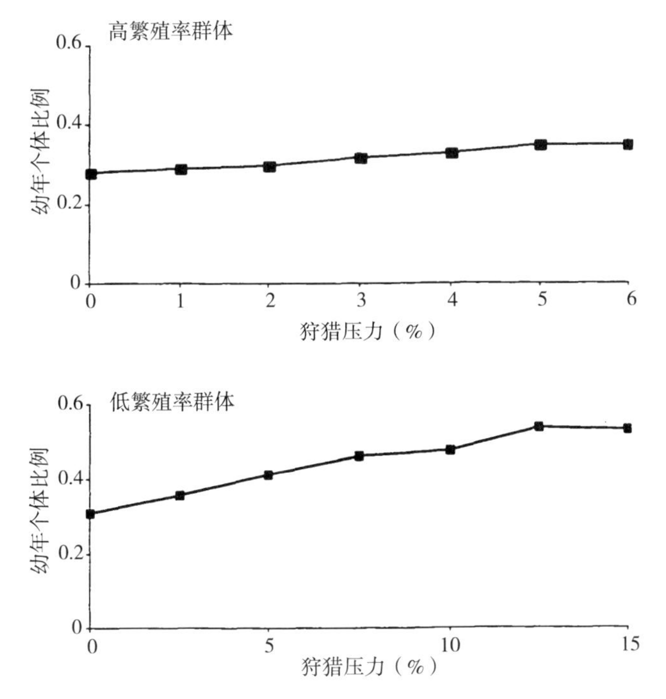

图3.2　羚羊死亡群体中幼年个体比例变化与狩猎压力的模拟关系①

① 改自 Munro ND, *A Prelude to Agriculture: Game Use and Occupation Intensity in the Natufian Period of the Southern Levant.*

二　猎物构成的多样性评估

生物资源体系中最能为考古学借鉴的指标就是生态多样性。多样性的研究中有两个重要的检测指标即丰度和均匀度，丰度是某一群体或地区里分类单元的数目，具体到考古遗址中即动物群成员的生物分类单元数目以及各单元所占有的比例。

经典的多样性度量指数是 Shannon - Weaver 指数①，它的计算公式是：

$$H' = -\sum_{i=1}^{s} (p_i)(\log p_i)$$

其中，p_i 为样本中第 i 种分类的相对丰度，$\log p_i$为 p_i 的对数，log 可能基于 2、e 或 10，s 为生物分类单元的数目。

均匀度则是建立在多样性指数基础之上的，其目的在于检测是否有一些分类单元占有明显的优势，它的计算公式是：

$$V' = H'/\log_e S$$

其中，H′为上述的 Shannon - Weaver 函数；S 为生物分类单元的数目。

在计算于家沟遗址动物群的多样性和均匀度时，以动物的类别为基数而不依据具体种属。这是因为在狩猎过程中，猎物的体型和类别应该是狩猎者考虑的首要因素，而非该种动物在林奈分类体系中究竟归属何种。表 3.3 列出了于家沟遗址不同层位的生物多样性指数（具体运算过程见附录 3）。在自然状态下，草原—森林的脊椎动物生物多样性指数 H′一般在 1.5 ~ 2.2②，于家沟各层位猎物的多样性指数明显低于此值。

这里所得到的多样性 H′并不是简单的分类单元数目的度量，而是综合了各分类单元数目所占比例的考量。用这个多样性指数来检测，分类单元间有相等丰度分布的样本比有同样分类单元数目丰度比例却失衡的样本的多样性程度更高。比如第③a 层和第⑤层同样拥有 4 个分类单元，但③a 层的多样性指数更高，说明③a 层的各分

---

① Shannon CE, Weaver W, *The mathematical theory of communication.* Urbana: University of Illinois Presson, 1949.

② Costamagno S, *Stratégies de chasse et fonction des sites au Magdalénien dans le Sud de La France.* Thèse de Doctorat, Université de Bordeaux I, 1999.

表 3.3　各层位生物多样性检测结果

	H′	V′
第②层	1.3760	0.7680
第③a 层	1.3157	0.9491
第③b 层	0.9906	0.4764
第④层	1.0214	0.6346
第⑤层	1.0840	0.7819
第⑥层	0.8473	0.6112
第⑦层	1.1962	0.6676

类单元的丰度分布更加平均，而第⑤层各分类单元的丰度分布差异较大。在于家沟遗址的 7 个层位中，多样性指数最低的是第③b 层、第④层和第⑥层。这说明在这三个层位，进入遗址的猎物多样性低，古人类的狩猎对象相对集中。

均匀度的指数越接近 1，表明分类单元的分布越均匀。于家沟遗址③a 层的均匀度接近 0.95，说明该层进入遗址的动物在类型和数量上都比较平衡。而第③b 层、第④层和第⑥层的均匀度较低，说明在这些层位进入遗址的动物类型单调，数量分布也较集中。特别是第③b 层，均匀度指数低于 0.5，说明存在几种占有绝对优势的动物。

对猎物的构成进行多样性的分析可以帮助我们在宏观上了解古人类猎取的动物群结构。不同的多样性特征可能反映了古人类在面临不同环境状况时的狩猎策略的差异。

三　人类对资源的强化利用

以动物考古学的方法，可以衡量人类对周围环境的利用强度。在对 Levant 地区的研究中，研究者利用了 Stiner [①]建立的生态学模型来探查资源强化利用的方式[②]，人类

---

① Stiner MC, Zooarchaeological Evidence for Resource Intensification in Algarve, Southern Portugal. *Promontoria*, 2003, p. 1.

② 如，Munro ND, Epipaleolithic Subsistence Intensification in the Southern Levant: the Faunal Evidence, Stutz AJ, Munro ND, Bar－Oz G, Increasing the Resolution of the Broad Spectrum Revolution in the Southern Levantine Epipaleolithic (19～12ka). *Journal of Human Evolution*, 2009, p56; Davis SJ, Why Domesticate Food Animals? Some Zooarchaeological Evidence from the Levant. *Journal of Archaeological Science*, 2005, p. 3; Munro ND, Bar－Oz G, Gazelle Bone Fat Processing in the Levantine Epipalaeolithic. *Journal of Archaeological Science*, 2005, p. 32.

占据一个地域生活会对本地资源带来持续不断的影响，时间越长，影响越大①。因为人类总是希望更高效地获取能量，所以他们应该首先开发能带来最大收益的资源，即高回馈率的动物如大型有蹄类动物或容易捕获的动物②。随着人群对地域的占据时间变长以及（或者）人群数量增长，在本地获取高回馈率动物的可能性会降低（如动物数量减少，动物习惯性避险等原因），而且已经获取的动物也可能无法满足人群的需求③。此时，低回馈率的动物会进入古人类的食谱④。如此一来，高回馈率与低回馈率动物的比率或者说人们的捕食效率就成为衡量遗址占用强度的指标。Munro等人提出四个指数来检验高/低回馈率动物的相对丰度：1. 有蹄动物指数，检验有蹄动物与食肉类及小型动物的相对比率；2. 大型有蹄动物指数，检验大型及小型有蹄动物的相对比率；3. 小型慢速动物指数，检验小型慢速动物及小型快速动物的相对比率；4. 幼年个体指数，检验成年及幼年猎物个体的相对比率⑤。当高回馈率动物更占优势时，遗址的占用强度应该相对较小；而当高回馈率动物逐步不占优势时，遗址的占用强度可能增大。所以，对于以上四个指数而言，当有蹄类总数、大型有蹄类、小型慢速动物及成年个体占优势时，对遗址的占据强度不大；反之，则可以认为对遗址的占据强度增加。

这种检测方法最初是基于地中海沿岸的材料，并建立在已经将开发小型快速猎物作为广谱革命证据这一基础之上的，所以与我们要研究的材料还有很大的差别。首先，在于家沟遗址并未发现如兔子一类快速奔跑动物，也并没有发现小型慢速动物；其次，遗址几乎仅发现了小型及大型有蹄类动物。在动物食谱的广度，即猎物的种类上并没有出现如Stiner所述的低回馈率化，于是在使用这些指数时，我们只能依据材料的特点，选择与有蹄动物相关的三个指数，即有蹄动物与其他动物的比例、

---

① Tchernov E, The impact of sedentism on animal exploitation in the southern Levant, In Buitenhuis H, Clason AT (eds.), *Archaeozoology of the Near East*, Leiden: Universal Book Service, 1993.

② Stephens D, Krebs JR, *Foraging Theory.*

③ Lyman RL, The Influence of Time Averaging and Space Averaging on the Application of Foraging Theory in Zooarchaeology. p. 30.

④ Stephens D, Krebs JR, *Foraging Theory.*

⑤ Munro ND, Kennerty M, Meier JS, et al., Human Hunting and Site Occupation Intensity in the Early Epipaleolithic of the Jordanian Western Highlands. p. 396.

大型有蹄类与小型有蹄类的比例以及有蹄类幼年个体的比例。其中，幼年个体的比例检测会在第六章中进行。

于家沟遗址每个层位的有蹄类比例都超过了50%（图3.3）。其中，第③b层、第④层、第⑥层和第⑦层的比例尤为突出。

图3.3　遗址各层位有蹄类的比例分布

而在有蹄类中，大型和小型有蹄类的比例在整个遗址中几乎是各占一半（图3.4）。但是，如果分层结果来看，第②层、第③b层和第④层小型有蹄类的比例明显更高。

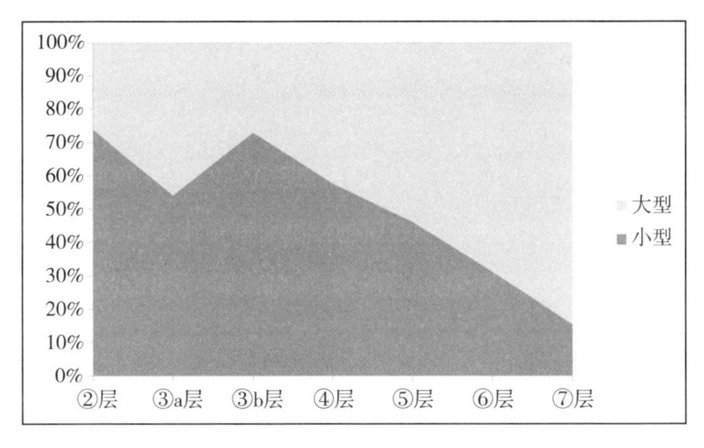

图3.4　遗址各层位大型有蹄类与小型有蹄类的比例关系

将有蹄类指数和小型有蹄类指数结合起来，第③b层和第④层明显有更高的指数值。也就是说，在古人类占据于家沟遗址的过程中，在第③b层和第④层生活的古人类可能对周遭资源进行了强化开发，即在这两个时期，古人类对遗址的占用强度非常大。

第四节　小　结

于家沟遗址的动物种类并不丰富，构成较单调，与虎头梁遗址群的总体材料相比，缺少一些啮齿类和两栖类的踪影。遗址动物群主要由鸟类、啮齿类、食肉类及有蹄类组成，其中，有蹄类动物一直在动物群中占有绝对优势的比例。这一方面说明古人类猎取的动物资源主要是有蹄类哺乳动物；另一方面说明食肉动物进入遗址的可能性较低，古人类对遗址的管理和控制能力较强。从各类体型动物在每个层位的分布来看，从早到晚，以马科动物为代表的三级有蹄类动物的比重减小，而以小型牛科动物即羚羊类动物为代表的二级有蹄类动物的比重不断上升。表明本地资源在不断变化的同时，古人类也在不断调整狩猎对象。在遗址各个层位中，第③b 及第④层的动物标本数量最多，其可鉴定标本数和最小个体数也最多。但是，这两层标本的可鉴定率最低，标本的破碎程度很高。所以，第③b 层和第④层的动物标本应该是遗址中最具代表性，最能说明骨骼埋藏过程与人类行为的材料。

从动物群中占优势类别的生存环境来看，遗址周围应该有大面积的草地及稀树草原，其间分布着淡水水源、零星的低矮灌丛及小片的树林，视野开阔。

根据对普氏原羚和普氏野马的生态行为分析，推测古人类可能以这两种动物为主要狩猎对象。同时，遗址出土大量这两类动物的骨骼也说明古人类很有可能也已经掌握了它们的生活习性特征。

借鉴生态学的研究方法，通过评估遗址动物群的生物多样性及均匀度，发现遗址的第③b 层和第④层的动物群分布严重失衡，与自然动物群的分布状况相差较大。古人类在这两个层位应该进行过多次、大量的狩猎活动。有蹄动物的比例与大、小型有蹄动物的比例差异说明古人类在于家沟遗址的狩猎活动强度较大。特别是在第③b 层和第④层，古人类对遗址占用的强度高。密集的狩猎行为使得动物构成越发不均衡，生态平衡的破坏也给古人类的狩猎选择和消费行为带来了压力，接下来的四个章节将着重分析古人类应对遗址周围生态环境变化而采取的策略。

第四章　骨骼的搬运、改造与埋藏

第一节　骨骼保存状况

最直观、持续时间最久的骨骼改造是由风化作用造成的。这里讲的风化作用与地质学的风化作用含义一致，是考古遗址中所有标本都会经历的埋藏学过程，如脱水、风力侵蚀等等。风化作用影响缓慢、时间漫长，要对其进行研究只能通过观察风化的过程以划分风化的阶段。仅有 Behrensmeyer① 的一例研究提供了哺乳动物遗体风化等级的划分与特征描述，之后所有的研究几乎都是基于他的观察。张乐②、张云翔和薛祥煦③进一步明确了 6 个相对风化级别的鉴定标准，分别是：

0 级，骨骼表面光滑，无风化裂痕，有油脂光泽；

1 级，与长轴平行的裂纹开始在骨表面出现；

2 级，骨骼表面开始出现片状剥离，剥离的骨皮仍与主体相连，边缘卷起；

3 级，片状剥离大面积出现，部分骨皮已经脱落；

4 级，骨骼表面呈粗糙的纤维状，风化作用已经影响到骨骼内部；

5 级，骨骼已风化破碎，原来骨骼的形态可能已较难辨认，往往暴露出海绵质。

风化作用不仅会在骨骼表面留下痕迹，也会侵蚀原来已经有的痕迹；不仅会影响对破碎骨骼的观察，也可能直接导致骨骼破碎。因此，在研究骨骼标本之前，应

---

① Behrensmeyer AK, Taphonomic and Ecologic Information from Bone Weathering. *Paleobiology*, 1978, p. 4.

② 张乐：《马鞍山遗址古人类行为的动物考古学研究》。

③ 张云翔、薛祥煦：《甘肃武都龙家沟三趾马动物群埋藏学》，北京：地质出版社，1991 年。

对标本的风化状况进行统计，以便判别骨骼保存状况。

以上的6个等级主要针对骨骼标本提出，在实际标本组合中，经常存在牙齿、蛋皮、角心等标本，它们的风化情况并未纳入以上等级。在对于家沟遗址标本的风化等级进行鉴别时，同样排除了这些标本。

于家沟遗址不同层位的骨骼风化状况不同（图4.1、彩版五）。第③层2级以下的标本最少，其骨骼保存状况最差，超过80%的骨骼已经受到强烈的风化作用改造，说明其在地表暴露的时间很长。第⑤层与第②层的状况类似，风化等级在4、5级的标本占40%以上。第③a、③b和④层的标本保存状况较好，一半以上标本的风化等级在2级以下，但0级即新鲜状况下被埋藏的标本很少，说明骨骼可能在地表经历了短时间的暴露。第⑥、⑦层的标本受风化作用的侵扰最小，仅有不到15%的标本可能在地表暴露了相当时间以致丢失最初改造者的信息。

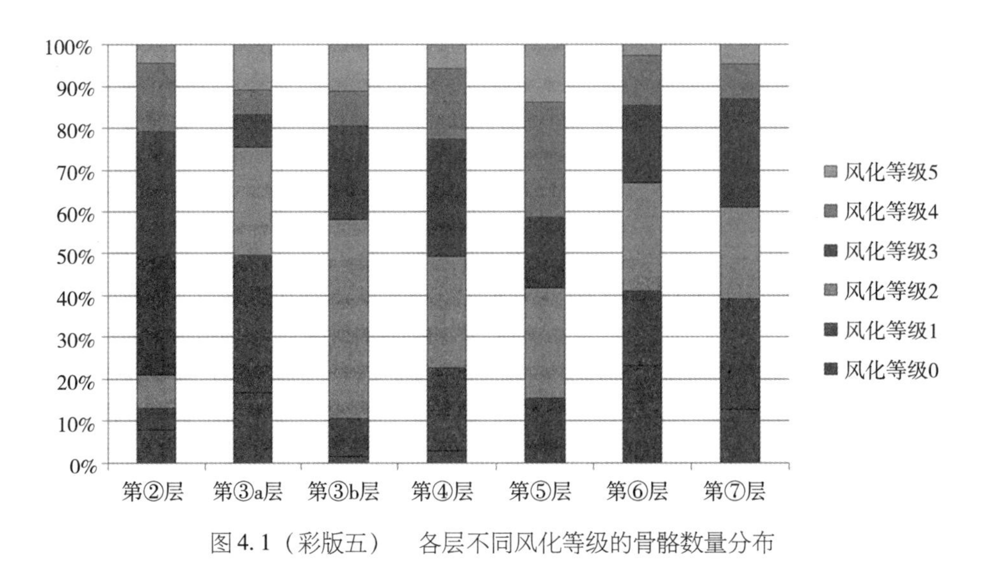

图4.1（彩版五）　各层不同风化等级的骨骼数量分布

值得说明的是，图4.1是以不同风化等级构成的百分比来呈现数据，第③、④层的标本虽然从保存状况上来看不如第⑥、⑦层的标本，但其标本量很大，所能提供的信息类别和数量肯定大于第⑥、⑦层。从下面两个方面，即骨骼表面痕迹及骨骼单元分布的研究结果来看，第③、④层的骨骼确实是于家沟遗址古人类行为信息的最主要载体。

第二节　骨骼表面痕迹

解释骨骼积累和变化动因最重要的手段之一是研究动物骨骼表面痕迹①。在20世纪80年代以前，骨骼表面的痕迹虽然引起了考古学家的注意，但却没有成为有效的考古学研究手段。直至20世纪80年代，奥杜威峡谷早期遗址中动物骨骼表面切割痕迹的发现，才开启了以骨骼表面痕迹为证据来解释动物骨骼埋藏动因的研究②。可以说，后来开展的实验考古及埋藏学的研究都是以“切割痕迹”为出发点进行的。一方面，一些学者想要进一步明确“切割痕迹”的特征，于是发展出切割痕迹的特征、类别及鉴定方法③、切割痕迹分布位置与频率④以及痕迹形成方向⑤等与“切割痕迹”本身所揭示的人类行为密切相关的研究。另一方面，一些学者也注意到骨骼表面痕迹的多样性和相似性，于是展开了对于其他人工及自然原因形成的痕迹特征的分析以及它

---

① Lyman RL, *Vertebrate Taphonomy*. New York: Cambridge University Press, 1994.

② Bunn HT, Archaeological Evidence for Meat – Eating by Plio – Pleistocene Hominids from Koobi Fora and Olduvai Gorge. *Nature*, 1981, p. 291; Potts R, Shipman P, Cutmarks Made by Stone Tools on Bones from Olduvai Gorge, Tanzania. *Nature*, 1981, p. 291.

③ Sahnouni M, Rosell J, Van Der Made J, et al., The first evidence of cut marks and usewear traces from the Plio – Pleistocene locality of El – Kherba (Ain Hanech), Algeria: implications for early hominin subsistence activities circa 1. 8 Ma. *Journal of Human Evolution*, 2013, p. 64; Bello SM, Soligo C, A new method for the quantitative analysis of cutmark micromorphology. *Journal of Archaeological Science*, 2008, p. 35; Blumenschine RJ, Marean CW, Capaldo SD, Blind Tests of Inter – Analyst Correspondence and Accuracy in the Identification of Cut Marks, Percussion Marks, and Carnivore Tooth Marks on Bone Surfaces. *Journal of Archaeological Science*, 1996, p. 23; Bromage TG, Boyde A, Microscopic Criteria for the Determenation of Directionality of Cutmarks on Bones. *American Journal of Physical Anthropology*, 1984, p. 65.

④ Soulier MC, Costamagno S, Let the cutmarks speak! Experimental butchery to reconstruct carcass processing. *Journal of Archaeological Science: Reports*, 2017, p. 11; Dewbury AG, Russell N, RelativeFrequency of Butchering Cutmarks Produced by Obsidian and Flint: an Experimental Approach. *Journal of Archaeological Science*, 2007, p. 34; Egeland CP, Carcass processing intensity and cutmark creation: An experimental approach. *Plains Anthropologist*, 2003, p. 48.

⑤ Egeland CP, Welch KR, Nicholson CM, Experimental Determinations of Cutmark Orientation and the Reconstruction of Prehistoric Butchery Behavior. *Journal of Archaeological Science*, 2014, p. 49; Pickering TR, Hensley – Marschand B, Cutmarks and hominid handedness. *Journal of Archaeological Science*, 2008, p. 35.

们与“切割痕迹”的特征及成因的比较。这其中，最为重要的是人工砍砸痕迹和食肉类改造痕迹的对比和区分①。前者与“切割痕迹”一样，是阐释人类行为的重要参照，而后者则是辨明骨骼积累的主体、说明古人类与其他掠食性同类之间关系的关键证据。

当然，即使有再多的实验数据和定性定量的观察，对于骨骼表面痕迹的研究总是争议不断。这是由于1. 作用于骨骼埋藏过程的因素太多，这些因素之间的时序关系及程度差异很难理清；2. 即使我们以为明确了一类动因形成的痕迹特征，也会有其他动因能够形成相似的特征来混淆视听；3. 不同观察者积累的经验不同，对痕迹的认识会有偏差，即使采用同样的标准观察同一批标本，也很难得出完全一致的结论。对于考古学而言，我们的任何研究都是建立在不断流失的信息之上的，最后得出的结论几乎不可能是标本所代表的原貌。如图4. 2 所示，标本埋藏、发掘及研究的每一步都存在可

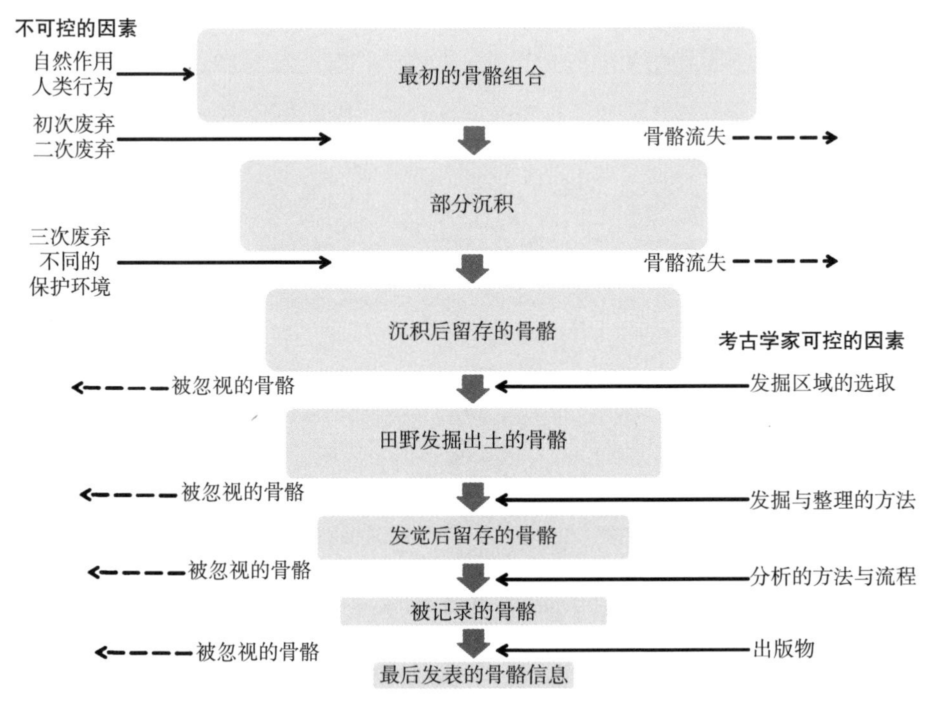

图4. 2　埋藏和研究过程中动物遗存信息的流失②

① Lupo KD, O'Connell JF, Cut and Tooth Mark Distributions on Large Animal Bones: Ethnoarchaeological Data from the Hadza and Their Implications For Current Ideas About Early Human Carnivory. *Journal of Archaeological Science*, 2002, p. 29.

② 修改自 Lyman RL, Quantitative Units and Terminology in Zooarchaeology. p. 59.

控和不可控的因素影响最终的结果。对于研究者而言，能做的工作就是尽可能地全面采集信息并采取尽可能一致的标准来研究标本。这样，即使我们无法掌握最准确的客观真理，也能做到尽可能地触摸真实。具体到骨骼表面痕迹的研究，就需要尽量统一痕迹鉴定的条件与程序，明确标本埋藏过程中所有因素可能造成的痕迹的鉴定特征，分单元统计并讨论可能的成因及存在的问题。

一 痕迹鉴定的条件与程序

Blumenschine 等人①认为研究者在鉴定痕迹时应该满足三个条件：一是研究者的资质，他认为研究者应该具有观察有控制性且独立成因的实验考古标本的经历；二是采用的标准，研究者在观察和鉴定过程中应采取一致的标准，这些标准应该是已经出版并发表的成果；三是观察的方式，研究应在强光下使用手持或低倍放大镜对标本进行全面的观察。Blumenschine 提出的这三个条件是以一系列盲测实验为基础的，所以在此之后的研究几乎都遵循这三个标准。张乐②归纳了最常用的鉴定程序，也是对第三个方面的解释，即 1. 用肉眼对整个骨骼表面进行观察，确定表面保存状况和可能存在的细小痕迹的部位；2. 使用低倍放大镜着重辨认可能存在的细小痕迹；3. 再次仔细观察整个骨骼表面。

在鉴定完成之后，即可对痕迹的数量与分布进行统计。但是，在一些情况下，特别是针对早期遗址，痕迹的数量少且影响的因素复杂，需要辅以电镜的手段进行更准确的鉴定③。

二 不同痕迹的主要鉴定特征

骨骼表面痕迹的特征直接由其形成的动因决定，按照动因性质，一般将痕迹分

---

① Blumenschine RJ, Marean CW, Capaldo SD, Blind Tests of Inter - Analyst Correspondence and Accuracy in the Identification of Cut Marks, Percussion Marks, and Carnivore Tooth Marks on Bone Surfaces, p. 23.

② 张乐：《马鞍山遗址古人类行为的动物考古学研究》。

③ McPherron SP, Alemseged Z, Marean CW, et al., Evidence for Stone - Tool - Assisted Consumption of Animal Tissues before 3. 39 Million Years Ago at Dikika, Ethiopia. *Nature*, 2010, 466: 857 - 860.

为两大类：自然痕迹和人为痕迹。对性质的分类往往比对性质的识别要简单，特别涉及与古人类行为相关的动因推导，各类争论总是层出不穷。目前，已有许多学者对骨表面痕迹研究进行了回顾①，所以本文不做进一步讨论。大多数骨表面痕迹的特征源自实验考古的结果，不同的施因者和介质会产生不同的痕迹。迄今为止，虽然已经积累了大量的实验考古及遗址出土标本的观察数据，但对各类痕迹的区分，特别是与人类相关的屠宰痕迹的辨识却莫衷一是。术语的使用，描述的角度及对特征的解释总是因人而异的；在没有实验考古的相关经验之前，研究者很难对前人的成果加以取舍；现阶段实验考古和遗址标本研究在不同区域的发展情况不同，研究者也不应该厚此薄彼地使用单一成果来研究不同地域出土的材料②。然而，呈现数据是必要的，研究也不可能因为质疑而停滞，现阶段普遍的做法是在使用实验数据及特征描述的标准时，明确指出参考的对象及发表的文献以便对比和验证。

东亚地区的动物考古学研究普遍缺乏实验考古的观察，本研究只能总结和使用基于欧洲及非洲地区的材料而设置的实验考古的研究成果。虽然东亚没有具体的实验，但骨骼表面改造痕迹的形成机制是相对固定的，所以在其他地区开展的针对骨骼表面痕迹的实验可以为本文观察提供实验数据支持。以于家沟遗址骨表面保存的痕迹类型为基础，表4.1归纳了一些相关痕迹的成因及鉴定标准。

有时，不同成因也能形成相似的痕迹。有两种自然痕迹经常被混淆，即食肉类咬痕与植物腐蚀痕迹。一些线状的植物腐蚀痕迹有时与食肉类的咬痕十分相似，特别当腐蚀作用不甚强烈时，腐蚀痕迹往往没有大片成组出现，二者则更易混淆。最著名的研究案例是FLKZinj遗址的骨表面痕迹判定。Dominguez - Rodrigo和Barba认为，前面的研究者没有正确地将弱的植物腐蚀痕迹与食肉类牙齿咬痕区分开来，导致研究者将FLKZinj遗址的古人类误归为“食腐者”③。一般情况下，咬痕的着力点与

---

① 如，张双权：《河南许昌灵井动物群的埋藏学研究》，Nilssen PJ, *An actualistic butchery study in South Africa and its implications for reconstructing hominid strategies of carcass acquisition and butchery in the Upper Pleistocene and Plio - Pleistocene.* PhD Dissertation, University of Cape Town, 2000.

② James EC, Thompson JC, On bad terms: Problems and solutions within zooarchaeological bone surface modification studies. *Environmental Archaeology*, 2015, p. 20.

③ Dominguez - Rodrigo M, Barba R, New Estimates of Tooth Mark and Percussion Mark Frequencies at the FLK Zinj Site: The Carnivore - Hominid - Carnivore Hypothesis Falsified. *Journal of Human Evolution*, 2006, p. 50.

表 4.1　重要骨骼表面痕迹的鉴定依据①

施因者	介质	痕迹类型	特征
人类	带刃石片或石器	切割痕迹；刮削痕迹	切割痕迹的深度大于宽度，其横截面呈深“V”字形；内表面有纵向破裂的细条纹，但无粉碎状破裂。 切割痕迹若成组则相互平行。刮削痕迹若成组则形成与骨骼长轴相平行或相交的大片浅痕
人类	石锤与石砧	敲砸坑，细小压痕；敲砸疤	敲砸坑与压痕经常同时出现，压痕的宽度大于深度，但内表面无粉碎状破裂；通常在敲砸痕迹内或周围形成非常细微的裂痕，这些裂痕与痕迹本身垂直相交。敲砸疤从骨外壁看呈新月形或弓形，从骨内壁看则是与外侧镜像的疤痕。 敲砸坑和压痕仅分布于骨外壁，而敲砸疤则通常发现于骨骼破裂面的内外侧
鬣狗、狮子	牙齿	咬坑；咬痕	咬坑有时为凹坑，有时为洞状破裂；有时单个出现，有时连续成组出现。咬痕的宽度大于深度，其横截面呈浅“U”字形；内表面有粉碎状破裂，但细的条痕较少。咬痕常呈钉子形。痕迹一般大量共存，在骨外壁和内壁皆有分布
啮齿类	牙齿	磨牙痕迹	痕迹呈连续的沟槽状，沟槽间有小脊。 痕迹连续出现，方向一致并相互打破、叠压；大量痕迹同时出现时，往往在骨骼表面留下磨光的浅坑，其间布满相互平行的小脊
植物	根系	腐蚀痕迹	痕迹呈树枝状或连续的波浪及线形，其横截面很宽，呈“U”字形且内部光滑。 痕迹往往大量成组出现，无特殊分布规律

① 参照 Pineda A, Saladie P, Verges JM, et al., Trampling versus cut marks on chemically altered surfaces: an experimental approach and archaeological application at the Barranc de la Boella site (la Canonja, Tarragona, Spain). *Journal of Archaeological Science*, 2014, p. 50; Dominguez – Solera S, Dominguez – Rodrigo M, A Taphonomic Study of Bone Modification and of Tooth – Mark Patterns on Long Limb Bone Portions by Suids. *International Journal of Osteoarchaeology*, 2009, p. 19; Andrews P, Fernandez – Jalvo Y, Surface Modifications of the Sima de los Huesos Fossil Humans. *Journal of Human Evolution*, 1997, p. 33; Blumenschine RJ, Marean CW, Capaldo SD, Blind Tests of Inter – Analyst Correspondence and Accuracy in the Identification of Cut Marks, Percussion Marks, and Carnivore Tooth Marks on Bone Surfaces, p. 23.

收力处的宽度及破裂状况不同，依此可与腐蚀痕迹加以区分①。张乐②在研究马鞍山遗址的骨表面痕迹时指出，在面对存在腐蚀作用的动物骨骼组合时，不能根据单个类似咬痕来武断判定食肉动物的影响，而应该根据成组出现的痕迹来判断其成因；成组的腐蚀痕迹往往形态各异，呈树枝状、波浪状或线形，而成组的食肉动物啃咬痕迹则均呈线形。

对于人类遗址而言，最令研究者困扰的还是一些人工痕迹与自然痕迹的相似性，对这一界限的误判会直接影响对遗址性质的判断以及对人类行为的研究。在此，我们不妨借鉴操作链思想来复原一个流程，看看在该流程中人工痕迹出现的消费阶段及原因（图4.3）。从这个流程中，我们可以总结出两个特点：一是在动物的屠宰过程中，切割这一动作是反复进行的，不同的目的和行为应该在不同位置形成力道不一的痕迹，有时切割的行为与刮削和砍砸是同时或反复进行的；二是人类在使用骨骼作为工具的过程中，以骨骼为介质，也能形成与切割痕、砍砸痕类似的痕迹，但此时的目的和施用对象发生了本质变化。虽然对早期人类切割痕迹的辨识研究已经很多，但是直到今天，切割痕迹形态的辨认依旧是热点。随着科技手段的发展，镜下观察和电镜扫描似乎都不足以说明切割痕的形态，3D 重建手段的应用将切割痕的研究拉入了一个更立体化的空间。古人类获取和消费动物资源的过程中，基于目的的多样性肯定存在行为的多样性，那么，人工痕迹易引发的混淆不只表现在它与自然作用力的区分，也会发生在以不同目的作用骨骼的人类行为之间。

1. 人工敲砸疤与食肉类啃咬痕迹

食肉动物的啃咬有时也会在骨骼内壁形成一些疤痕，它与人类敲砸疤痕的最大差别是与骨表面的交角；食肉动物的啃咬往往造成垂直的交角，而人类的砍砸行为则往往形成与骨表面呈锐（或钝）角的疤痕③。

---

① Andres M, Gidna AO, Yravedra J, et al., A Study of Dimensional Differences of Tooth Marks (Pits and Scores) on Bones Modified by Small and Large Carnivores. *Archaeological and Anthropological Sciences*, 2012, p. 4.

② 张乐：《马鞍山遗址古人类行为的动物考古学研究》。

③ Dominguez-Rodrigo M, Mabulla AZP, Bunn HT, et al., Disentangling Hominin and Carnivore Activities Near a Spring at FLK North (Olduvai Gorge, Tanzania). *Quaternary Research*, 2010, p. 74.

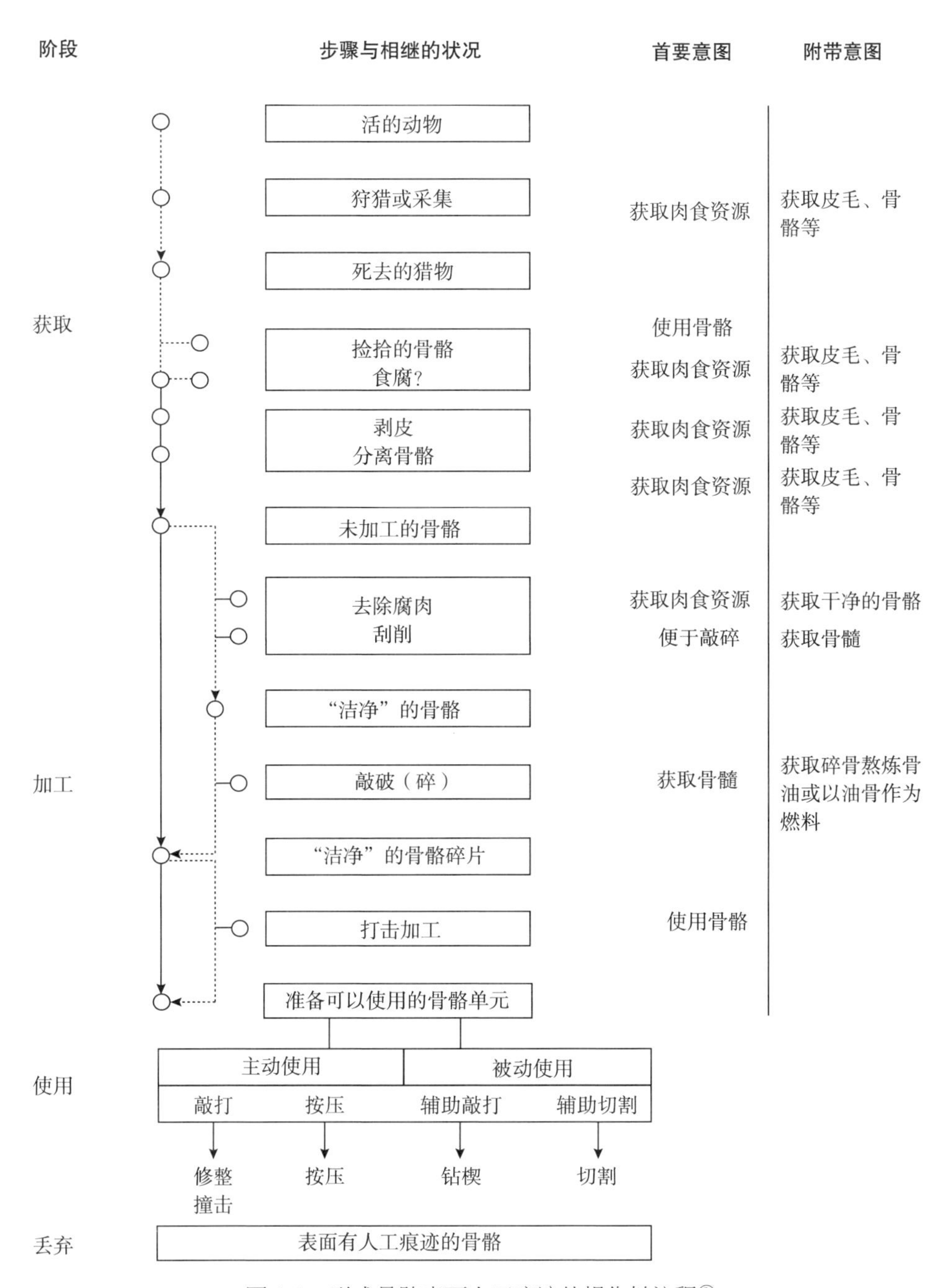

图 4.3　形成骨骼表面人工痕迹的操作链流程①

① 修改自 Thiébaut C，Claud C，Costamagno S，et al.，Des traces et des hommes. *Les Nouvelles De Larchéologie*，2009，p. 118.

2. 人工切割痕与踩踏痕迹

四足动物的踩踏行为有时会形成与切割痕类似的痕迹，如痕迹内部有平行的细纹等。但在实际的鉴别过程中，成组出现的踩踏痕迹很难与切割痕迹混淆。因为踩踏痕迹往往成组出现且密度很小，它不像切割痕那样平直，往往是相对弯曲且不规则的。当然，也有一些研究发现，存在相对平直的踩踏痕迹密集出现的情况①。但是，当踩踏痕迹单个或少量出现时，它与切割痕的界限似乎就不那么明显了，这个时候则需要在镜下仔细观察痕迹的内部形态，并综合考虑痕迹的组合特征及出现的环境。

3. 人工敲砸坑及压痕与人类使用骨质工具的痕迹

欧洲莫斯特类型遗址中经常发现一类具有特殊痕迹的骨骼，这些痕迹后来被辨认为使用骨片修理石质、骨质或木质工具留下的痕迹，称为修理痕（Retouch mark）。与砍砸痕迹相似，这种痕迹是以人力促使骨骼与石制品（或骨、木制品）相互接触而留下的痕迹，所以它的形态与砍砸痕迹非常相似，都是在骨骼外壁留下砸坑。

目前对修理痕的研究主要是结合实验考古的数据，它与人工敲砸坑最重要的区别在于修理痕的砸坑往往较浅，使用骨片时间越长，砸坑越密集而导致骨外壁呈疤状破裂②。而敲砸痕的产生原因往往是敲开长骨获取骨髓，这种行为施力更集中，不易形成密集的砸坑。修理痕很难被辨识出来，目前证据最为确切的一处是法国的 Les Pradelles 遗址，该遗址的研究者以修理痕的聚集形态和分布位置将其分为了五种类型③。但这些类型尚未在欧洲以外的地区被发现。

4. 以获取骨骼原料为目的的清理行为

去除骨骼上附着的肌肉和筋腱并不总以获取肉食为导向。有时，熟练屠宰者在获取肉食过程中可能不会留下任何痕迹。但是，却在清理骨骼表面时留了大量的切割和刮削痕迹。这种清理行为可能是为了便于分离关节或者进一步的敲骨取髓，也可能是为了备制骨料。

从本质上来讲，这些行为留下的痕迹也是切割痕或者刮削痕，但由于目的不同

---

① 张双权：《河南许昌灵井动物群的埋藏学研究》。

② Mallye J－B，Thiebaut C，Mourre V，et al.，The Mousterian Bone Retouchers of Noisetier Cave：Rxperimentation and Identification of Marks. *Journal of Archaeological Science*，2012，p. 39.

③ Costamagno S，Liliane M，Cedric B，et al.，Les Pradelles（Marillac－le－Franc，France）：A Mousterian Reindeer Hunting Camp? *Journal of Anthropological Archaeology*，2006，p. 25.

也有略微的差别。Thiébaut 等[①]的实验研究表明，屠宰者在移除大量肌肉之后应去除骨膜才能更快速有效地敲开骨骼，取出骨髓，而在去除骨膜的过程中，工具会非常频繁地与骨骼接触而形成一种横截面呈卧“7”字的切割痕，这种痕迹往往比其他行为导致的切割痕更深，也更易成组出现。

三　痕迹的分布与出现频率

痕迹的分布与出现频率统计主要针对人工造成的痕迹，这是由于自然作用力对骨骼的改造往往是不加选择的。当然，食肉类的改造是自然力中的一个特例。食肉类动物属种之间的行为存在差异，不同地域、不同气候背景下的食肉类动物在猎杀及食用猎物时也会呈现独特性[②]。所以，在研究骨骼表面痕迹的分布与计算痕迹的出现频率时，一般针对三类痕迹，即切割痕、敲砸痕及食肉类齿痕。

痕迹的分布指痕迹在不同解剖单元上的分布位置；痕迹的出现频率主要指不同痕迹在某个解剖单元上的数量。不同的学者对解剖单元的定义存在差异[③]，但一般情况下，研究者都是依据自己的研究需要按照不同的营养单元来划分解剖单元。由于 Dominguez - Rodrigo[④] 的实验考古研究提出不同种类肢骨上的切割痕迹比例不同，所以后面有许多研究依据他的做法将肢骨划分为近端肢骨、中间肢骨及远端肢骨。而对于其他骨骼部位，一般按照解剖学基本单元划分。

---

① Thiébaut C, Claud C, Costamagno S, et al., Des traces et des hommes, p. 118.

② 张双权：《河南许昌灵井动物群的埋藏学研究》。

③ 如，Dominguez - Solera S, Dominguez - Rodrigo M, A taphonomic Study of a Carcass Consumed by Griffon Vultures (*Gyps fulvus*) and its Relevance for the Interpretation of Bone Surface Modifications. *Archaeological and Anthropological Sciences*, 2011, p. 3; Otarola - Castillo E, Differences between NISP and MNE in Cutmark Analysis of Highly Fragmented Faunal Assemblages. *Journal of Archaeological Science*, 2010, p. 37; Capaldo SD, Experimental Determinations of Carcass Processing by Plio - Pleistocene Hominids and Carnivores at FLK 22 (Zinjanthropus), Olduvai Gorge, Tanzania. *Journal of Human Evolution*, 1997, p. 33; Blumenschine RJ, Selvaggio MM, Percussion Marks on Bone Surfaces as A New Diagnostic of Hominid Behavior. *Nature*, 1988, p. 333.

④ Dominguez - Rodrigo M, Meat - Eating by Early Hominids at the FLK 22 Zinjanthropus Site, Olduvai Gorge (Tanzania): an Experimental Approach Using Cut - Mark Data. *Journal of Human Evolution*, 1997, p. 33.

四　于家沟遗址骨骼表面痕迹研究

动物牙齿的釉质十分坚硬，其上一般很难留下痕迹，所以在对骨骼表面痕迹进行研究时，通常会排除牙齿标本。另外，鸵鸟蛋皮上一般也不会留下类似骨骼表面的痕迹，也应将其排除在可供研究的标本之外。所以，于家沟遗址用于骨骼表面痕迹研究的标本总量为17965件，其分层统计的结果见表4.2。

表4.2　遗址骨骼表面痕迹研究样本量的分层统计

	第②层	第③a层	第③b层	第④层	第⑤层	第⑥层	第⑦层	总计
标本量	115	479	11165	4144	789	394	879	17965

于家沟遗址出土的骨骼标本虽然量大，但存在几个方面的不利因素给表面痕迹研究带来了不便和问题：1. 标本发掘于近20年以前，很多标本由于运输过程中的碰撞导致表面骨皮脱落，产生新断口或者破裂。特别是筛出标本，它们往往按发掘单位放置于一个标本袋内，长期的互相碰撞、摩擦导致了标本的破坏；2. 只要是有编号的骨骼标本，无论大小，均在骨骼表面用黑色签字笔写号，并涂上透明指甲油帮助保存编号。一些标本上黑色墨迹的浸染范围大，一定程度遮蔽了骨表面的痕迹；3. 还有一些骨骼标本在清洗之后未至完成干燥即装袋，长期储存在袋内滋生了霉菌。虽然在整理过程中不断清洁骨表面并黏合后期破碎的标本，但仍避免不了丢失骨骼表面痕迹。也正基于对如上情况的考虑，如果是在观察过程中发现了受以上因素影响较大的标本，其上的痕迹不纳入最后的讨论之中。

（一）骨骼表面痕迹在不同层位的分布

表4.3归纳了不同类别的痕迹在不同层位的出现频率。该项统计以三类基数进行，一项以痕迹本身为基数，即一条或一组相关的痕迹计为1；另一项以发现痕迹的标本数目为基数，即一件标本上只要有痕迹，无论多少都计为1，当然，若一件标本上同时分布几类痕迹，则在不同类别下分别计数；最后一项以发现痕迹的可鉴定标本数目为基数。由于第③a层未发现带有痕迹的标本，在接下来的研究中不于列出。

表4.3　不同骨骼表面痕迹在各层位的出现频率

		第②层	第③b层	第④层	第⑤层	第⑥层	第⑦层	总计
A）屠宰痕迹	a）痕迹数量	0	250	170	10	20	0	450
	b）标本数量	0	131	102	3	9	0	245
	c）NISP	0	80	54	3	8	0	145
Pearson 系数		a－b：0.996**		b－c：0.996**		a－c：1.000**		
B）砍砸痕迹	a）痕迹数量	0	120	30	0	20	0	170
	b）标本数量	0	99	28	0	10	0	137
	c）NISP	0	20	11	0	2	0	33
Pearson 系数		a－b：0.997**		b－c：0.965**		a－c：0.949**		
C）食肉类改造痕迹	a）痕迹数量	2	31	16	5	7	3	64
	b）标本数量	2	19	11	1	7	1	41
	c）NISP	2	14	9	1	4	1	31
Pearson 系数		a－b：0.973**		b－c：0.991**		a－c：0.978**		
D）植物根系痕迹	a）痕迹数量	57	2110	297	0	0	0	2464
	b）标本数量	12	890	210	0	0	0	1112
	c）NISP	10	299	72	0	0	0	381
Pearson 系数		a－b：0.995**		b－c：1.000**		a－c：0.995**		
E）啮齿类磨牙痕迹	a）痕迹数量	58	69	12	0	0	0	139
	b）标本数量	57	69	12	0	0	0	138
	c）NISP	26	21	7	0	0	0	54
Pearson 系数		a－b：1.000**		b－c：0.963**		a－c：0.966**		

**：$p \leq 0.01$

这三类统计的结果逐项递减，Pearson 相关性的分析表明，三类统计结果之间呈强烈的正相关（相关系数均大于0.95）。三类统计结果的分布对于不同的痕迹和不同的层位而言没有较大差别，说明在本项研究中，以不同基数进行统计并不影响最终结果的分布。为了便于与其他结果的比较和讨论，在分层讨论时采用标本数量作为统计的基数（表4.4）。

分层结果显示仅第③b层与第④层的各类痕迹数据分布呈较强的正相关（表4.5），其他层位之间的相关性没有显著的统计学意义，说明在骨骼表面痕迹分布方面，第③b层与第④层受到的改造动因与改造程度最为相似。在第③b层与第④层，植物根系痕迹所占比例最高，人工痕迹次之，食肉类的改造痕迹很少。这说明这两个层位的骨骼标本虽然在埋藏之后受到了植物根系的腐蚀，但其堆积的人工性质远远高于自然性质，应该为人类活动的遗存。在人类活动的间歇或人类遗弃该遗址之后，原地的骨骼受到了微弱的食肉类改造。而骨骼遗存在埋藏之后受到的根系作用，极大地降低了其他表面痕迹被观察到的可能性，所以，实际的人工痕迹和食肉类改造痕迹应该比观察到的数量更多。

表 4.4　各层不同痕迹的标本数量及其占该层痕迹总量的百分比

	第②层	第③b 层	第④层	第⑤层	第⑥层	第⑦层
A）屠宰痕迹	0（0%）	131（10.84%）	102（28.10%）	3（75%）	9（34.62%）	0（0%）
B）砍砸痕迹	0（0%）	99（8.19%）	28（7.71%）	0（0%）	10（38.46%）	0（0%）
C）食肉类改造痕迹	2（2.8%）	19（1.57%）	11（3.03%）	1（25%）	7（26.92%）	1（100%）
D）植物根系痕迹	12（16.9%）	890（73.68%）	210（57.85%）	0（0%）	0（0%）	0（0%）
E）啮齿类磨牙痕迹	57（80.3%）	69（5.72%）	12（3.31%）	0（0%）	0（0%）	0（0%）
总计	71	1208	363	4	26	1

表 4.5　各层间各类痕迹分布频率的 Spearman 相关性矩阵

	第②层	第③b 层	第④层	第⑤层	第⑥层	第⑦层
第②层	1					
第③b 层	r_s: −0.070 p: 0.911	1				
第④层	r_s: −0.231 p: 0.709	r_s: 0.933* p: 0.020	1			
第⑤层	r_s: −0.430 p: 0.470	r_s: −0.291 p: 0.634	r_s: 0.060 p: 0.924	1		
第⑥层	r_s: −0.746 p: 0.147	r_s: −0.560 p: 0.326	r_s: −0.368 p: 0.542	r_s: 0.520 p: 0.369	1	
第⑦层	r_s: −0.279 p: 0.649	r_s: −0.341 p: 0.574	r_s: −0.403 p: 0.501	r_s: 0.086 p: 0.891	r_s: 0.207 p: 0.739	1

*: $p \leqslant 0.05$

第②层和第⑦层仅观察到自然改造留下的痕迹。第②层以啮齿类的磨牙痕迹占主导，这应该与其埋藏的深度最浅有关。而第⑦层仅见 1 例食肉类的改造痕迹，该层的人工堆积性质也最不明确。第⑤层和第⑥层的情况与第②、⑦层截然相反，除几例食肉类的改造以外，几乎未发现其他任何自然改造的痕迹，而以人工痕迹占主导。但是，这两层的样本基数小，第⑤层仅发现 4 件带有痕迹的标本，其统计学的意义并不如第③b、④层显著。

另外，风化等级的差异会影响对骨骼表面痕迹的观察。如果骨皮完全脱落，骨骼表面痕迹被保存下来的可能性非常小。当骨骼被风化至第④级时，骨皮基本完全脱落。第⑤层 4～5 级的标本占 40%，骨骼的保存状态对骨骼表面痕迹的观察影响很大，这可能也是第⑤层发现痕迹较少的重要原因。除第⑤层之外，其他层位标本的风化等级以 0～2 级居多，标本的迅速沉积使骨骼表面的痕迹能较好地保存下来（图 4. 4）。

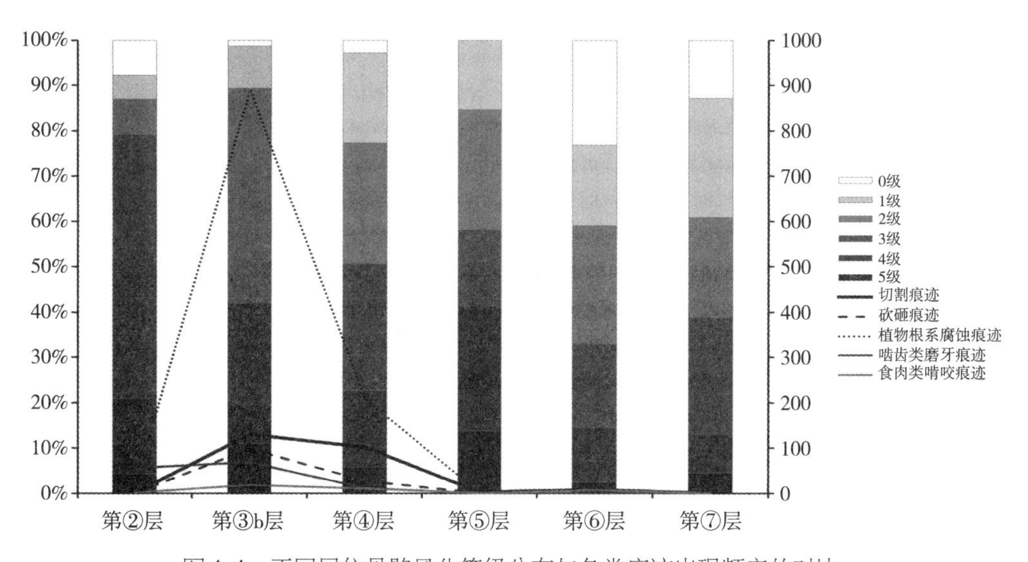

图 4. 4　不同层位骨骼风化等级分布与各类痕迹出现频率的对比

（二）骨骼表面痕迹在不同动物中的出现频率

除了食肉类的改造之外，其他自然作用对骨骼表面的改造一般是不经选择的。所以，统计骨骼表面痕迹在不同动物中的出现频率时，仅关注三类痕迹：食肉类的啃咬痕迹、切割痕迹和人工砍砸痕迹。于家沟遗址的这三类痕迹仅出现在大、小型牛科动物，小型鹿科动物及马科动物的骨骼之上，其分层统计结果见表 4. 6。不同类别动物骨骼表面痕迹的出现频率不同。第③b 层仅出现 2 件带有切割痕迹的小型鹿科动物骨骼。大型牛科动物在第⑥层仅出现人工痕迹，而在第②、③b、⑤层发现有被食肉类啃咬的痕迹。小型牛科动物与马科动物骨表面出现的痕迹种类最全，数量较大。这可能由于这两类动物在各层的标本量基数大，其上的痕迹被发现的机率就越大。对这两类动物而言，最为显著的改造出现在第③b、④层。对小型牛科动物而言，这两层的切割痕迹均超过总痕迹量的70%，而砍砸痕迹占约10%左右，说明古人类的屠宰行为是对骨骼进行改造的最主要因素。在第③b层，小型牛科动物经受了少量的食肉类改造。对马科动物而言，虽然切割痕迹也在③b、④层占优势地位，但在第③b层，砍砸痕迹的出现频率超过了切割痕迹，推测在此层位，人类对马科动物骨骼的敲骨取髓行为较显著。

表4.6　啃咬、砍砸和切割痕迹在不同层位和动物类别中的出现频率

		第②层	第③b层	第④层	第⑤层	第⑥层	第⑦层
小型牛科	啃咬痕迹	–	2（2.67%）	–	–	2（100%）	–
	砍砸痕迹	–	7（9.33%）	11（25%）	–	–	–
	切割痕迹	–	66（88%）	33（75%）	3（100%）	–	–
	小计	–	75	44	3	2	–
小型鹿科	啃咬痕迹	–	–	–	–	–	–
	砍砸痕迹	–	–	–	–	–	–
	切割痕迹	–	2（100%）	–	–	–	–
	小计	–	2	–	–	–	–
大型牛科	啃咬痕迹	2（100%）	1（12.5%）	–	1（100%）	–	–
	砍砸痕迹	–	–	–	–	2（33.3%）	–
	切割痕迹	–	7（87.5%）	–	–	4（66.7%）	–
	小计	2	8	–	1	6	–
马科	啃咬痕迹	–	11（37.93%）	9（30%）	–	2（33.3%）	1（100%）
	砍砸痕迹	–	13（44.83%）	–	–	–	–
	切割痕迹	–	5（17.24%）	21（70%）	–	4（66.7%）	–
	小计	–	29	30	–	6	1

在痕迹数量具有统计学意义的基础之上，对不同类别动物骨骼表面痕迹的统计不仅应以痕迹类别为出发点，也应关注其不同骨骼单元上的差异。

Dominguez – Rodrigo① 认为长骨的肉量最为显著，应将长骨分为近、中、远端骨骼进行痕迹出现频率的统计。但实际上，胸部和腹部的肉量也相当可观；而取食内脏的行为也会在肋骨上留下痕迹。Costamagno② 提出，对于可以鉴定的标本，在将其划分至不同动物类别后，应将痕迹的出现位置详细标注出来以与实验考古的数据对比研究。如上所述，于家沟遗址的小型牛科动物和马科动物在第③b、④层的痕迹出现频率高，考虑到这两个层位的骨骼样本总量大，应是人类活动的最主要层位，所以将这两个层位的这两类动物骨骼表面痕迹在解剖学单元上的分布作为研究的关注点。图4.5标明了第③b、④层不同类别痕迹在小型牛科动物及马科动物的各解部学单元的分布情况。

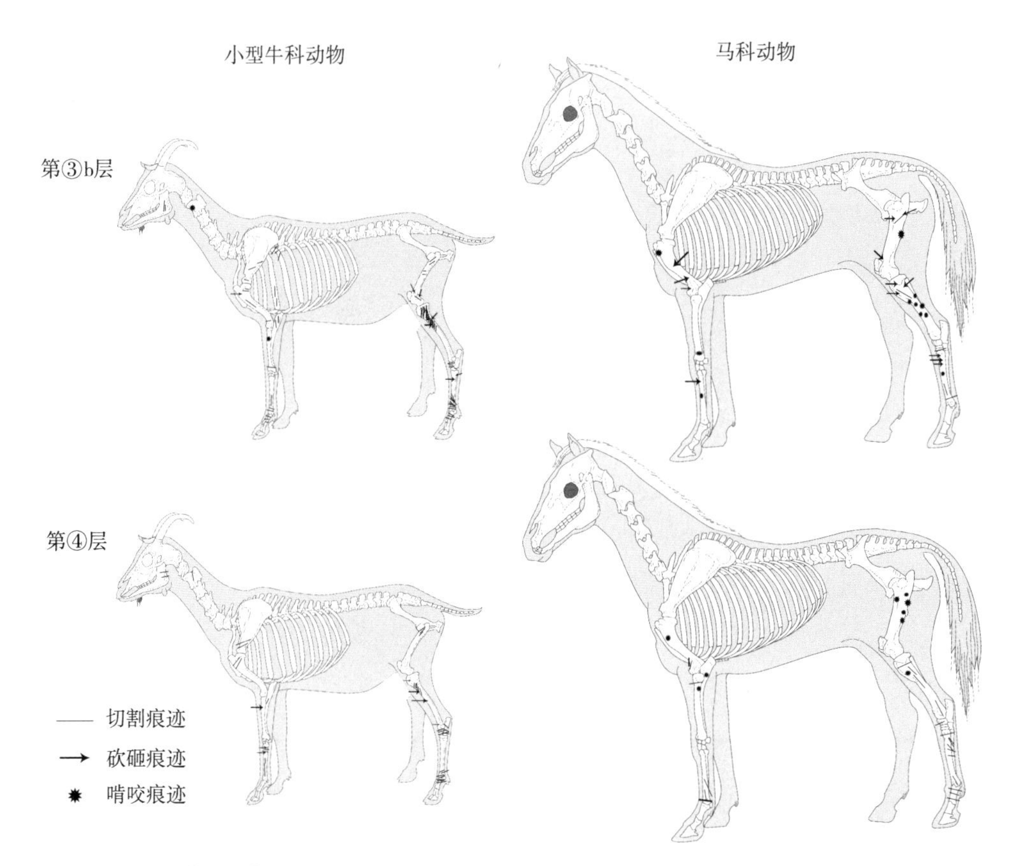

图4.5　第③b、④层的小型牛科及马科动物骨表面切割、砍砸及啃咬痕迹的分布状况

① Dominguez – Rodrigo M, Meat – Eating by Early Hominids at the FLK 22 Zinjanthropus Site, Olduvai Gorge (Tanzania): an Experimental Approach Using Cut – Mark Data, p. 33.

② Costamagno S, *Stratégies de chasse et fonction des sites au Magdalénien dans le Sud de La France.*

对于小型牛科动物来说，人工痕迹集中分布在四肢骨骼上。第③b 层有少量切割痕迹见于下颌骨与肋骨的近端和远端，其他人工痕迹都分布在肢骨。前端肢骨的切割痕迹比较分散，主要见于肩胛骨的近端，肱骨的两端骨骺及近端指骨上，这些部位有大量的肌肉附着点，同时也是筋腱相连的部位，说明古人类对小型牛科动物存在取肉和肢解行为。后端肢骨的切割痕迹密集分布在胫骨近端、距骨和跖骨的远端。实验考古学的研究表明，在取肉和肢解的过程中，股骨和胫骨连接处往往比肱骨和桡尺骨连接处更难分离，特别对于有蹄类动物，其尺骨头的膨大往往使屠宰者能更快速定位骨关节，有效地将其分离①。砍砸痕迹则主要分布于后肢骨骼，见于股骨的远端，胫骨的近端及跖骨近端。第④层的切割痕迹有少量分布在下颌骨及枢椎，其他人工痕迹也都分布在四肢。与第③b 层相似，前端肢骨的切割痕迹见于肩胛骨和肱骨的关节处，这应与取肉和肢解行为相关。另外，在掌骨上也发现沿骨骼中轴分布的切割痕迹，这可能与去除骨表面附着的筋膜有关。后肢的切割痕迹也集中分布于胫骨的近端，但更密集的切割痕迹却分布在与跖骨近远端相关的位置上，如距骨，中央跗骨和近端趾骨。第④层的砍砸痕迹在前后肢均有发现，主要集中在长骨的骨骺处。

马科动物各解剖学单元上的痕迹分布与小型牛科动物显著不同，其最大的特征是第③b 层的砍砸痕迹十分丰富，主要分布在马科动物的后肢骨骺。引人注意的是，在掌跖骨的近端均发现有砍砸痕迹，说明存在对低肉量长骨的取髓行为。该层马科动物骨骼上的啃咬痕迹较小型牛科动物多，且均分布于四肢骨骼。这可能由于马科动物的体型较大，骨骼粗壮，在人类取食消费过后仍保留了一些营养成分，吸引了食肉类动物的注意。第④层与第③b 层相比发生了重大变化，未发现一件有确切砍砸痕迹的马科动物标本，而有不少切割痕迹分布于后肢的胫骨与跖骨之上。同样的，该层仍有不少啃咬痕迹分布在马科动物的四肢骨骼，与第③b 层相比，啃咬痕迹更多地分布在如股骨这类近端肢骨上。据此推测古人类可能未完成对这类猎物的开发，而使其遗骸仍残留一些营养部分，吸引了食肉类食腐。

---

①　作者留学法国期间参与动物考古学实验的经验交流。

五 小 结

于家沟遗址动物骨骼受到风化作用的影响较小，大多数骨骼在地表短暂暴露后即被掩埋，骨骼基本保存了初始状态，从骨骼组合中提取的大部分信息应该是可信的。啮齿类动物和食肉类动物的轻微改造及植物根系的作用可能在骨骼埋藏的前、后期对其产生了广泛的影响，但其影响的力度不大。

切割与砍砸痕迹的大量出现说明遗址内的骨骼组合应该是古人类消费和利用动物资源留下的遗存。古人类将猎物带回遗址之后，对其进行了肢解、剔肉和敲骨取髓的处理。从人工痕迹在不同类别动物中的分布来看，以小型牛科动物和马科动物为代表的各体型有蹄动物中均发现有人工改造的痕迹，但食肉类动物及啮齿类动物骨骼上却缺乏人工痕迹，说明古人类对动物的开发应集中在有蹄类动物上，而其他两类动物进入遗址很可能与人类的狩猎和消费行为无关。

从第③b 层和第④层人工痕迹分布的差异来看，第③b 层的痕迹数量较第④层更多，且集中在肢骨上，说明第③b 层的古人类对动物的开发可能更全面，消费猎物的行为更复杂。砍砸痕迹在③b 层的出现比第④层更频繁，表明该层的敲骨取髓频率可能更高。

第三节　骨骼单元分布频率

骨骼单元分布频率是指遗址中某类动物的各个骨骼单元出现的频率，即量化单元 MAU 所代表的最小骨骼单元数，在使用时一般将其标准化为% MAU①。动物考古学之所以关注动物的骨骼单元出现频率是因为在骨骼组合形成的过程中，由于人或自然的改造，一些骨骼单元会不同程度地缺失，所以最后保留下来的骨骼单元数量会与初始状态有明显差异②。通过研究这种差异，既可以了解埋藏作用对骨骼单元的

---

① 张乐、Norton CJ、张双权等：《量化单元在马鞍山遗址动物骨骼研究中的运用》。

② Norton CJ、张双权、张乐等：《上/更新世动物群中人类与食肉动物“印记”的识别》，《人类学学报》2007 年第 2 期。

影响，又可以探知古人类在获取猎物之后的行为特征，如他们消费猎物的方式或者搬运及储存猎物的选择。

Bartram 和 Marean① 提供的民族学信息显示，狩猎者在获取了猎物之后会有几种不同的选择：1. 将完整的或初步肢解的猎物搬运（Transport）回营（此时肯定连带动物骨骼）；2. 仅搬运处理过的猎物回营（此时几乎没有骨骼）；3. 将临时营地迁至捕猎现场附近；4. 原地储存猎物。无论人类进行了哪种改造，在其营地废弃之后，自然力都会对骨骼组合进行再一次地改造。一些自然力，比如水流作用，啮齿类动物的筑巢行为及鬣狗的食腐行为，会影响动物考古学家对古人类行为的辨识。有时，一些单纯的自然力作用也可能与人类活动混淆，如猫头鹰经常将其捕食消费的小型哺乳动物聚集在一处，这种堆积与古人类消费小哺乳动物的营地骨骼组合十分相似②。

一　骨骼组合的保存状况

（一）衡量骨骼组合保存状况的指标

骨骼密度（Bone Mineral Density，BMD）是影响骨骼单元在考古遗址中出现频率的重要因素，在大多数情况下，骨骼密度与骨骼在堆积中的残存情况呈正相关③。所以，当我们分析骨骼单元出现频率的动因之前，应该考虑由于骨密度不同而导致的差异性保存。很多影响骨骼组合后保存状况的因素，如食肉类的啃咬④，化学作用的

---

① Bartram LE, Marean CW, Explaining the 'Kalsies Pattern': Kua Ethnoarchaeology, the Die Kelders Middle Stone Age Archaeofauna, Long Bone Fragmentation and Carnivore Ravaging. *Journal of Archaeological Science*, 1999, p. 26.

② Blumenschine RJ, Cavallo JA, Capaldo SD, Competition for Carcasses and Early Hominid Behavioral Ecology – a Case Study and Conceptual Framework. *Journal of Human Evolution*, 1994, p. 27.

③ Lam YM, Pearson OM, Bone Density Studies and the Interpretation of the Faunal Record. *Evolutionary Anthropology*, 2005, p. 14; Lam YM, Pearson OM, Marean CW, et al., Bone Density Studies in Zooarchaeology. *Journal of Archaeological Science*, 2003, p. 30.

④ Marean CW, Spencer LM, Blumenschine RJ, et al., Captive hyaena bone choice and destruction, the Schlepp effect and olduvai archaeofaunas. *Journal of Archaeological Science*, 1992, p. 19; Haynes G, Evidence of Carnivore Gnawing on Pleistocene and Recent Mammalian Bones. *Paleobiology*, 1980, p. 6.

分解[1]，踩踏[2]及水流作用等都会因骨骼密度的不同而表现出不同的作用程度。密度低的骨骼，如松质骨，容易在埋藏过程中破碎或流失[3]。密质骨则没有那么多孔隙，所以与外界作用力的接触面也很少，埋藏过程中的磨耗（attrition）就不那么明显[4]。牙齿是动物骨骼中密度最高的骨骼单元，其后依次为密质骨，松质骨和颅部及鼻甲处的骨板。通过比较不同密度骨骼的保存状况，动物考古家就可以尝试说明埋藏过程中骨骼组合的磨耗情况[5]。

由于牙齿标本是考古遗址中最易保存下来的骨骼单元，Stiner[6] 提出，可以通过比较牙齿所代表的最小个体数与头部其他骨骼部位所代表的最小个体数来说明骨骼组合的保存状况。她认为，无论狩猎者在获取猎物之后做怎样的选择，无论自然力对骨骼进行怎样的改造，大多数情况下，在埋藏之初，牙齿都不会与上下颌分离得太远。所以，在一个骨骼组合的沉积之初，牙齿所代表的 MNI 与头骨其他部分所代表的的 MNI 应该是相等的。通过研究头骨 MNI 和牙齿 MNI 的比值，可以说明骨骼埋藏之前的原地磨耗（*in situ* attrition）的强度，其比值越接近 1，原地磨耗的作用就越小。

对于头后骨骼而言，根据骨骼密度的不同也有一些不同的检验指数。Marean[7] 提出了骨骼完整系数（Completeness Indexes），它产生的基本目的在于衡量沉积后作用对骨骼的改造程度，即当人类和食肉动物将骨骼完全丢弃之后所发生的物理化学作用对骨骼的影响程度。设计这个系数的思路在于选取一些人类和食肉动物鲜少食用和破坏的骨骼作为对象，统计它们的破碎状况。腕跗骨与指（趾）骨的密度很高，但是肉量和油脂含量很少，人和动物在消费动物尸体的过程中鲜少对这几类骨骼有破坏。如果这些骨骼非常破碎，而其上没有明显的人与动物的改造痕迹，那么，这

---

① Lyman RL, *Vertebrate Taphonomy.*

② Nicholson RA, Bone survival: The effects of sedimentary abrasion and trampling on fresh and cooked bone. *International Journal of Osteoarchaeology*, 1992, p. 2.

③ Shipman P, Foster G, Schoeninger M, Burnt Bones and Teeth An Experimental Study of Color, Morphology, Crystal Structure and Shrinkage. *Journal of Archaeological Science*, 1984, p. 11.

④ Lyman RL, Relative abundances of skeletal specimens and taphonomic analysis of vertebrate remains, p. 9.

⑤ Lyman RL, Bone - Density and Differential Survivorship of Fossil Claseese. *Journal of Anthropological Archaeology*, 1984, p. 3.

⑥ Stiner MC, *Honor among Thieves: A Zooarchaeological Study of Neandertal Ecology.*

⑦ Marean CW, Measuring the Post - Depositional Destruction of Bone in Archaeological Assemblages, p. 18.

种破碎就很可能是沉积后作用造成的。计算出这些骨骼的完整系数就可以在一定程度上反映沉积后作用的强弱。完整系数的计算方法为：

$$完整系数 = 目标骨骼的\ MNE \div 目标骨骼的\ NISP \times 100\%$$

在 Marean[1] 的研究中，他仅选择了牛科和鹿科动物的腕跗骨（除跟骨外）为研究对象，因为他认为其他类型骨骼都可能由于含有一定量的骨髓而被消耗。但后面有许多研究者认为，应该将跟骨和指（趾）骨的完整系数也纳入统计的范围与其他腕跗骨形成对照[2]。这是由于在动物考古实验中发现，跟骨与指（趾）骨的敲骨取髓需要消耗大量的精力，在一般情况下古人类不会摄取这部分资源，它们的破碎也应该与埋藏作用有关。

对于一般的长骨骨干，则可以借用不同骨骼单元的最小骨骼部位数（MNE）和最小个体数（MNI）来说明骨骼的保存状况，即 Lyman[3] 提出的骨骼残存系数（% survivorship values）。目标骨骼的最小骨骼单元数反映了目标集合中目标骨骼的出现频率，而目标骨骼的最小个体数则反映了目标集合中至少存在几个拥有目标骨骼的个体。将目标骨骼的最小个体数乘以目标骨骼在一个动物个体中的数量，则可以得到这些最小个体数所代表的目标骨骼期望数。将目标骨骼出现频率比之于目标骨骼期望数，即可以得到残存目标骨骼与期望目标骨骼的比值，这个比值即骨骼残存系数。它的计算公式为：

$$\frac{(MNE_{目标})100}{MNI(目标骨骼在1个个体中的数量)}$$

依照第二章研究方法部分的介绍，这个公式的实质即 MAU/MNI。

以上三种检测方式均是通过各种量化单元的比值和比较来评估骨骼组合的保存状况与期望值的差异。这里所说的期望值，其实是骨骼密度的抽象化指标，但并不是骨骼密度的实际值。Lyman[4] 直接测量了不同骨骼的密度，并通过研究不同骨骼单

---

① Marean CW, Measuring the Post - Depositional Destruction of Bone in Archaeological Assemblages. *Journal of Archaeological Science*, 1991, p. 18.

② Munro ND, Bar - Oz G, Gazelle Bone Fat Processing in the Levantine Epipalaeolithic. *Journal of Archaeological Science*, 2005, p. 32.

③ Lyman RL, *Vertebrate Taphonomy*.

④ Lyman RL, Bone - Density and Differential Survivorship of Fossil Claseese.

元的出现频率（即%MAU）与骨密度的相关性来说明骨骼的保存状况。骨密度的测量有两种手段，光子扫描技术（photon densitometry）和X光断层扫描（X-Ray Computed tomography）技术，后者运用更广。通过骨密度的测量已经积累了不同种类动物各个部位的骨骼密度值①。Lyman②认为，一些特定扫描点的的密度值可以代表整个骨骼的平均密度，所以，将骨骼单元与骨骼密度值进行对比时，可以选取一些特定扫描点的密度，或若干扫描点的平均值。

（二）于家沟遗址骨骼组合保存状况

在于家沟遗址，并不是所有层位的所有动物类别都能提供足够的样本量来比较牙齿MNI与头骨MNI的差异。第③b层和第④层的羚羊标本提供了最大的研究标本量，因为在这两个层位保存了不少的羚羊角心和岩部标本。其他能够提供这类信息的标本均为有蹄类，虽然在第③b层发现了小型食肉类的下颌，但并没有其他头部标本以资对照。表4.6列出了第③b到第⑤层一些有蹄类动物的牙齿和头骨的MNI对比信息。

表4.6　各层位头骨MNI与牙齿MNI的差异

层位	动物种类	头骨MNI	牙齿MNI	头骨MNI/牙齿MNI
③b	羚羊	22	27	0.815
	马	3	7	0.429
④	羚羊	3	5	0.6
	马	2	4	0.5
⑤	牛	1	1	1

从MNI的值上来看，牙齿均超过了头骨。这是由于牙齿的密度更大，在埋藏过程中不易流失。在大多数情况下，牙齿MNI与头骨MNI差值并不大，从二者的比值来看，仅有第③b层的马科动物小于0.5。在同一埋藏条件下，马科动物的头骨保存状况更差，同时大型动物的脑颅富有可食用的脑髓，古人类很可能将马科动物的头

① Lyman RL, *Vertebrate Taphonomy*. Lam YM, Pearson OM, Marean CW, et al., Bone Density Studies in Zooarchaeology.

② Lyman RL, *Vertebrate Taphonomy*. Lam YM, Pearson OM, Marean CW, et al., Bone Density Studies in Zooarchaeology.

骨敲碎，以获取其脑髓。另一方面，由于羚羊类的骨质角心很容易辨识出来，而马科动物的头骨除了颞骨岩部之外，均不易在破碎的状况下被识别，所以羚羊类颅部的可鉴定率应该比马科更高。无论是以上哪种情况，牙齿 MNI 与头骨 MNI 的比较都表明，在第③b、④及⑤层，骨骼的保存状况是相对较好的，没有因为埋藏作用而流失太多。正是基于这一结果，在下面计算 MNE 时，并没有如 Jin① 和张乐②的计算方法一样将骨骼单元划分得非常细致，而是按照 Stiner③ 的标准，将骨骼部位进行了最基本的划分，如长骨仅分为骨干、近端骨骺和远端骨骺（附录 1）。

对于家沟遗址头后骨骼保存状况的评估是基于上文介绍的骨骼完整系数和骨骼残存系数进行的。

由于骨骼完整系数的计算是基于有蹄类动物的指骨和腕跗骨，所以对于家沟遗址骨骼完整系数的估算只能依据第③b、④和⑤层的有蹄类动物遗存（表 4.7）。

表 4.7　有蹄类动物骨骼的完整系数

层	种＼骨骼	第 1 指骨	第 2 指骨	第 3 指骨	距骨	跟骨	中央跗骨
第③b 层	羚羊	100%	100%	–	98%	90%	100%
	马	100%	100%	–	100%	–	–
	犀牛	–	–	–	–	70%	–
第④层	羚羊	–	–	100%	73%	70%	94%
	马	–	100%	100%	98%	–	–
	犀牛	100%	–	–	–	–	–
第⑤层	牛	–	–	–	100%	–	–

从各个层位的比较结果来看，第④层完整系数的平均值低于其他两个层位，所以第④层的骨骼破碎程度较高。Klein④ 的研究表明，在埋藏过程中，动物体

① Jin J, *Zooarchaeological and Taphonomic Analysis of the Faunal Assemblage from Tangzigou, Southwestern, China.*

② 张乐：《马鞍山遗址古人类行为的动物考古学研究》。

③ Stiner MC, *Honor among Thieves: A Zooarchaeological Study of Neandertal Ecology.*

④ Klein RG, Why does Skeletal Part Representation Differ between Smaller and Larger Bovids at Klasies River Mouth and Other Archaeology Sites. *Journal of Archaeological Science*, 1989, p. 16.

型越大，其腕跗骨破碎的可能性越大。而在于家沟遗址，除了第③b 层的犀牛之外，其他的结果均显示小型牛科动物的完整系数更低，这表明古人类可能对小型牛科动物的腕跗骨有开发的行为。但是，从每种动物的骨骼完整系数在解剖学部位的分布上来看，小型牛科动物呈现低完整系数的解剖学部位在马科、大型牛科和犀牛类中都是缺失的，这种缺失特别集中在距骨和跟骨上。Speth① 曾提出，在资源短缺时，古人类可能会砸开大型有蹄类动物的跟骨以获取更多的骨髓。于家遗址的古人类对马科或犀牛类跟骨的开发很可能导致该解剖学部位破碎而不易在骨骼组合中被识别出来。总的来说，从骨骼完整系数来看，于家沟遗址第③b、④和⑤层的保存状况比较接近，受到埋藏作用的影响不大。这一结果进一步表明，MNE 的计算应该能够较为准确地反映古人类在获取猎物之后的处理和搬运的策略。

骨骼残存系数可以用来评估骨骼单元的保存情况。表 4.8 列出了于家沟遗址第③b、④和⑤层不同类别动物的不同骨骼单元的骨骼残存系数。

在于家沟遗址的第③b 层，除了野马以外，所有动物的下颌骨均是保存最好的骨骼单元；其次是头骨和椎骨等中轴骨部位；而保存最不好的是各类附肢骨骼。第③b 层野马保存最佳的是肱骨，除了椎骨和肋骨外，其中轴骨和附肢骨的保存状况几乎相当。第④层羚羊和马科动物的骨骼残存系数的最大值均出现在附肢骨骼上，且远端附肢骨骼和保存状况比近端的更好。该层的鹿科动物和犀类的发现很少，骨骼残存系数的分布不足以说明动物个体的保存状况。第⑤层牛科动物的中轴骨保存状况比附肢骨骼好。从骨骼残存系数的计算结果中不难发现，第③b 和第④层的羚羊和野马的骨骼单元残存状况是最有代表性也最具统计学意义的，其余的结果或多或少地都只集中在一两个解剖学单元。

由于不同骨骼单元的骨密度不同，它们对埋藏作用的耐受力也不同；骨骼密度越大，对埋藏作用的耐受力越强，反之亦然。所以，如果骨骼单元主要受到埋藏作用的影响，其骨骼残存系数应该与骨骼密度呈正相关。于家沟遗址骨骼残存系数与骨骼密度的 Spearman 相关性检测表明，在第③b 层和第④层，羚羊与野马的骨骼残

---

① Speth JD, Seasonality, Resource Stress, and Food Sharing in So - Called "Egalitarian" Foraging Societies. *Journal of Anthropological Archaeology*, 1990, p. 9.

表 4.8 不同有蹄类动物解剖学单元的骨骼残存系数

骨骼 \ 种 / 层	羚羊		驴	马		马鹿	牛	犀	
	③b	④	③b	③b	④	④	⑤	③b	④
颅骨	45.45	66.67	0	0	0	0	0	0	0
上颌	22.73	100	40	20	0	50	0	50	0
下颌	100	66.67	100	60	39.99	100	100	100	0
椎骨	1.97	8.67	0	2.4	4.79	0	0	0	0
肋骨	0	0	0	12.4	2.39	0	0	0	0
肩胛骨	4.55	0	0	40	0	0	0	0	0
盆骨	0	0	0	0	0	0	0	0	0
肱骨	13.64	33.337	0	100	39.99	0	33.33	0	0
桡骨	9.09	66.67	0	40	79.99	0	0	0	0
尺骨	9.09	0	0	60	0	0	0	0	0
掌骨	25	100	0	0	19.99	0	0	0	0
腕骨	2.27	0	0	5	4.99	0	0	0	0
股骨	4.55	33.33	0	40	19.99	0	0	0	0
胫骨	22.73	66.67	0	0	59.99	0	0	0	0
跖骨	6.82	0	0	40	19.99	0	0	0	0
跗骨	13.64	33.33	0	3.2	29.99	0	6.67	8.5	0
掌/跖骨	0	0	0	40	100	0	0	0	0
第 1 指/趾骨	1.14	0	0	10	0	0	0	0	100
第 2 指/趾骨	2.27	0	0	10	9.99	0	0	0	0
第 3 指/趾骨	0	8.33	0	0	9.99	0	0	0	0
指/趾骨	0	0	0	0	0	0	0	0	0

存系数与骨密度没有显著的相关性（表 4.9），说明它们的骨骼保存状况并不是受到骨骼密度主导的。

表 4.9　骨骼残存系数与骨密度的相关性

系数＼种＼层	③b 层		④层	
	羚羊	马	羚羊	马
r_s	0. 108	0. 248	0. 012	-0. 284
p	0. 680	0. 321	0. 964	0. 254

在计算于家沟遗址骨骼残存系数时，纳入统计的标本量有限，因为在大多数情况下，仅有可鉴定到种属的标本可以进行骨骼残存系数的运算。由于最小骨骼单元（MAU）的运算可以将同一体型等级的有蹄类动物囊括其中，而同一体型等级的有蹄类动物其骨骼密度的分布不会有太大的出入，所以通过分析同一体型等级有蹄类动物% MAU 与代表该体型等级的现生动物骨骼密度的相关性，可以获取更全面的骨骼单元分布与骨骼密度之间的关系。将于家沟遗址第③b 层与第④层的有蹄类动物按体型大小分为小型鹿科动物、大型鹿科动物、小型牛科动物、大型牛科动物和马科动物，其相关性的检测结果与骨骼残存系数所反映的状况存在差异见表 4. 10（% MAU 与骨密度的具体数值见附录 4 和 5）。

表 4.10　第③b 和第④层有蹄类动物%MAU 与骨骼密度（BMD）的相关性

层＼系数＼种		小型鹿科	大型鹿科	小型牛科	大型牛科	马科
③b 层	r_s	-0. 229	-0. 010	-0. 223	-0. 083	-0. 016
	p	0. 362	0. 970	0. 373	0. 743	0. 949
④层	r_s	-0. 256	0. 479 *	0. 511 *	0. 093	-0. 383
	p	0. 306	0. 045	0. 030	0. 714	0. 117

*：$p \leq 0.05$

在第③b 层，所有有蹄类动物的% MAU 与骨骼密度的相关性都不显著，表明第③b 层有蹄类动物的骨骼出现频率与骨骼密度的关系不强，那么③b 层的骨骼保存状况受到埋藏作用的影响不大。第④层的小型鹿科动物、大型牛科动物与马科动物的情况与第③b 层一致。但是在该层，大型鹿科动物和小型牛科动物的骨骼单元出现频率与骨骼密度呈弱的正相关（95% 置信），说明对于这两种动物而言，骨骼密度越大的骨骼单元出现的可能性就越高，埋藏作用对它们存在影响。

当然，除了埋藏作用之外，人类对动物的开发也会受到骨骼密度的影响，比如同属附肢骨骼的掌跖骨和肱骨，它们均含有骨髓，但掌跖骨密度大于肱骨，对掌跖骨进行敲骨取髓所花费的时间要比肱骨长，所以即使没有埋藏作用的影响，掌跖骨的保存状况也可能比肱骨更好，在骨骼组合中被识别出来的可能性就越高。

总的来说，于家沟遗址原地埋藏的骨骼组合受到埋藏作用的改造并不太大，其所能反映的信息应该基本能反映古人类搬运和消费动物资源的原貌。这一结论与骨表面痕迹的分析结果是一致的。虽然有一些类别动物骨骼的出现与其骨密度存在关联，但大多数的骨骼单元分布与骨密度的关系不显著。古人类屠宰、搬运、肢解和消费猎物资源应是影响于家沟遗址骨骼单元出现频率的最主要动因。

二　骨骼单元分布与古人类处理猎物的策略

古人类处理猎物的策略表现在捕猎成功之后的方方面面，如搬运猎物的选择（是否将完整地猎物带回营地）、屠宰和肢解猎物的方式、是否烹食猎物、是否以动物骨骼为原料加工工具以及如何处理食物残渣等等。以上的每一种行为都可能影响骨骼单元在考古遗址中的出现状况。要研究骨骼单元分布与古人类处理猎物策略的关系，一方面可以分析不同类别动物的解剖学单元在堆积中的出现频率，另一方面可以对比骨骼单元分布与各类效用指数的相关性。

（一）效用指数的含义

效用指数（Utility Index）：即按照效用程度来排列动物身体的各个部分①。效用的范围并不仅仅局限于食用，但大多数情况下，以效用衡量食用价值，对狩猎采集人群的意义最大，因为狩猎采集人群往往会依照食用价值来选择怎样处理和消费动物的尸体。这些选择主要针对肉和脂肪，而这些选择的差异性可能受到猎物本身、周遭环境及人群自身状况的影响。对于早期人类行为的研究而言，效用指数是识别骨骼组合性质的重要证据（如主动狩猎还是被动食腐）。而对于晚期人类行为的研究，效用指数与人类实际选择的差异能帮助识别资源环境压力和一些特殊的资源利用方式。

---

① Lyman RL, Anatomical Considerations of Utility Curves in Zooarchaeology. *Journal of Archaeological Science*, 1992, p. 19. Binford LR, *Nunamiut Ethnoarchaeology*, New York: Academic Press, 1978.

Binford①依据现代生活于阿拉斯加的Nunamiut部落人群对猎物的选择行为，首次提出将不同动物不同部位的营养贡献值的差异进行量化。他依据对一头驯鹿和两头家羊的研究，建立了反映动物不同身体部位的能量指数。这些指数包括，肉量效用指数（Meat Utility Index，MUI）、骨髓效用指数（Marrow Index，MI）、骨脂效用指数（White Grease Index，WGI）以及将以上联合起来的通用效用指数（General Utility Index，GUI）。随后，Binford意识到"附连骨骼（riders）"的重要性。"附连骨骼"是指本身没有效用价值但紧紧附着在效用程度高的骨骼上的关联部位，如尺腕骨。于是他通过对以上四个指数进行合并和校正，提出了校正后的通用效用指数（Modified General Utility Index，MGUI）。

需要注意的是，Binford选择的样本是北半球高纬度的地区性动物。虽然他的样本在年龄和身体状况上表现了多样性，即一只驯鹿为3～5岁的雄性，一只家羊为不甚健康的9个月的雌性，另一只为健康的6个月的雄性，但是，他并没有将这些差异性体现在他的指数中。很多学者的研究，甚至是低纬地区的早期人类行为研究也刻板地使用这些指数，从动物生态学的角度来看，是肯定存在问题的。

除了样本的局限性，Binford在建立各个指数的过程中对影响人类决策因素的偏颇处理，在后来带来了很多争议。在Binford对骨髓营养成分的研究中，他强调了骨髓中一种高能量的不饱和脂肪酸，即油酸（Oleic acid）的重要性。他认为Nunamiut人对油酸的追求远超过了对骨髓总量的追求，这种偏好是Nunamiut人对含骨髓部位进行取舍的首要指标。这个指标被他称为脂肪质量。依此，他大费笔墨来解释人群在狩猎过程中对富含油酸的驯鹿骨骼部位的偏好。而除油酸含量以外的其他因素，如骨髓腔的大小以及加工时间，则被认为是相对不重要的变量。于是，在建立骨髓与骨脂效用指数之时，他增加了脂肪质量的权重，而减少了其他因素的影响比例。Binford之所以有这样的做法是由于他的民族学采访：五位Nunamiut猎人中的四人表示胫骨的远端含有最美味的骨髓，所以他们会优先取食这个部分。但他们并没有明确地表示对其他肢骨的偏好，只是强调盆骨、肩胛骨、跟骨以及下颌骨最不受欢迎。

---

① Binford LR，*Nunamiut Ethnoarchaeology*.

Binford 在检验了各部位骨髓的化学成分后发现，油酸的比例是胫骨远端区别于其他部位的指征。而胫骨近远端的差异也促使 Binford 将拟定指数的单位由完整的长骨变为近端，骨干以及远端。不止针对骨髓，在骨脂的研究中他同样强调油酸的重要性。他认为油酸的摄取在骨脂的生产中占有优先地位，而骨骼密度以及骨骼总量这些决定骨脂总量的因素则被置之次要。

Jones 和 Metcalfe① 以及 Brink② 对油酸导向性的骨髓加工策略提出了质疑。前者认为骨髓腔的大小即骨髓的总量比脂肪的性质更重要，而后者则认为从统计学的角度来讲，骨脂总量比骨脂的性质更能作为一个准确的度量。

随着实验考古研究的发展，不少学者将效用指数的研究对象扩展到不同的动物，如北美野牛（*Bison bison*）③、北美驯鹿（*Rangifer tarandus*）④、海豚（*Phocena phocena*）⑤、羚羊（*Gazella gazelle*）⑥、马（*Equus* sp.）⑦、野猪（*Sus scrofa*）⑧、白尾鹿（*Odocoileus virginianus*）⑨ 以及角马（*Connochaetes* sp.）⑩。他们通过直接计算不同部位肌肉与骨髓的重量建立了不同指数，丰富了效用指数的动物样本多样性。

食物利用指数（Food Utility Indices，FUI）：是从北美驯鹿的肉量利用指数（即

---

① Jones KT, Metcalfe D, Bare Bones Archaeology: Bone Marrow Indexes and Efficiency. *Journal of Archaeological Science*, 1988, p. 15.

② Brink JW, Fat Content in Leg Bones of Bison bison, and Applications to Archaeology. *Journal of Archaeological Science*, 1991, p. 24.

③ Emerson AM, *Implications of Variability in the Economic Anatomy of Bison bison*. PhD Dissertation, University Microfilm, Ann Arbor: Washington State University, 1990.

④ Metcalfe D, Jones KT, A Reconsideration of Animal Body - Part Utility Indexes.

⑤ Savelle JM, Friesen TM, An Odontocete (*Cetacea*) meat utility index.

⑥ Bar - Oz G, Munro ND, Gazelle Bone Marrow Yields and Epipalaeolithic Carcass Exploitation Strategies in the Southern Levant. *Journal of Archaeological Science*, 2007, p. 34.

⑦ Outram AK, Rowley - Conwy P, Meat and marrow utility indices for horse (*Equus*). *Journal of Archaeological Science*, 1998, p. 25.

⑧ Rowley - Conwy P, Halstead P, Collins P, Derivation and application of a food utility index (FUI) for European wild boar (*Sus scrofa*). *Environmental Archaeology*, 2002, p. 7.

⑨ Madrigal TC, Holt JZ, White - Tailed Deer Meat and Marrow Return Rates and Their Application to Eastern Woodlands Archaeology. *American Antiquity*, 2002, p. 67.

⑩ Blumenschine RJ, Madrigal TC, Variability in long bone marrow yields of East African ungulates and its zooarchaeological implications. *Journal of Archaeological Science*, 1993, p. 20.

Binford 的 MUI）衍生得到的，衍生的方法是某一部位的总重量送去那一部位的干骨重量，这样即得到了每个部位的肉、骨髓及油脂的重量之和①。研究者沿习了 Binford 的做法，将附连骨骼引入以帮助修正指数，为每一个基本的骨骼算出一个可用的 MFUI（Modified Food Utility Indices）。FUI 一般被运用于检验狩猎 - 采集者对不同营养价值部位的处理方式，如当动物体型较大时，选择哪些部位带回营地②。这种思路后来被利用到各种现生动物的研究中来建立不同动物的 FUI，在具体的操作中，对不同动物有效质量的估算经常要以含水量（moisture index）来校正③。

Morin④ 重新计量了北美驯鹿骨髓和骨脂含量。由于考虑到人类的选择并非一个累计变量并存在计量误差，在统计分析时应作为分类变量，他利用 Spearman 相关性检验代替之前的 Pearson 检测，重新探讨了骨髓和骨脂贡献量与 Nunamiut 人骨骼部位选择之间的关系。他认为，尽管骨骼的选择与骨髓的含量呈正相关，但是这种选择也与不饱和脂肪酸的含量呈正相关。依据这个结果，他提出了一个新的效用指数，即不饱和骨髓指数（Unsaturated Marrow Index，UMI）。这个指数综合了前面的研究，肯定了 Nunamiut 人对不饱和脂肪酸的追求，Morin 认为这种追求是最佳觅食策略的表现。同时，这个指数也将骨髓总量和加工时间综合考虑进来，在对比具体的考古遗址时不至于过分专注特定的骨骼部位，从而忽略了一些由季节性，环境变化导致的动物营养状况变化，进而忽视了由此引起的人类生活策略的调整。

干肉指数（Meat Drying Index，MDI），是 Friesen⑤ 在 Binford 的研究基础之上建立起来的。这个指数是基于不同骨骼部位附着的肌肉在干燥后的重量建立的，它可以

---

① Metcalfe D，Jones KT，A Reconsideration of Animal Body - Part Utility Indexes.

② 如，Burger O，Hamilton MJ，Walker R，The Prey as Patch Model：Optimal Handling of Resources with Diminishing Returns. *Journal of Archaeological Science*，2005，p. 32；Metcalfe D，Barlow KR，A model for exploring the optimal trade - off between field processing and transport.

③ Bar - Oz G，Munro ND，Gazelle Bone Marrow Yields and Epipalaeolithic Carcass Exploitation Strategies in the Southern Levant. Madrigal TC，Holt JZ，White - Tailed Deer Meat and Marrow Return Rates and Their Application to Eastern Woodlands Archaeology.

④ Morin E，Fat Composition and Nunamiut Decision - Making：A New Look at the Marrow and Bone Grease Indices. *Journal of Archaeological Science*，2007，p. 34.

⑤ Friesen TM，Stewart A，To Freeze or to Dry：Seasonal Variability in Caribou Processing and Storage in the Barrenlands of Northern Canada. *Anthropozoologica*，2013，p. 48.

帮助评估不同部位的肌肉被制作成肉干的潜力，从而推测古人类是否存在储存肉类的行为。

Marean 等①提出的鬣狗消费指数（Hyena - ravaged index）则是为数不多的依食肉类行为而建立起来的效用指数。该指数一般用来识别食肉类造成的骨骼组合，在旧石器时代早期遗址中，可以帮助判断骨骼组合与食肉类行为的关系。

在指数的运用过程中有两个重要的概念。一是平均数（Average，AVG），大多数效用指数的建立是依据不止一个动物样本，研究者最后建立的指数均确立在样本的平均值上；另外，有些指数在建立时利用的骨骼单元和后来使用这些指数的研究单元不同，一些研究者也会直接取指数的平均值。另一个是标准化（Standardized，S），它是指将最大的数值作为分母（即该值代表100%），而将其他数值除以这个最大的数值得到相对比例。这样做可以将不同量级的数值拉到同一个比较的平台上，更一目了然。对于一些纯重量的指数，如 MGUI、FUI 等，我们在使用时需要注意将原指数标准化，以便统计分析。

效用指数与骨骼部位出现频率的对比将生物学、埋藏学、考古学与民族学的发现对照起来，虽然这样的研究饱受争议②，但对效用指数和考古遗址中骨骼量化方式的讨论也从来没有停止过。方法的多样化为骨骼出现频率的研究打开了多道大门，但在具体的操作过程中，我们不仅应该依据自己的研究材料对方法进行甄别，也应该在研究之前详细地介绍遵循的标准和参考文献，让研究的过程更加明晰，也避免之后的研究者在选用对比材料时一头雾水地采用不同的研究标尺。更重要的是，我们要明确任何效用指数的对比研究都不是问题的直接答案，而仅仅是接近答案的过程；相似的模式也可能由多种不同的原因引起③。所以最佳的做法是对比多种指数，避免教条式地照搬指数的建立者对指数的阐释④。

---

① Marean CW，Spencer LM，Blumenschine RJ，et al.，Captive hyaena bone choice and destruction，the Schlepp effect and olduvai archaeofaunas.

② Morlan RE，Oxbow bison procurement as seen from the Harder Site，Saskatchewan. *Journal of Archaeological Science*，1994，p. 21.

③ Reitz EJ，Wing ES，*Zooarchaeology*（*2nd ed*）.

④ Lacarrière J，*Les ressources cynégétiques au Gravettien en France*：*acquisition et modalités d'exploitation des animaux durant la phase d'instabilité climatique précédant le dernier maximum glaciaire.*

（二）遗址骨骼单元分布与效用指数的相关性

1. 于家沟不同类别动物的骨骼单元出现频率

前面谈到，无论是人类还是动物，在获取猎物之后，都要做出方方面面的抉择来消费所获取的猎物。考古遗址中不同类别动物的骨骼单元出现频率可以帮助我们了解古人类在获取猎物之后，肢解、搬运和消费猎物的方式。

在于家沟遗址，可以进行骨骼单元出现频率研究的动物类别有小型与大型鹿科动物、小型与大型牛科动物及马科动物。与其他研究方面一样，第③b 层与第④层的标本由于标本量大而最具代表性。由于骨骼单元出现频率的研究是以动物类别为对象的，所以很多无法确定到种属的骨骼标本，特别是肢骨和肋骨等等标本，都能被纳入研究的体系之中。由于偶蹄类动物与奇蹄类动物的中轴骨和掌跖骨、指（趾）骨的数量差距较大，所以在量化骨骼单元出现频率时采用% MAU 进行比较，这样不仅可以在遗址内进行比较，也可以与其他遗址的研究成果对照。

第③b 层每一个类别动物的骨骼单元出现频率各有不同（图 4.6）。小型牛科动物的下颌骨出现频率最高，颅骨及前肢的尺骨次之，前肢骨骼的出现频率略高于后肢骨骼。与其他所有类别不同的是，小型牛科动物的所有骨骼单元均在③b 层中出现。这说明当时的古人类在捕获小型牛科动物之后，应该是将猎物完整地带回营地，之后再对其进行肢解。大型牛科动物的附肢骨骼出现频率比中轴骨骼高，说明古人类至少是将它们的肢骨带回了营地，偶尔可能会将中轴部分带回。大型牛科动物角心的出现频率在该层很高，这应该与非食用性的用途相关。与大型牛科动物相似，大型鹿科动物的角是出现频率最高的部位。大型鹿科动物其他部位的出现频率没有太大的差别，能反映其搬运策略的证据略显不足。小型鹿科动物的肩带与后肢股骨的出现频率高，但与小型牛科动物不同，它们的很多骨骼单元都缺失，特别是缺乏头骨和角的标本，说明它们在进入遗址时可能已经不是完整的个体。马科动物的附肢骨骼和头骨在该层出现频率高，仅有腰带部分有缺失。整体上来说，在③b 层，小型牛科动物和马科动物是古人类开发的焦点，两者的下颌骨在该层出现的频率很高，其他部位的骨骼也均有出现，说明这两种动物很可能被完整地带入了遗址。而其他三类动物则应该仅有部分被带入了遗址，特别是不可食用的角进入遗址，说明对这些动物的利用应该不只集中在其食用功能上。

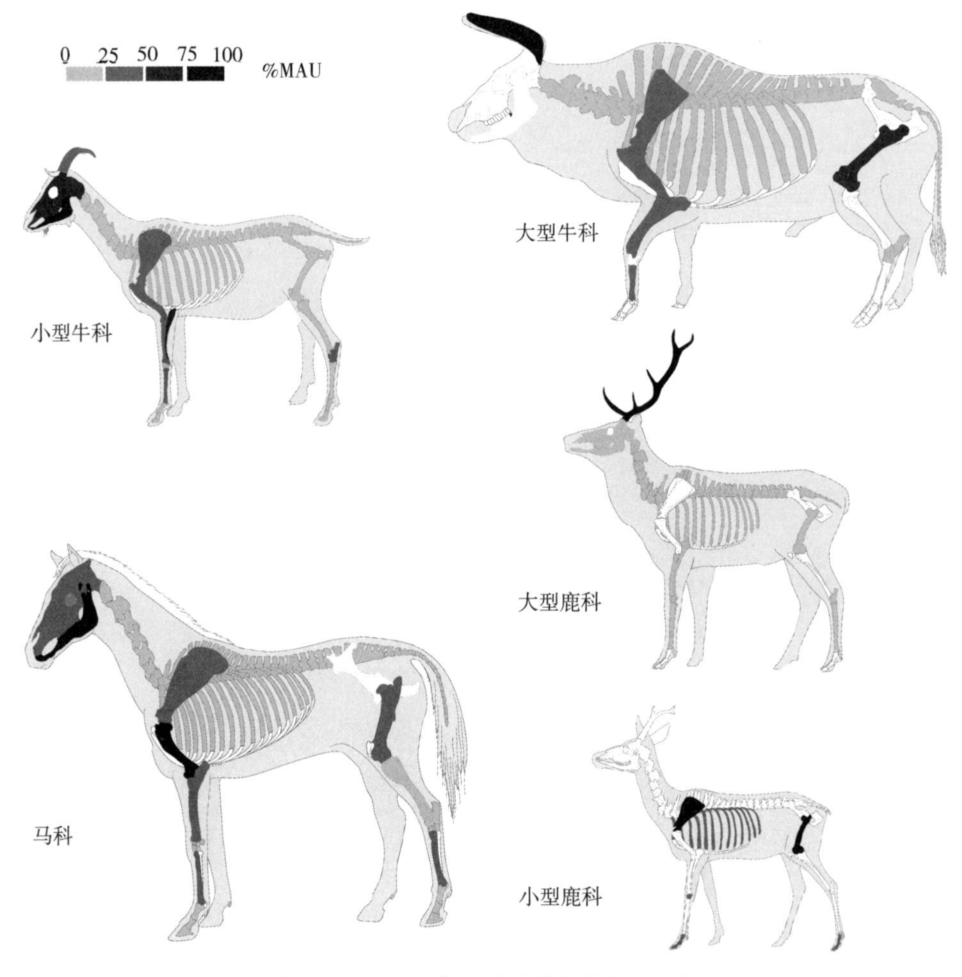

图4.6　第③b层各体型等级动物的骨骼单元分布频率

与第③b层类似，第④层的小型牛科动物和马科动物也受到古人类的青睐（图4.7）。小型牛科动物的前端肢骨出现频率最高，头骨和后端肢骨的跖骨次之。小型牛科动物仅有腰带部分未出现，说明在该层，它们也是被整体带入遗址的。大型牛科动物仅有前肢与胸部骨骼进入遗址，小型鹿科动物也有类似的趋势。大型鹿科动物的胸腔部分也有出现，但其骨骼单元分布主要集中在头部。需要强调的是，其头骨之所以占优主要是因为残断的上、下颌颊齿列的发现，其角枝并未像③b层一样出现在遗址。马科动物的肩带部分虽然缺失，但与③b层一样，肢骨和头骨是出现频率最高的部分。但与③b层不同的是，下颌的出现频率不如颅部高，而远端肢骨（如掌跖骨）的出现频率明显上升。

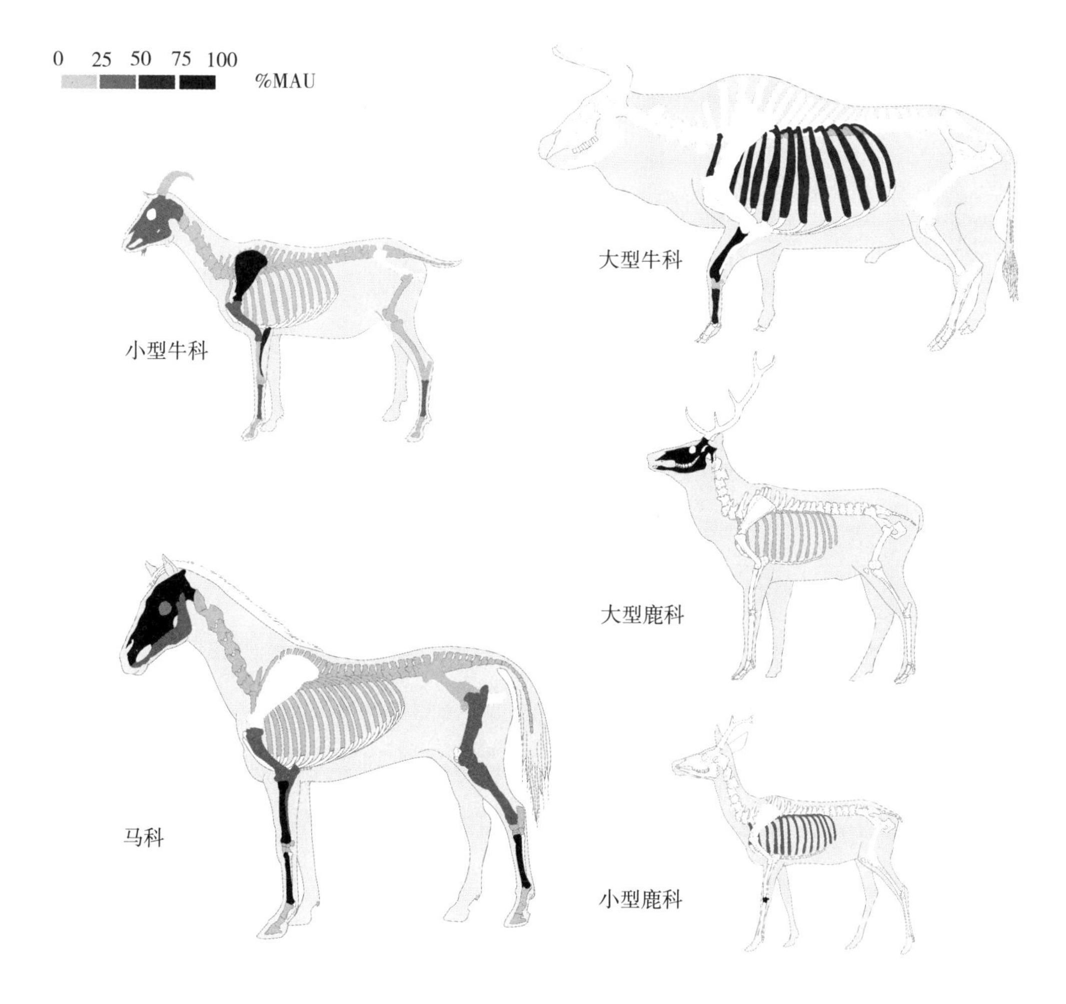

图4.7　第④层各体型等级动物的骨骼单元分布频率

在这两个层位，小型牛科动物与马科动物的骨骼单元出现频率分布最平衡，这一方面可以说明这两类动物的完整个体曾经进入过遗址，另一方面，可能也与它们的标本量大有关。这两类动物头骨部分出现频率都很高，这应该是由于它们的头部都有一些在埋藏过程中很难流失的部分，如颅骨的岩部及角心。值得注意的是，与头骨相比，附肢骨骼的出现频率并不高，由于附肢骨的骨密度相对较高，这种情况的出现应该与埋藏作用无关，而与古人类砸碎附肢骨获取骨髓油脂有关。

骨骼单元的分布研究要求研究对象的骨骼单元位置明确，那么在实际操作的过程中，很多没有任何鉴定特征的骨干碎片就被排除在骨骼单元分布的统计之外了。这种现象给我们一个启示，即对于一些确认进入遗址的骨骼单元来说（如马科动物的后肢骨骼），它们的出现频率较低很可能与它们进入遗址的频率无关，而与其破碎的程度有关。骨骼密度与骨骼单元分布的相关性检测（见表4.10）说明，在于家沟遗址，骨骼单元的保存状况与骨骼密度的相关性并不显著，这说明骨骼的破碎应该与古人类的行为更相关。未纳入骨骼单元分布研究的很多碎骨可能可以说明古人类其他消费动物资源的方式（如取髓、炼油等等），对碎骨的研究将在下一章展开。

2. 不同动物的骨骼单元出现频率与效用指数的相关性

基于上一小节对效用指数的介绍，在研究于家沟标本时，尽可能地选取了多样的效用指数来进行相关性分析。这些指数可以帮助我们了解不同类别动物的骨骼单元出现频率是否与特定的效用追求相关。表4.11列出了第③b和第④层不同类别动物的骨骼单元出现频率与效用指数的Spearman相关性分析的结果。

几乎所有的效用指数与各类动物的%MAU的相关性都不显著，仅有干肉指数（Meat Drying Index，MDI）与第③b层大型鹿科动物的骨骼单元分布呈弱的负相关，鬣狗消费指数（Hyena－ravaged index）与第④层马科动物的骨骼单元分布呈较强的负相关。这说明至少第③b层的大型鹿科动物进入遗址可能并不完全由于古人类对其肉量的追求，而第④层的马科动物进入遗址与食肉类的活动不相关。无论是肉量、骨髓量还是骨骼油脂的含量，各类效用指数与%MAU的相关性都不显著，这说明于家沟遗址的骨骼分布至少应该与古人类对猎物某一个特定方面的开发不显著相关，这种结果可能是截然相反的两个方面原因造成的。一方面，说明古人类对猎物开发的策略没有明确的目的性，他们可能有时追求肉量，有时追求骨髓，不稳定的策略导致骨骼保留程度不一。另一方面，不具有偏向性的骨骼保存状况也可能暗示着多种策略的并存，于是多种行为的相互作用就冲淡了对某一行为统计的显著性。因为在生存压力较明显的情况下，古人类对其获取的猎物很可能采取深度开发的策略，即消费肉量后进行敲骨取髓，而后榨取骨骼油脂，并且将一些骨骼制作成为工具（详见第六章）。

表 4.11　第③b 和④层有蹄类动物%MAU 与不同效用指数的相关性

		(S) FUI	UMI	GUI	AVGFUI	BFI	AVGMAR	MDI	Hyena
③b 层									
小型鹿科	r_s	0.173	-0.003	0.150	0.134	0.202	-0.006	0.356	0.082
	p	0.493	0.990	0.551	0.595	0.421	0.982	0.147	0.847
大型鹿科	r_s	-0.188	-0.066	-0.198	-0.155	-0.311	-0.072	-0.493*	-0.344
	p	0.456	0.794	0.430	0.538	0.209	0.782	0.038	0.404
小型牛科	r_s	0.832	-0.229	-0.140	-0.075	-0.222	0.063	-0.329	0.048
	p	0.054	0.361	0.580	0.769	0.375	0.809	0.183	0.910
大型牛科	r_s	0.631	-0.047	0.187	0.260	0.093	0.078	-0.220	-0.025
	p	0.121	0.852	0.457	0.298	0.712	0.766	0.379	0.952
马科	r_s	0.081	0.127	-0.201	-0.191	-0.207	0.255	-0.159	-0.515
	p	0.748	0.616	0.425	0.447	0.411	0.324	0.528	0.192
④层									
小型鹿科	r_s	0.083	-0.219	0.188	0.152	0.220	-0.093	0.004	0.577
	p	0.742	0.382	0.456	0.548	0.379	0.722	0.988	0.134
大型鹿科	r_s	0.263	-0.386	-0.028	-0.028	0.022	-0.310	0.328	0.577
	p	0.291	0.114	0.911	0.911	0.931	0.226	0.184	0.134
小型牛科	r_s	0.082	-0.083	-0.087	-0.079	-0.082	0.160	-0.190	-0.156
	p	0.746	0.742	0.731	0.755	0.745	0.541	0.449	0.713
大型牛科	r_s	-0.095	0.081	0.077	0.026	0.128	0.057	-0.036	0.577
	p	0.707	0.749	0.762	0.920	0.612	0.829	0.889	0.134
马科	r_s	-0.185	0.348	-0.176	-0.170	-0.237	0.099	-0.344	-0.719*
	p	0.463	0.158	0.484	0.500	0.345	0.706	0.162	0.045

*: $p \leq 0.05$

（效用指数缩写的含义、数据及其出处见附录 5）

三　小　结

埋藏作用对于家沟遗址骨骼单元分布状况的影响较小，特别是不同密度骨骼的出现频率无显著规律性，说明骨骼单元分布频率的研究可以基本反映古人类在获取猎物之后对其进行搬运和消费情况。第④层马科动物的骨骼单元分布与鬣狗造成的动物骨骼单元分布呈显著的负相关，进一步说明该遗址的骨骼组合过程与食肉类关系不大。但是，并不能排除食肉类在古人类丢弃骨骼之后对它们的影响。

在于家沟遗址，动物的体型大小似乎并没有影响古人类搬运其猎物的策略，作为不同等级体型动物的代表，小型牛科动物和马科动物都曾完整地进入到遗址。而其他类别的动物却或多或少地缺失一大部分的骨骼单元。相比之下，小型牛科动物和马科动物在遗址附近的生存密度应该很大，特别是体型较大的马科动物，因为长距离的搬运会浪费大量能量而迫使猎人将其肢解。

效用指数与骨骼出现频率的相关性分析表明，古人类搬运和消费猎物遗体与其营养分布没有显著联系。这种结果可能说明古人类在获取猎物之后，并没有因为猎物身体各个部位的营养价值不同而采取相异的策略。换句话来说，猎物身体各个部分的效用值的差异可能并不是古人类消费猎物方式的决定性因素。

从另一个角度来讲，小型牛科动物与马科动物的头骨和一些附肢骨的出现频率很高。在其完整地进入遗址这一前提之下，骨骼单元出现的频率越高说明其保存的状态更好，受到埋藏作用的改造越小，在埋藏作用之前，这些骨骼单元的破碎程度应该也不高。这样一来，对于这两种动物而言，出现频率低的骨骼部位的破碎率可能很高，以致在发掘出土之后这些骨骼的可鉴定率很低。这样一类标本的存在也可能在一定程度上影响了效用指数和骨骼单元分布的相关性分析结果，导致遗址内的骨骼单元分布与对各种营养的追求策略都没有显著的联系。

第五章　动物的死亡年龄与季节

第一节　动物的死亡年龄研究

动物考古学发展至今，已经有一系列精度不同的年龄估算方法被运用到考古遗址动物群的死亡年龄研究中。如果研究者只是需要探知狩猎人群的猎食偏好和资源压力状况，那么，只需要将研究样本划分为幼年个体和成年个体，当数据允许时，也应该将成年个体进一步划分为壮年个体和老年个体①。有蹄类的骨骼遗存一般能提供两类信息来帮助判断其年龄：骨骺与牙齿。判断的标准有三类：骨骺的愈合情况；牙齿的萌出顺序与其冠面的磨耗特征；牙齿白垩质生长线计数②。牙齿的萌出顺序和磨耗特征能提供较为准确的离散数据，也就是说，任何牙齿标本都可以依据其齿序和冠面特征被划分进不同的年龄阶段。当然，牙齿的特征与年龄的对应关系应基于对研究目标群的现生最近类群标本的观察。对于旧石器时代遗址而言，骨骺的愈合状况很难具有代表性意义，因为骨骺未愈合的长骨往往非常脆弱而容易破碎。在标本量合适的情况下，骨骺的愈合状况可以作为年龄信息的补充，也可以通过其与牙齿所反映年龄信息的对比来说明埋藏作用的影响。

---

① Munro ND, *A Prelude to Agriculture: Game Use and Occupation Intensity in the Natufian Period of the Southern Levant*

② Morris P, A Review of Mammalian Age Determination Methods. *Mammal Review*, 1972, p. 2.

一 有蹄类动物的牙齿萌出顺序和磨耗特征与其年龄的关系

有蹄类动物牙齿的萌出与生长与其他的个体发育特征一致，是由其基因状况决定的。所以，不同类别动物的牙齿生长速率不同。通过对已知年龄个体牙齿发育状况的观察，研究者可以建立起乳齿和恒齿齿列萌出顺序与年龄的关系①。对于考古遗存而言，如果可以发现较完整的齿列，则可以较准确地根据齿列上的牙齿萌出状况来判定个体的死亡年龄；如果仅有单个牙齿，也可以根据其齿根和齿冠的生长状况来估算个体死亡年龄②。

为了适应研磨粗纤维质的草本植物，有蹄类牙齿的牙本质和牙釉质相互交错在一起形成一些峰尖和沟槽；在不断地磨耗之后，牙齿嚼面会形成独特的"花纹"；随着磨耗的不断加深，"花纹"会因为牙釉质和牙本质的磨耗速率不同而发生改变。由此，不同年龄阶段的有蹄类动物牙齿嚼面的"花纹"有不同特征；依据牙齿的结构，将这些特征描述出来，就可以划分牙齿的磨耗等级。将牙齿的萌出顺序与磨耗等级结合起来，就可以将牙齿划入不同的年龄阶段③。另外，牙齿不断地磨耗也会导致齿冠高度不断降低，所以也有研究者将齿冠高度与年龄阶段对应起来。

牙齿特征（包括齿序）与年龄的对应关系一般来说是比较准确的，特别对于不追求具体的年龄而只要求年龄阶段的动物考古学研究。特定属种的动物如果生活在同一环境下，它们的基本食物构成不会有太大的变化，它们的牙齿磨耗特征在不同年龄也不会相差太大④。到现在，基于这种认识，很多研究者通过研究已知年龄的现

---

① Davis SJ, The age profiles of gazelles predated by ancient man in Israel: Possible evidence for a shift from seasonality to sedentism in the Natufian. *Paleorient*, 1983, p. 9.

② Hillson S, *Teeth* (*2nd ed*).

③ Payne S, Morphological Distinctions between the Mandibular Teeth of Young Sheep, Ovis, and Goats, Capra. *Journal of Archaeological Science*, 1985, p. 12; Pace JE, Wakeman DL, *Determining the Age of Cattle by Their Teeth*. Florida: University of Florida, 1983.

④ Gifford - Gonzalez DP, Examining and refining the quadratic crown height method of age estimation, In Stiner MC (ed.), *Human Predators and Prey Mortality*, Boulder, CO: Westview Press, 1991.

生动物，建立起很多有蹄动物年龄与牙齿特征的对应关系。但是，如果同一属种的动物生活在不同的环境中，那么就可能会有很多因素导致同年龄个体的牙齿特征差异；即使是生活在同样环境中的同一种动物，也可能因为食物结构的比重或者个体及性别的差异导致牙齿特征的差别。

解决以上变量对研究结果影响的最根本途径是做到对环境、性别和食物构成等变量的控制，积累更多不同现生动物的数据，并在研究化石标本时严格地对应现生数据。但是，这种精准的对照需要投入大量的物力和精力，这对现阶段的动物考古学研究来说是非常困难的。如果要稀释这些变量对统计结果的影响，同时提高不同样本量标本的可对比性，研究者只能在年龄阶段划分上做文章。不同研究者依据研究样本的状况，对年龄阶段有不同的划分。具有代表性的有 Klein① 划分的 9 个年龄阶段以及 Morrison 和 Whitridge② 划分的 13 个年龄阶段。这两种年龄阶段的划分均是基于完整齿列较多的研究样本。对于单个牙齿较多的研究样本而言，现多采用 Stiner③ 的 3 个年龄阶段划分，即幼年、壮年及老年。

（一）羚羊的牙齿萌出顺序、冠面磨耗特征与其年龄的关系

在动物考古学领域，以牙齿萌出顺序和磨耗阶段为手段来判定小型牛科动物年龄的研究始于 Payne④ 对安纳托利亚地区现生家养绵羊和山羊的观察。

Munro 等⑤对地中海地区的现生羚羊标本的研究是近年来最具代表性的工作。她的研究样本是 65 具来自以色列的现生羚羊骨架（含头骨与上下颌齿列），其中有 61 具的死亡年龄信息有清楚的记录。Munro 通过对其牙齿特征和骨骺愈合状况的观察，以下颌骨为代表，将不同磨耗状况的羚羊牙齿划入 7 个不同的年龄等级（图 5. 1、

---

① Klein RG, Age (Mortality) Profiles as a Means of Distinguishing Hunted Species from Scavenged Ones in Stone Age Archaeological Sites. *Paleobiology*, 1982, p. 8.

② Morrison D, Whitridge P, Estimating the Age and Sex of Caribou from Mandibular Measurements. *Journal of Archaeological Science*, 1997, p. 24.

③ Stiner MC, The Use of Mortality Patterns in Archaeological Studies of Hominid Predatory Adaptations. *Journal of Athropological Archaeology*, 1990, p. 9.

④ Payne S, Morphological Distinctions between the Mandibular Teeth of Young Sheep, Ovis, and Goats, Capra.

⑤ Munro ND, Epipaleolithic Subsistence Intensification in the Southern Levant: the Faunal Evidence.

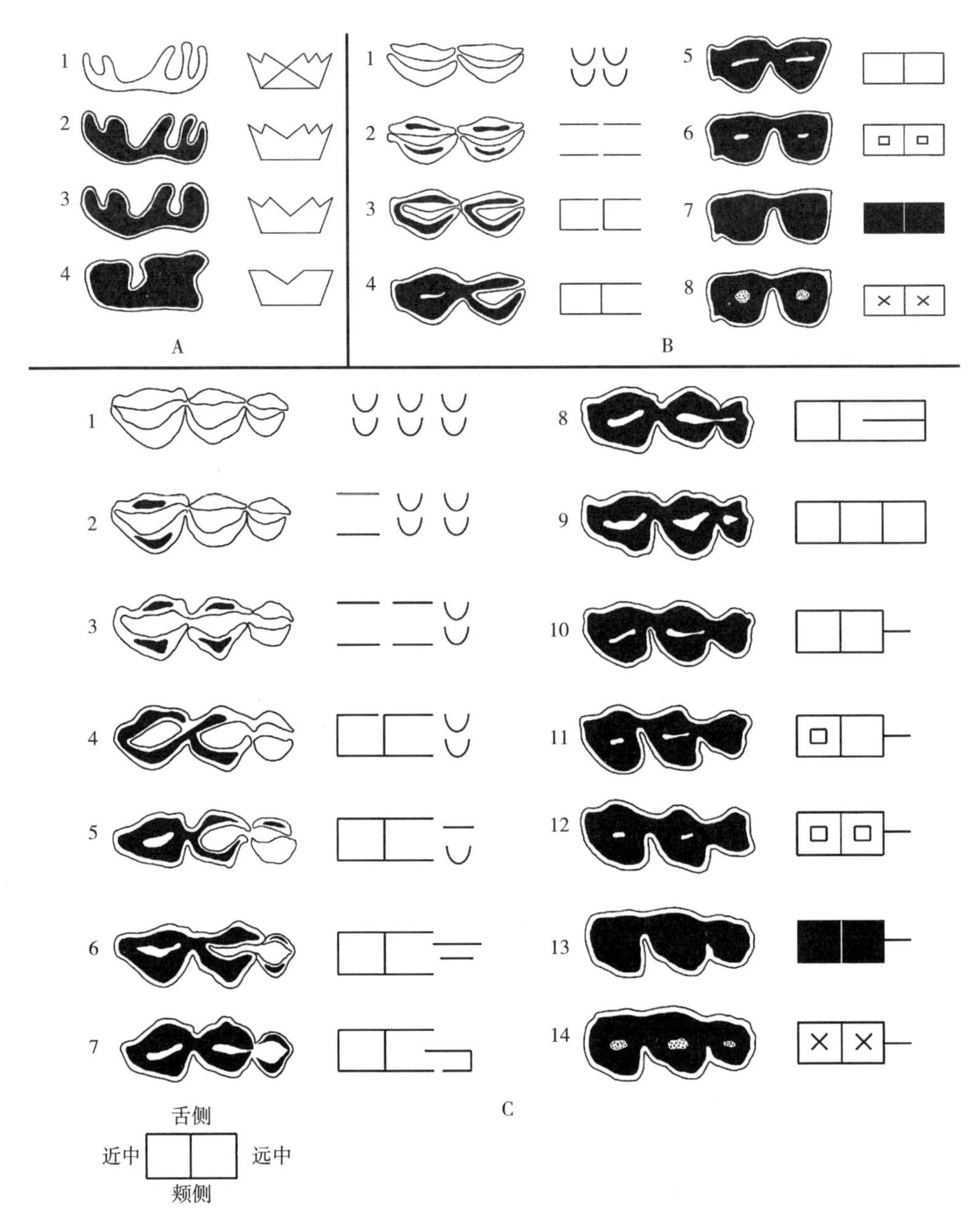

图5.1　羚羊在不同年龄阶段牙齿的磨耗状况①

A. 适用于p3和p4；B. 适用于m1和m2；C. 适用于dp4与m3

① Munro ND, Bar－Oz G, Stutz AJ, Aging Mountain Gazelle (*Gazella gazella*): Refining Methods of Tooth Eruption and Wear and Bone Fusion. *Journal of Archaeological Science*, 2009, p. 36.

表5.1）。本项研究将这些年龄等级划分进Stiner[①]的体系，主要是依据动物生命史的几次重要事件。幼年阶段指个体从出生至性成熟（即有生育能力）的年龄阶段，其上限对应于羚羊的乳齿被恒齿全部替换的年龄，即18个月；成年阶段指个体拥有频繁生殖繁育行为的年龄阶段，其上限年龄约为该种动物最长寿命的61%～65%左右[②]，即58个月左右；而老年阶段指已经基本无生殖繁育行为而逐渐走向衰老的阶段。

表5.1　羚羊类动物牙齿的磨耗等级与年龄的关系

年龄信息			磨耗等级（见图5.1）				
年龄阶段	年龄等级	年龄（月）	dp4	p4	m1	m2	m3
幼年	Ⅰ	0～3	1～5	未萌出	1～2	未萌出	未萌出
	Ⅱ	3～7	6～9	未萌出	2～3	2	未萌出
	Ⅲ	7～18	>10	未萌出	3～4	3	1～2
壮年	Ⅳ	18～36	脱落	2	4～5	3～4	3～6
	Ⅴ	36～54	脱落	3	6	4～6	7～9
老年	Ⅵ	54～96	脱落	3～4	7	6～7	10～12
	Ⅶ	96+	脱落	4	8	7～8	13～14

对于小型牛科动物而言，没有一颗牙齿是终生使用的。由于下颌齿列的dp4脱落和p4、m3的萌出几乎是同时的（但实际上m3的萌出比p4略早），所以有学者认为，只需要dp4和p4、m3就可以代表动物的一生[③]。然而，对于大多数考古遗址而言，dp4、p4和m3并不总是占有优势的，也就是说，它们经常不能代表动物群的全貌。另一个方面，对于一些处于幼年阶段最后时期的个体，未脱落的dp4和尚在齿槽中的p4和m3可能同时存在。假如它们以单个牙齿的形式出现在考古遗存中，那么就极有可能被重复统计从而增加了动物群的基数。在欧亚大陆的史前遗址中，有大量遗址的哺乳动物牙齿以单个形式出现，如果对牙齿进行有选择性的抽样研究，

---

① Stiner MC, *Honor among Thieves: A Zooarchaeological Study of Neandertal Ecology.*

② Stiner MC, *Honor among Thieves: A Zooarchaeological Study of Neandertal Ecology.*

③ Brown WAB, Chapman NG, Age Assessment of Red Deer (*Cervus elaphus*): From a Scoring Scheme Based on Radiographs of Developing Permanent Molariform Teeth. *Journal of Zoology*, 1991, p. 225.

其统计学意义会降低不少。为了尽可能地扩大样本量并减少误差，很多学者在统计时都囊括了遗址出土的所有牙齿①。在扩大样本量之后，每个研究在如何控制样本，尽量避免出现大量重复个体这一问题上的处理不同，主要都是依据样本的具体情况，或采用 NISP，或采用 MNI。

（二）马科动物的牙齿萌出顺序及齿冠高度与其年龄的关系

依据牙齿特征来判定马科动物死亡年龄有两个方面的困难，一是马科动物的第 3 和第 4 前臼齿以及第 1 和第 2 臼齿很难区分，它们的牙齿冠面大小、结构都很相似，即使在完整齿列上也很难说清它们的差别；二是马科动物的齿根直到壮年阶段末期才闭合，其冠面磨耗特征一直较稳定②。基于这两点困难，大多数研究者的做法是选择易鉴定的牙齿标本并测量其齿冠高度来估算马科动物年龄。

与小型牛科动物一样，齿冠高度与年龄的对应关系是依据对现生马科动物的研究推算出来的。一般来说，齿冠高度的测量位置如图 5.2 所示。

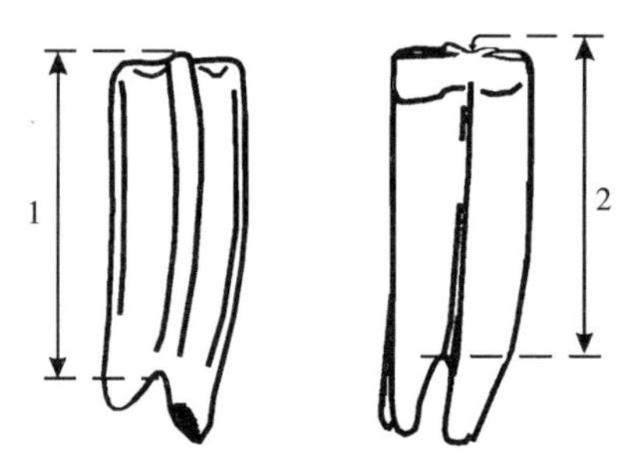

图 5.2　马科动物牙齿冠高的测量位置③（改自 Fernandez and Legendre，2003）
1. 为上颊齿测量位置；2. 为下颊齿测量位置

---

① 王晓敏：《湖北郧西白龙洞更新世大额牛 *Bos*（*Bibos*）*gaurus* 及其年龄结构研究》；李青、同号文：《周口店田园洞梅花鹿年龄结构分析》，《人类学学报》，2008 年第 2 期；Fernandez P，Guadelli J－L，Fosse P，Applying Dynamics and Comparing Life Tables for Pleistocene Equidae in Anthropic（Bau de l'Aubesier，Combe－Grenal）and Carnivore（Fouvent）contexts with Modern Feral Horse Populations（Akagera，Pryor Mountain），*Journal of Archaeological Science*，2006，p. 33；Fernandez P，Legendre S，Mortality Curves for Horses from the Middle Palaeolithic Site of Bau de l'Aubesier（Vaucluse，France）：Methodological，Palaeoethnological，and Palaeoecological Approaches. *Journal of Archaeological Science*，2003，p. 30.

② Hillson S，*Teeth*（*2nd ed*）.

③ 修改自 Fernandez P，Legendre S，Mortality Curves for Horses from the Middle Palaeolithic Site of Bau de l'Aubesier（Vaucluse，France）：Methodological，Palaeoethnological，and Palaeoecological Approaches.

早期的推算基于的是简单的年龄表①，即以齿冠高度的范围对应不同的年龄；后来 Spinage② 提出了一个线性计算公式来说明齿冠高度与年龄的关系，但在他的研究中，并未区分齿序。现在使用最多的线性回归方程针对不同齿序设计了不同的回归参数③，其计算公式为：

$$Age = a_0 + a_1 H + a_2 H^2 + a_3 H^3$$

其中，Age 为年龄（单位：年），H 为齿冠高度（单位：mm），a_0、a_1、a_2、a_3为回归参数，详值见表 5.2。

表 5.2　马科动物颊齿年龄计算的回归参数④

	a_0	a_1	a_2	a_3
上颊齿				
P2	28.290625	-1.028377	0.019429	-0.000141
P3	33.658749	-1.041913	0.015383	-0.000087
P4	40.593780	-1.318328	0.018488	-0.000096
P3~4	25.617811	-0.406405	0.001078	-0.000009
M1	35.572249	-1.064404	0.013784	-0.000066
M2	41.143669	-1.312885	0.018273	-0.000095
M3	40.634788	-1.482155	0.023170	-0.000128
M1~2	32.599580	-0.870571	0.010151	-0.000046
下颊齿				
p2	23.931106	-0.940985	0.020425	-0.000174
p3	37.758397	-1.447331	0.024167	-0.000141
p4	46.789425	-1.766535	0.027637	-0.000153
p3~4	29.285176	-0.835852	0.011519	-0.000061
m1	36.176726	-1.309214	0.020176	-0.000110
m2	36.936030	-1.236690	0.018852	-0.000105
m3	36.102387	-1.203143	0.018695	-0.000110
m1~2	32.587336	-0.927905	0.011631	-0.000056

---

① Levine MA, *Archaeo - Zoological Analysis of Some Upper Pleistocene Horse Bone Assemblages in Western Europe.* PhD Dissertation, University of Cambridge, 1979.

② Spinage CA, Age estimation of zebra. *East African Wildlife Journal*, 1972, p. 10.

③ Hillson S, *Teeth* (*2nd ed*).

④ 数据来源 Fernandez P, Legendre S, Mortality Curves for Horses from the Middle Palaeolithic Site of Bau de l'Aubesier (Vaucluse, France): Methodological, Palaeoethnological, and Palaeoecological Approaches.，其中，回归参数的决定系数及平均预测误差均未在此列出。

与小型牛科动物一样，本研究将马科动物的年龄划分进 Stiner 的三阶段年龄体系也是依据其生命史中的几次重要事件。张双权①总结了马科动物的牙齿萌出顺序、骨骺愈合的年龄及马科动物的生命史信息，提出将 4 岁作为马的幼年个体年龄上限，将 17 岁作为马的壮年个体年龄上限。这样的划分基本符合马科动物的生命史。

由于马科动物的一些牙齿在鉴定方面极易混淆，所以在面对单个牙齿时，只能选择易被辨识的标本（如第 2 乳前臼齿，第 2 前臼齿和第 3 臼齿）。在面对样本量不足的情况时，似乎也没有更好的办法来扩大样本量。但另一方面，由于乳齿较恒齿难以保存，所以如果按照前述方法选取标本，那么很可能总会得到成年个体多于幼年个体的结果（即总是壮年居优）。由于第 2 前臼齿和第 3 臼齿肯定在第 2 乳前臼齿脱落后才开始磨耗，所以在研究时将能鉴别的乳齿全部纳入研究体系，作为幼年个体的代表。

二　小型牛科动物的死亡年龄分布

于家沟遗址的小型牛科动物主要为普氏原羚，其中，能够提供其年龄信息的普氏原羚标本有两类，骨骺未愈合的肢骨标本及牙齿标本。骨骺未愈合的标本仅两件，均出自第③b 层，一件未近端骨骺未愈合的右侧胫骨残段，另一件为远端骨骺未愈合的右侧掌骨残段。这样一来，从骨骺的愈合状况来看，对于③b 层而言，至少有 2 件可鉴定的标本属于幼年个体，它们至少代表 1 个个体。但是，这对于③b 层的普氏原羚标本总量和最小个体数来说，是一个明显不足的统计量。另一方面，骨骺也没有能够提供是否存在老年个体的信息。

从牙齿的情况来看，标本量就丰富了许多。于家沟遗址普氏原羚的牙齿标本几乎发现于所有层位，但仅有第③b 层及第④层的标本量可以进行死亡年龄的研究（标本量大于 5）；单个牙齿在两个层位均有分布，但下颌标本仅发现于第③b 层（表 5. 3）。

---

① 张双权：《河南许昌灵井动物群的埋藏学研究》。

表 5.3　各层位的普氏原羚牙齿标本数量（含单个牙齿及下颌残段）

	②层	③a 层	③b 层	④层	⑤层	⑥层	⑦层
单个牙齿	2	3	55	31	1	1	2
下颌（残段）	0	1	22	0	0	0	0

依 Munro 等①对现生羚羊类的研究结果（见图5.1、表5.1）将第③b 层和第④层的单个牙齿和下颌标本分别划入 7 个年龄等级，结果如图 5.3 所示。

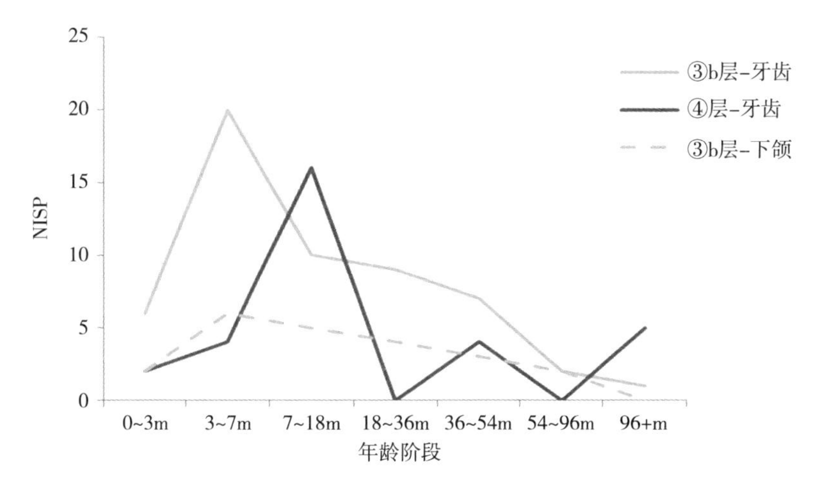

图 5.3　第③b 与第④层普氏原羚牙齿标本所反映的年龄阶段

这里我们采用 NISP 作为统计标准主要基于如下的考虑：

1. 从③b 层的下颌骨情况来看，左侧下颌骨共 9 件，右侧共 13 件。虽然它们中大多数都是残断的下颌，但从下颌骨的磨耗状况来看，残存的齿列几乎没有可以相互接续的；即使有，它们的编号差距也很大（说明它们出土的水平层差距大）。所以，我们可以认为，大多数的下颌骨都不太可能属于同一个个体。另一个方面，假如我们要采用下颌骨所代表的最小个体数来作为统计的标准，那么，就应取右侧下颌骨所代表的至少 13 个个体，显然，右侧的下颌骨所反映的年龄主要集中在 18 个月以后。但如果反观左侧下颌骨并以其作为统计的对象，那么幼年个体，特别是小于 7

① Munro ND, Bar－Oz G, Stutz AJ, Aging Mountain Gazelle (*Gazella gazella*): Refining Methods of Tooth Eruption and Wear and Bone Fusion.

个月的个体将占主导地位。于是这样一来，基于最小个体数的年龄统计将无法反应标本的全貌。

2. 从③b 层的单个牙齿情况来看，右侧 p4 和右侧 M3 同时代表了不同侧的不同齿序的最大值 3，也就是说，成年个体的最小个体数是 3。而从幼年个体的情况来看，最小个体数（则右侧 DP3 代表）则仅为 1。这种统计的结果也与大量轻度磨耗和未磨耗单个牙齿存在的这一基本观察相矛盾。同样地，第④层的牙齿也反映了同样的情况。

但是，不可否认，采用 NISP 作为基数不可避免地会遇到重复统计的情况，而且参与统计的数量越大，某一种优势继续增长的可能性就越大。以第③b 层单个牙齿和下颌骨所反映的年龄统计结果为例（图 5. 4），从线性趋势预测结果来看，虽然两种统计所得到的年龄分布大体一致，但以单个牙齿为基数的斜率明显大于以下颌骨为基数的统计，也就是说，以单个牙齿为基数的统计可能夸大了年龄结构的分布。

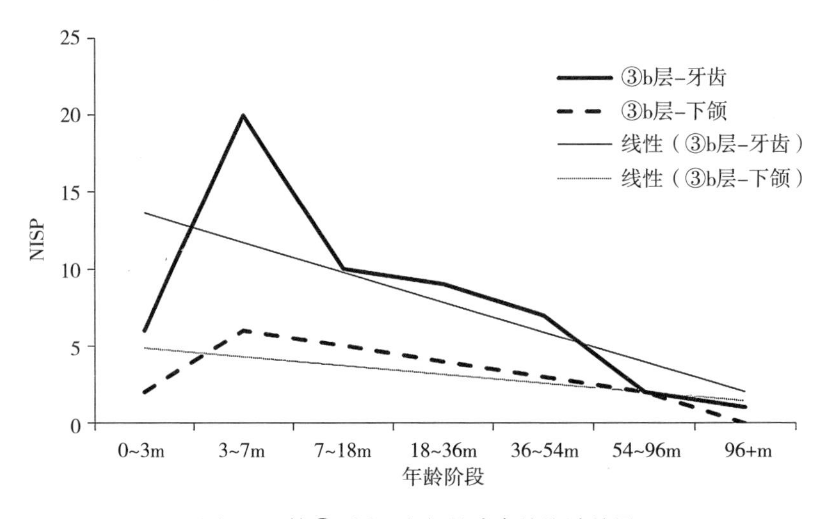

图 5. 4　第③b 层死亡年龄分布的统计差异

总体来说，依据 NISP 的统计结果说明了于家沟遗址普氏原羚死亡年龄分布的趋势，但并不意味着我们真正获取了处于这 7 个年龄等级的个体数量。从各个年龄等级统计的趋势结果来看，第③b 层的普氏原羚死亡年龄集中在 3 ~ 18 个月，其中，3 ~ 7 个月的个体最多。第④层的普氏原羚死亡年龄同样集中在 3 ~ 18 个月，但其中，7 ~ 18 个月的个体更具优势。进一步地，为了能与其他粗略划分年龄等级的动物对比，将 7 个年龄等级划入 Stiner 的三个年龄阶段，其所代表的趋势则更反映出未成年个体的优势性（表 5. 4）。

表 5.4　第③b 与第④层的普氏原羚死亡年龄分布

年龄 \ NISP \ 层	③b 层		④层
	牙齿 NISP	下颌 NISP	牙齿 NISP
幼年	36	13	22
壮年	16	7	4
老年	3	2	5

三　马科动物的死亡年龄分布

在于家沟遗址，并未发现骨骺未愈合的马科动物长骨。而在牙齿方面，与研究普氏原羚死亡年龄时选取样本的出发点不同，由于马科动物牙齿不易辨识齿序，所以只能选取可以辨识齿序的标本来推算其死亡年龄。该遗址内，仅发现 4 件不完整的下颌齿列标本，且均带有 p2，其他都为单个牙齿标本。如此，便将这四个下颌标本上的 p2 纳入单个牙齿的统计中。在于家沟遗址，可以辨识的单个牙齿有 DP2、P2、M3、p2 和 m3，它们在各层的出现情况如表 5.5 所示。

表 5.5　马科动物可鉴定单个牙齿在各层的分布

	②层	③a 层	③b 层	④层	⑤层	⑥层	⑦层
DP2	–	–	5	6	–	–	–
P2	–	–	5	2	–	–	–
M3	–	2	7	15	1	1	1
p2	–	–	3	10	–	–	2
m3	–	–	6	6	1	–	–
总计	–	2	26	39	2	1	3

与普氏原羚的情况一样，仅在第③b 层和第④层有足够的马科动物牙齿的样本可以进行分析。根据前面介绍的回归方程，通过测量这些牙齿的齿冠高度，计算出各个牙齿所代表的年龄，并将不同年龄划入前述的年龄阶段（表 5.6）与小型牛科动物的死亡年龄结果相似，马科动物在第③b 层和第④层的死亡年龄也集中在幼年，不同的是，在第③b 层，幼年个体与壮年个体的 NISP 相差悬殊，而在第④层，幼年个体的 NISP 仅比壮年个体多一例。

表 5.6　马科动物各年龄阶段的 NISP

	③b 层 NISP	④层 NISP
幼年	17	20
壮年	3	19
老年	6	0

前面也提到了，以 NISP 作为基数来统计，极可能出现重复统计的结果；但如果以最小个体数来统计，一方面使得样本量过小，另一方面也可能由于多次的选择排除而使统计结果具有偏向性。重新筛查这 65 颗牙齿的水平层位和牙齿位置（含左右侧）发现，编号相近的同侧异序牙齿很少，说明这些牙齿属于同一个个体的可能性很小，以至于可以忽略③b 层的幼年和成年个体的差异，因为 17 颗幼年的牙齿至少能代表 2 个以上的个体。但是，对于第④层而言，幼年个体与成年个体的差异就不那么显著了，它们中只要有属于同一个体的牙齿存在，就会很大地影响统计趋势的结果。所以，在之后对第④层马科动物死亡年龄进行解释和比较时，需小心谨慎。

四　其他动物的死亡年龄状况

除了小型牛科动物和马科动物以外，于家沟遗址其他类别动物的遗存很少能达到足够提供年龄信息的样本量。对于大型牛科动物而言，仅在第⑤层发现两枚上臼齿，它们的磨耗程度很低，应皆属于壮年个体；在第⑦层发现四枚牙齿，1 枚为尚未磨耗的右 m3，应属幼年个体，另 3 枚为轻度磨耗的前臼齿或臼齿，属壮年个体。大型鹿类牙齿仅在第④层有发现，其中，代表幼年个体的有 1 枚乳齿及 1 枚未磨耗的 p3，代表壮年个体的有 1 枚轻度磨耗的上臼齿，代表老年个体的有 1 枚磨耗严重的右 m3。

五　动物死亡年龄的三角图分析

前面提到，Stiner 提出，可以依动物的生命史将其年龄分为幼年、壮年和老年三个阶段①；Munro 也提到，对于旧石器时代晚期的遗址，如果研究者需要识别狩猎的

① Stiner MC, The Use of Mortality Patterns in Archaeological Studies of Hominid Predatory Adaptations. Stiner MC, *Honor among Thieves*: *A Zooarchaeological Study of Neandertal Ecology*.

偏好和压力，应该将幼年个体与成年个体区分开来，在研究材料允许的情况下，也应将老年个体识别出来①。在这种年龄阶段划分的基础之上，Stiner 提出应该使用三角图来反映三个年龄阶段在动物群中的比例关系（图 5. 5）②。她将 Caughley③ 依据现

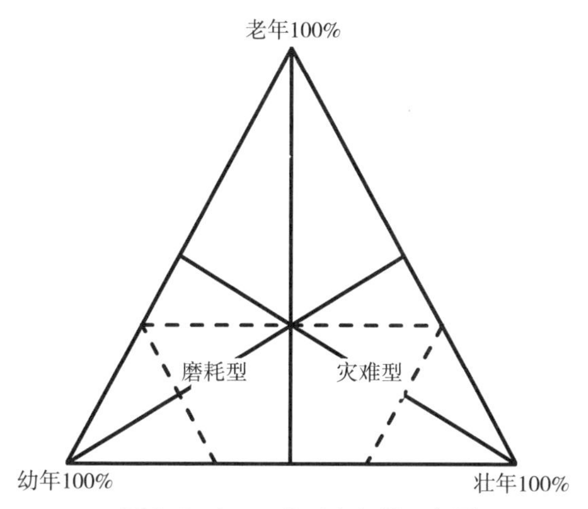

图 5. 5　Stiner 的死亡年龄三角图

代生态学观察而创立的灾难型和磨耗型死亡年龄分布纳入她的三角图之中，并直观地将三角图中的其他区域按照年龄构成称为老年居优，幼年居优和壮年居优。张乐④对这几种死亡模式的详细涵义进行了阐释，概括来讲，灾难型分布与动物的灾难性死亡及捕食者的潜伏式狩猎有关；磨耗型分布与动物自然死亡及捕食者的远距离追击狩猎相关；壮年居优型与捕猎者的选择性潜伏式狩猎有关。Stiner 在研究地中海沿岸旧石器时代晚期遗址时发现，壮年居优型的出现频率很高，她认为这与动物资源相对减少，古人类倾向获取脂肪较多的成年个体以满足群体的需求相关⑤。这一分析方法直到今天仍被广泛利用，但也存在很多争议。一方面，一些学者认为 Stiner 在将磨耗型和灾难型分布放入三角图时，并未考虑不同种类动物的差异，在将 Caughghley

---

① Munro ND, *A Prelude to Agriculture: Game Use and Occupation Intensity in the Natufian Period of the Southern Levant.*

② Stiner MC, The Use of Mortality Patterns in Archaeological Studies of Hominid Predatory Adaptations. Stiner MC, *Honor among Thieves: A Zooarchaeological Study of Neandertal Ecology.*

③ Caughley G, Mortality Patterns in Mammals. *Ecology*, 1966, p. 47.

④ 张乐：《马鞍山遗址古人类行为的动物考古学研究》。

⑤ Stiner MC, *Honor among Thieves: A Zooarchaeological Study of Neandertal Ecology.*

的直方图放入三角图时也有一些统计和计算的错误，所以后来有不少研究都依据自身的研究材料对三角图进行了修正①。另一方面，有些研究不加思考地就将所有壮年居优的分析结果与狩猎偏好对应起来，而不考虑埋藏过程可能带来的偏差。动物遗存在沉积作用的过程中会经历很多的埋藏过程，最简单的堆积物挤压都可能造成相对脆弱的幼年和老年个体遗存的流失②。在一些人类活动证据明显不足的遗址中，壮年居优型的死亡年龄结构也经常出现③。

在研究于家沟遗址出土动物的死亡年龄之前，本项研究并没有获取其最近现生动物在自然界中的死亡模式，所以很难根据现生居群的状况来调整三角图内各模式的比例。这里，我们不妨先将于家沟的材料放入 Stiner 的模型，并与欧洲及美洲的一些旧石器时代晚期及全新世早期的遗址作对比；不以其死亡年龄分布落入的具体模型来机械地解释狩猎的方式，而只是来看看于家沟遗址自身的特点，并分析它与其他遗址的不同。

图 5.6 显示了于家沟遗址第③b 和第④层的小型牛科动物、马科动物及大型鹿科动物的死亡年龄在三角图中的分布。很明显，大多数年龄分布结果都落入 Stiner 模型中的磨耗型，也就是说，这种死亡年龄的分布可能与自然状态下动物群的死亡相关。假如我们机械地按照 Stiner 的模型来解释这种死亡年龄结构，那么，造成这种结果的动因就很可能使拥有石矛头和细石叶工具的狩猎者成为食腐者。将于家沟死亡年龄分布的结果与欧洲、美洲及中国南方的一些旧石器时代晚期到新石器时代早期的遗址进行对比，我们发现，它们的范围几乎没有重合（图 5.7）。

---

① 如 Discamps E，Costamagno S，Improving Mortality Profile Analysis in Zooarchaeology：a Revised Zoning for Ternary Diagrams. *Journal of Archaeological Science*，2015，p. 58；Weaver TD，Boyko RH，Steele TE，Cross – Platform Program for Likelihood – Based Statistical Comparisons of Mortality Profiles on A Triangular Graph. *Journal of Archaeological Science*，2011，p. 38；Steele TE，Weaver TD，The Modified Triangular Graph：A Refined Method for Comparing Mortality Profiles in Archaeological Samples. *Journal of Archaeological Science*，2002，p. 29；Costamagno S，Exploitation de l'antilope saïga au Magdalenien en Aquitaine. *Paleo*，2001，p. 13；Munson PJ，Age – Correlated Differential Destruction of Bones and Its Effect on Archaeological Mortality Profiles of Domestic Sheep and Goats. *Journal of Archaeological Science*，2000，p. 27.

② Lyman RL，*Vertebrate Taphonomy.*

③ Kahlke RD，Gaudzinski S，The Blessing of a Great Flood：Differentiation of Mortality Patterns in the Large Mammal Record of the Lower Pleistocene Fluvial Site of Untermassfeld（Germany）and its Relevance for the Interpretation of Faunal Assemblages from Archaeological Sites. *Journal of Archaeological Science*，2005，p. 32.

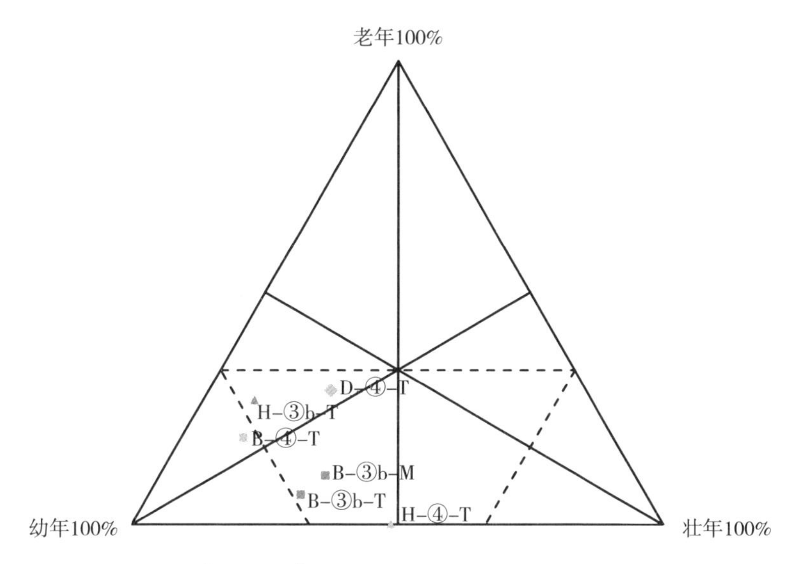

图 5.6　第③b 和第④层普氏原羚与普氏野马的死亡年龄分布
H. 马类；B. 小型牛科动物；M. 下颌骨；T. 单个牙齿

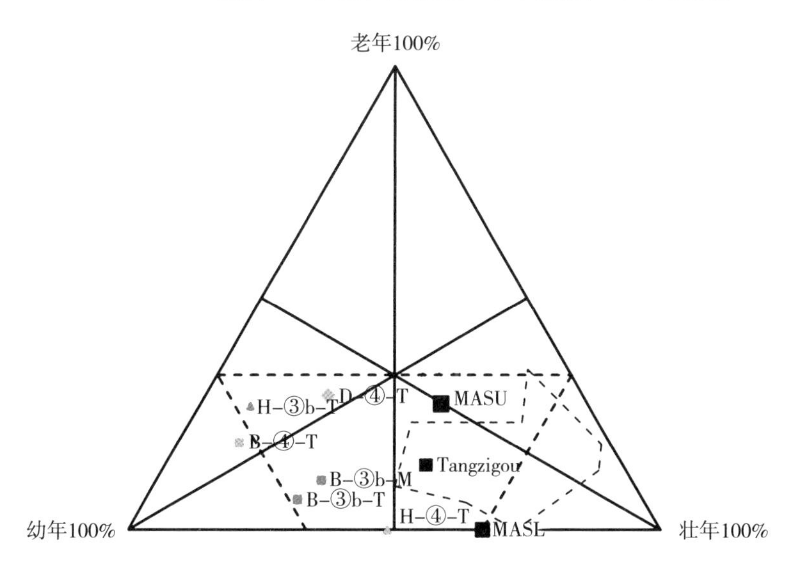

图 5.7　于家沟动物死亡年龄分布与欧洲、美洲及中国南方遗址的比较①
MASU. 马鞍山上文化层，MASL. 马鞍山下文化层，Tangzigou. 塘子沟遗址；虚线为欧洲、美洲旧石器晚期与新石器早期代表性遗址的死亡年龄分布范围

① 数据来自张乐：《马鞍山遗址古人类行为的动物考古学研究》，Jin J，*Zooarchaeological and Taphonomic Analysis of the Faunal Assemblage from Tangzigou，Southwestern，China.* Blasco R，Fernandez Peris J，A Uniquely Broad Spectrum Diet during the Middle Pleistocene at Bolomor Cave（Valencia，Spain）.

但是，必须指出的是，在Stiner的模型中，除了老年居优型之外，其他所有死亡模型的老年个体比例都在30%之下，即使在其所谓的磨耗型中，更多的是在强调幼年个体的优势。比如，对于第④层的马科动物死亡年龄来讲，在老年个体缺失的情况下，幼年个体仅比成年个体多3%左右，但其数据仍落入磨耗型。在这种困惑的引导下，我们应该回到年龄结构的数据本身。

Munro① 依据Levant地区的羚羊年龄结构研究提出，在一个与旧石器晚期人类活动相关的死亡动物群中，如果幼年个体的比例超过30%，则可以认为这个人群可能遭受着某种食物资源的压力而加强了对自然动物群的开发。对于于家沟遗址而言，几乎所有年龄分布中的幼年个体都占50%以上。在小型牛科动物中，从第④层到第③b层，幼年个体比例呈下降趋势，但其壮年个体比例呈上升趋势；而马科动物从第④层到第③b层则呈现幼年个体增多的趋势。前面也提到过，由于统计的基数是NISP，第④层马科动物的年龄比例计算应该存在偏差，幼年个体和成年个体的比值差异应该更小。加之与马科动物在整个动物群中的比例相比，小型牛科动物遗存在整个于家沟遗址中的比例占绝对的优势，所以，我们可以回到年龄结构较为清晰的小型牛科动物，来分析其在幼年的每个阶段及成年的每个阶段年龄构成的差异。

六　小型牛科动物死亡年龄的直方图分析

除了利用三角图来表现死亡年龄的三个阶段之外，Stiner等②在研究安纳托利亚地区距今1万年左右（8200～9000 cal BC）的Aşıklı Höyük遗址的绵羊遗存时，采取了直方图的形式来表现不同年龄阶段的比例差异（图5.8）。她之所以可以这样做，是因为该遗址绵羊的dp4很多，采用dp4的MNE（即不区分左右）作为统计的基数不必担心样本量过少的问题。

---

① Munro ND, *A Prelude to Agriculture: Game Use and Occupation Intensity in the Natufian Period of the Southern Levant.*

② Stiner MC, Buitenhuis H, Duru G, et al., A Forager – Herder Trade – Off, from Broad – Spectrum Hunting to Sheep Management at Aşıklı Höyük, Turkey.

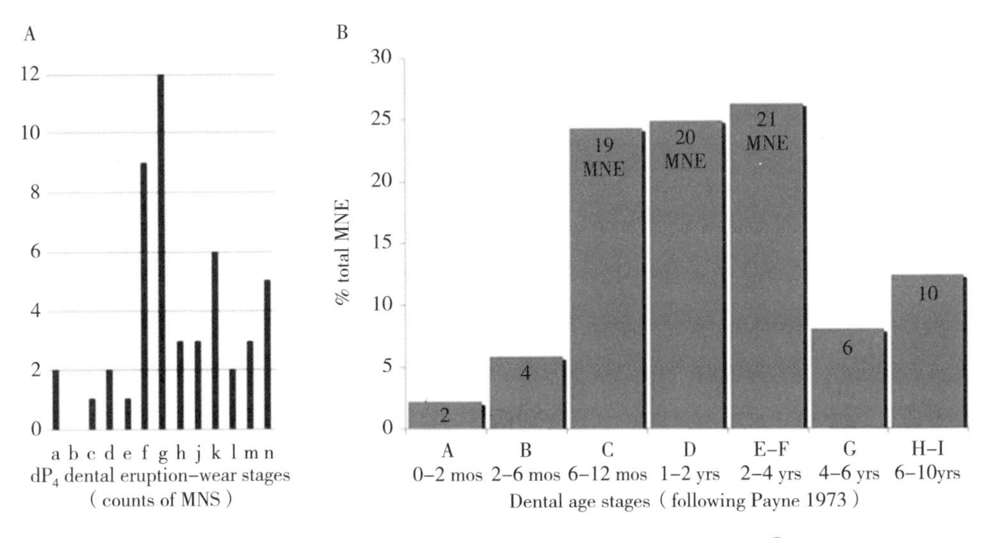

图 5.8　土耳其 Aşıklı Höyük 遗址的绵羊死亡年龄结构①

在这项研究中她发现，在牙齿所反映的死亡年龄方面，1 岁半左右的绵羊占绝对的优势；在骨骺愈合情况所反映的死亡年龄方面，12 个月以下的绵羊占绝对优势，加之该遗存中雌性个体居多，于是她推测，这应该与古人类对绵羊资源的管理行为相关，可能是对动物进行野生散养而进一步畜养的萌芽。

针对于家沟遗址而言，有足够的数据量可以进行 7 个阶段年龄划分的样本只有小型牛科动物，但与 Stiner 的研究相比，该遗址又缺乏足够的标本来以 MNE 作为统计基数。所以我们在此，只能依据 Munro 等②对现生羚羊的研究结果对遗址所有牙齿标本（即 NISP）进行年龄阶段的划分（图 5.9）。

第③b 层的下颌骨标本提供了比例可靠的年龄数据，可以与 Stiner 的研究结果进行对比。于家沟第③b 层的小型牛科动物年龄集中在 3 ~ 18 个月，其次为 18 ~ 36 个月，即 1 岁左右的幼年个体最多，2 ~ 3 岁次之，两者的优势比例相差较多。而 Aşıklı Höyük 遗址却反映出 2 ~ 4 岁的标本最多，而 1 ~ 2 岁次之的结果，但是两者的优势比例相差并不多。这种结果提供给我们一个有趣的启示，即在于家沟生存的拥有完备

① Stiner MC, Buitenhuis H, Duru G, et al., A Forager - Herder Trade - Off, from Broad - Spectrum Hunting to Sheep Management at Aşıklı Höyük, Turkey.

② Munro ND, Bar - Oz G, Stutz AJ, Aging Mountain Gazelle (*Gazella gazella*): Refining Methods of Tooth Eruption and Wear and Bone Fusion.

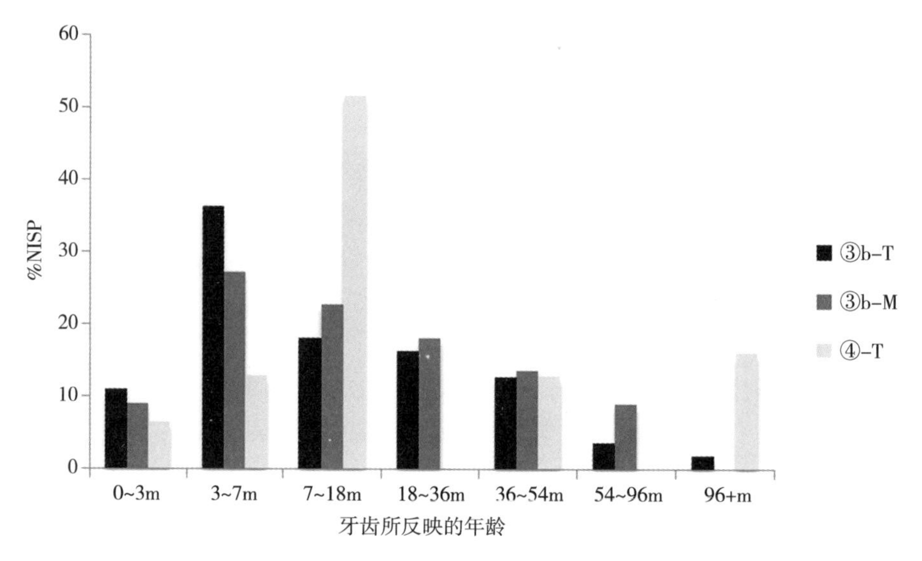

图 5.9 遗址第③b 和第④层的小型牛科动物死亡年龄直方图

狩猎工具的古人类可能已经开始对羚羊类动物的幼年个体进行了管理。这种简单管理的结果导致于家沟羚羊的死亡年龄与自然居群存在很大差异，幼年个体异常居优，应该是短时间内管理积累再一次性扑杀的结果。

羚羊类动物并不像牛、羊等牛科动物一样，它们并没有成为我们今天畜养的主要动物。从羚羊的生态行为特征来看（见第三章），它们非常地警觉，跳跃和奔跑能力都非常地强，与野生的绵羊和山羊相比，如果不在繁育或迁徙的季节，它们也很少结成大群，所以也很少有固定的头领（在迁徙季节可能有头羚）。这样一类特性的动物其幼年个体可能可以被牵养，但成年个体逃跑的可能性很大，特别是当管理它们的人群流动性较大时。另一方面，前面也谈到，于家沟遗址第③b 层生活的古人类可能因为气候的变化面临较大的生存压力，在消费完成年个体之后，对幼年个体进行短暂的圈禁而作为狩猎成果不佳时的补充，这也可能是他们应对资源短缺的一个重要方式。

比较于家沟第④层和第③层的数据，第④层的年龄更集中在 3 ~ 7 个月，而第③层则在 7 ~ 18 个月出现峰值。然而，这并不能说明更早的古人类对幼年个体的管理能力更强，因为第④层的老年个体明显较多，该层与第③b 层的年龄构成差异较大。由于羚羊类动物在 18 个月左右已经接近性成熟，其个体大小与成年个体几乎无异，而第④层的年龄判定全部是依靠牙齿，所以，该层的年龄结果很可能只是反映一个正常的狩猎羚羊群体的状态，而并不像第③b层一样表现出对幼年个体的青睐。

在现阶段，依照死亡年龄结构而提出的幼年个体管理还只是一个假设，其证据的不足体现在如下两个方面：

一是死亡年龄研究材料问题。前面已经反复提到，由于样本量的不足，本文的研究是建立在NISP的基础之上的，这种将所有能判定年龄的标本放入统计体系的做法很可能夸大了某一部分的优势。但也应该强调，这种优势确实是存在的。

二是性别判定材料的缺乏。假如人类开始畜养一类动物，他们不仅会从野生群体中挑选幼年个体，同时也会挑选并保留雌性个体，这样才能保证畜养过程中的繁衍。虽然对于羚羊类动物而言，只有雄性个体有角，但于家沟遗址的标本过于破碎而使得没有足够的样本量来估计雄性个体在总体数量中所占的比例（羚羊类动物的MNI基本是由角心标本确定的），所以对羚羊类群的性别信息也无从知晓。

将死亡年龄的结果放入直方图中之后，年龄阶段的划分更为细致从而帮助我们识别了可能存在的幼年个体管理现象，这在三角图中是无法显示的，特别当我们采用Stiner的原始模型时，我们会因为年龄落入磨耗型而感到困惑。在面对不同时段的材料时，动物考古学家即使研究同一种动物的死亡年龄也应该采用不同的视角①。这一点结果启示我们，在今后的研究中，要慎用各种依据当地考古材料建立起来的模型，而应从研究材料本身出发来说明研究结果和存在的问题。

第二节　动物的死亡季节信息

动物遗存经常能被用以指示古人类对遗址的季节性占据信息②。这是由于许多动物的生命史以及它们的行为和生理都受到自然因素的影响，这些自然因素可能是温

---

① Wang XM, Guan Y, Cai HY, et al., Diet Breadth and Mortality Pattern from Laoya Cave: A Primary Profile of MIS 3/2 Hunting Strategies in the Yunnan – Guizhou Plateau, Southwest China. *Science China Earth Sciences*, 2016, p. 59; Discamps E, Costamagno S, Improving Mortality Profile Analysis in Zooarchaeology: a Revised Zoning for Ternary Diagrams.

② Carter RJ, Reassessment of Seasonality at the Early Mesolithic Site of Star Carr, Yorkshire Based on Radiographs of Mandibular Tooth Development in Red Deer (*Cervus elaphus*). *Journal of Archaeological Science*, 1998, p. 25.

度、水分、植物、光照和降水等等，它们均是随季节改变的。对遗址沉积物的年代学研究提供了古人类在“年”这个度量单位以上的活动信息；而动物的死亡季节研究则能提供更为详细的考古动物群的生态数据，在年的尺度内反映古人类的季节性活动信息。Guillien 和 Henri – Martin① 是动物死亡季节研究的先驱，而后，近 40 多年的时间里，有大量的动物考古学研究工作将季节信息作为解释遗址动物遗存堆积和人类狩猎行为关系的重要手段②。

一　动物死亡季节的研究方法

动物死亡季节的研究方法可以分为宏观方法和微观方法；宏观方法主要基于动物的死亡年龄信息及生态学信息；微观方法主要针对哺乳动物的牙齿磨痕。

对于哺乳动物，特别是有蹄类动物来说，群体的生殖和繁育经常稳定在一年中的固定月份。一般情况下，获取了动物的死亡年龄信息，就可以对其生命史进行推演；也就是根据其出生月份对其死亡月份进行推算。于是，群体中所有动物死亡月份最集中的季节就可以被推测为动物群的死亡季节，即古人类获取动物的可能季节。而假如动物的死亡年龄平均分布在各个月份，那么古人类在该地获取动物的行为可能是全年性的③。另外，对于一些季节迁徙行为较突出的动物（如候鸟、鳟鱼等），则可以根据其出现在特定地区的季节对应信息来恢复遗址的占据季节④。

---

① Guillien Y, Henri – Martin G, Croissance du renne et saison de chasse: Le Moustérien à denticulés et le Moustérien de tradition acheuléenne de La Quina. *Inter Nord*, 1974, p. 13.

② 如，Friesen TM, Stewart A, To Freeze or to Dry: Seasonal Variability in Caribou Processing and Storage in the Barrenlands of Northern Canada. Adler DS, Bar – Oz G, Seasonal Patterns of Prey Acquisition and Inter – group Competition During the Middle and Upper Palaeolithic of the Southern Caucasus. *Journal of Crustacean Biology*, 2009, 12 (4); Rivals F, Moncel M – H, Patou – Mathis M, Seasonality and Intra – Site Variation of Neanderthal Occupations in the Middle Palaeolithic Locality of Payre (Ardeche, France) Using Dental Wear Analyses. *Journal of Archaeological Science*, 2009, p. 36.

③ Reitz EJ, Quitmyer IR, Thomas DH, et al., Seasonality and Human Mobility along the Georgia Bight. *Anthropological Papers of the American Museum of Natural History*, 2012.

④ Uchiyama J, Seasonality and Age Structure in An Archaeological Assemblage of Sika Deer (*Cervus nippon*). *International Journal of Osteoarchaeology*, 1999, p. 9.

牙齿磨痕（dental wear，指牙釉质表面的因长期摄取特定的食物而产生的痕迹，注意这一概念与有蹄类动物牙齿冠面的磨耗不同）的研究主要指对有蹄类动物牙齿中痕（mesowear）和微痕（microwear）的分析。这两种方法被使用的初衷原本是为了恢复一些绝灭动物的食性特征，而 Rivals 等①的分析研究表明在考古遗址中，可以将主要动物的牙齿磨痕所反映的食性特征与古环境信息结合起来，借以说明古人类在不同季节对遗址的占据强度。

但是，从现阶段来看，依据牙齿磨痕来推断动物的食性及其死亡季节需要大量的镜下观察和统计，其统计结果的对比也需要其最相近现生种动物的牙齿磨痕统计结果。这需要投入大量的精力并积累相关的数据。大多数动物考古学的研究还是使用相对较宏观的方法，如动物的死亡年龄及其生态信息来恢复动物的死亡季节。

值得注意的是，在使用动物的死亡年龄来推演死亡季节时，最可靠的数据来自未成年个体的下颌骨，这是由于 1. 相对完整的下颌骨可以提供较为确切的个体死亡年龄信息；2. 未成年个体的死亡一般发生在距其出生月份相对较短的时间里，其死亡的可能月份并没有覆盖一整年的全部 12 个月。

二 古人类狩猎羚羊类动物的季节性

于家沟遗址可供进行死亡季节研究的材料仅有第③b 层出土的羚羊下颌。根据下颌所反映的年龄信息和羚羊类动物的生命史（即一般出生在 7 月左右），可以得到以下的死亡季节分布图（表 5. 7）。该表能够反映的死亡年龄信息有限（7 ~ 18 个月的死亡年龄信息即覆盖了全年，无法揭示季节），因为死亡年龄在 3 个月以下的个体仅 2 件，3 ~ 7 个月的个体仅 6 件，但我们还是可以从这 8 件标本中总结一个季节规律，即狩猎发生的最可能月份在 10 月左右。但是，前面也提到了，古人类对幼年个体可能存在短暂的管理，所以对群体进行狩猎的月份可能还要相应地提前。总体来说，

---

① Rivals F, Moncel M - H, Patou - Mathis M, Seasonality and Intra - Site Variation of Neanderthal Occupations in the Middle Palaeolithic Locality of Payre (Ardeche, France) Using Dental Wear Analyses. Rivals F, Schulz E, Kaiser TM, A New Application of Dental Wear Analyses: Estimation of Duration of Hominid Occupations in Archaeological Localities. *Journal of Human Evolution*, 2009, p. 56.

表 5.7　第③b 层羚羊类动物的死亡季节

月份												死亡年龄信息	下颌保存状况
						出生							
1	2	3	4	5	6	7	8	9	10	11	12		
												0～3 m	dp3 – m1
												3 m	dp3 – dp4
												3～7 m	dp3 – m1
												3～7 m	dp3 – m2
												3～7 m	dp4 – m1
												3～7 m	dp3 – m2
												3～7 m	dp4 – m1
												3～7 m	m1 – 2
												7～18 m	dp4 – m1
												7～18 m	m2 – 3
												7～18 m	m1 – 3
												7～18 m	m3
												7～18 m	m1 – m3

狩猎行为很有可能发生在秋季。

依据蒋志刚①对现代普氏原羚行为的研究，其群体规模从秋季起逐渐达到最大（图5.10）。在每年的这个时间段，若干普氏原羚的母子群和单身群会汇集到一起，整个群体进入繁育和准备迁徙的阶段。在这个阶段，群体的规模达到最大，警惕性也有所下降。古人类若在此时进行狩猎，其获取个体的成功率更高，同时也更易获得刚刚生长不久的幼年个体。

同样地，于家沟遗址狩猎季节的信息受制于样本的规模，其结果的代表性还需要更多证据支持。

---

① 蒋志刚：《中国普氏原羚》。

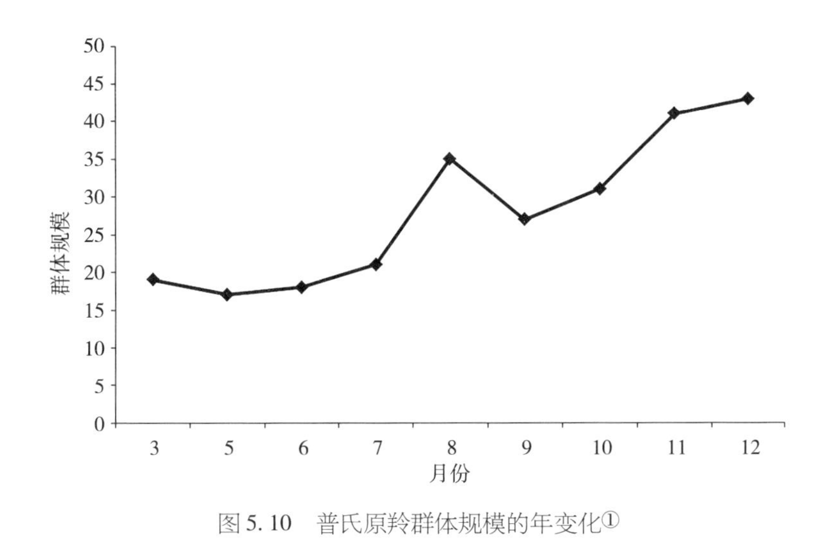

图 5.10　普氏原羚群体规模的年变化①

第三节　小　结

由于牙齿既是埋藏过程中最不容易流失的动物遗存，也是反映动物年龄的最直接证据，所以，以牙齿为对象进行考古遗址动物死亡年龄的研究一直以来都是热点。但是，就像其他所有动物考古学的分支领域一样，死亡年龄的研究总会受制于埋藏环境的影响和统计方法的使用。在研究于家沟遗址的材料时，面对低鉴定率的大量动物遗存，我们虽然想要识别每个层位、每种动物的死亡年龄和季节，但却仍觉心有余而材料不足。针对遗址的测年结果和人工遗存、动物遗存在地层中的分布，结合以上的初步年龄分析结果，可以发现，在整个遗址的堆积中，第③b 层和第④层的小型牛科动物及马科动物的死亡年龄最具代表性。

从小型牛科动物的牙齿及下颌年龄数据来看，幼年个体所占的比例很高，随着时间的推移，近成年的幼年个体比例减少，3 ~ 7 个月的幼年个体增多。由于我们缺乏对于家沟遗址或其他相关遗址更早的小型牛科动物死亡年龄结构的认识，所以现阶段并不清楚这种对幼年个体的偏爱到底是不是一种稳定的狩猎策略。于家沟遗址与中国南方和欧美旧石器时代晚期遗址相比，呈现了截然不同的面貌，这表明在于

① 依蒋志刚：《中国普氏原羚》修改。

家沟遗址生活的古人类可能由于生存环境的不同对猎物有不同的选择。

Munro① 在研究地中海地区 Natufian 时期的动物遗存时发现，在 Natufian 之前，羚羊的死亡结构呈壮年居优型，从 Natufian 的早期到晚期，幼年羚羊的比例急剧上升，达到30% ~50%。她认为这是由于古人类面临食物资源的压力，从而不仅仅满足于脂肪较多的成年个体，而转向狩猎幼年个体作为补充。Natufian 的年代较于家沟遗址稍晚，其文化面貌较于家沟遗址复杂，可能已经出现了一些驯养的证据，如对犬类的饲养②。该遗址动物遗存面貌与于家沟遗址最大的区别的在于大量龟类遗存的发现。Munro 之所以将幼年个体的增多归因于食物资源的压力，是由于在龟类遗存上也同样发现了资源强化利用，即强化对幼年个体开发的策略。这与肉食广谱革命的观点不谋而合。

在于家沟遗址，我们并没有发现对小型动物（如龟、兔、鸟等等）开发的趋势，从动物的死亡年龄结构来看，仅有幼年个体增多这一项可以被认为是加强对特定资源深度开发的证据。但是，对动物死亡季节的研究给了我们另一个信息，那就是于家沟遗址的狩猎很可能是一种季节性的行为，而且可能集中在秋季，也就是羚羊群体达到最大的季节。于家沟的古人类很可能已经认识到羚羊群体的生活和迁徙规律，在群体规模最大时开展狩猎活动，并有意识地俘获一些容易圈禁的幼年个体，以充当其越过冬季的食物补充。

---

① Munro ND, *A Prelude to Agriculture: Game Use and Occupation Intensity in the Natufian Period of the Southern Levant.*

② Pionnier - Capitan M, Bemilli C, Bodu P, et al. New Evidence for Upper Palaeolithic Small Domestic Dogs in South - Western Europe. *Journal of Archaeological Science*, 2011, p. 38; Davis SJ, Why Domesticate Food Animals? Some Zooarchaeological Evidence from the Levant. *Journal of Archaeological Science*, 2005, p. 32.

第六章 “碎骨”所反映的古人类获取资源的行为

史前遗址经常出土大量与古人类相关的动物遗存，它们中有少量被加工为骨质器具或装饰品，其他大部分则是人类消费动物资源残留的遗骸。以往，研究者对动物残骸的关注点集中在可鉴定到种属或部位的标本、骨骼表面特殊的痕迹以及骨骼可能反映的动物死亡年龄和季节。但除此以外，仍有数以百计，甚至千万计的破碎骨骼令研究者束手无策。在实际发掘和整理研究的过程中，计无所出的研究者会将这类动物骨骼笼统地称为“碎骨”。大量“碎骨”与人工制品、生活遗迹共生的现象在旧石器遗址中很常见，这带来了至少两方面的问题和启示：第一，这些“碎骨”对全面理解古人类的生存策略很重要，在发掘与整理过程中，这些“碎骨”也应该分单位采集并分析；第二，单纯的动物属种及部位鉴定、年龄研究等手段对这些“碎骨”不适用，研究者应另寻思路。

动物考古学研究经常讨论生物量及动物肉量产出这两个概念，以期丰富对古人类食谱的认识，各类的鉴定以及年龄研究都是为了能了解古人类的食谱中有怎样的动物、古人类何时捕猎这些动物以及古人类怎样加工处理这些猎物[①]。显然，食谱的广度和深度并不总是一成不变，动物所能提供的营养也多种多样，研究者的目光不应局限于猎物的品种和肉量。其实，很早便有研究者关注到人类对动物油脂的开发，一系列研究表明考古遗址中发现的“碎骨”很可能是古人类开发动物骨骼

---

① Reitz EJ, Wing ES, *Zooarchaeology* (*2nd ed*).

内油脂（with－in bone fat）的产物①。

第一节　骨油的开发与利用

现在的动物考古学研究主要遵从两个经验：一是骨骼量化及埋藏学分析②；另一类是利用民族学的观察来界定人类的营养需要和生存策略，以推演的方式来设计具体的研究③。无论哪种经验都需要以周围资源环境的波动和人群所需要的营养为前提进行考量。

中高纬度地区气候的波动会引发本地资源状况的变化。大尺度的气候波动可能导致本地资源构成的根本改变，而小尺度的气候波动，如年波动和季节波动，则可能引发本地资源的短缺④。传统资源的不足必然引发周而复始的营养压力，为了缓解这种压力人们可能会开发新的领地或者利用新的资源。一些动物

---

① Karr LP, Short AG, Adrien HL, et al., A Bone Grease Processing Station at the Mitchell Prehistoric Indian Village: Archaeological Evidence for the Exploitation of Bone Fats. *Environmental Archaeology*, 2014, p. 20; Baker JD, *Prehistoric Bone Grease Production in Wisconsin's Drifless Area: A Review of the Evidence and Its Implications.* Master's Tesis, University of Tennessee, 2009; Manne TH, Stiner MC, Bicho N F, Evidence for bone grease rendering during the Upper Paleolithic at Vale Boi (Algarve, Portugal). *Promontoria Monografica*, 2006, p. 3; Munro ND, Bar－Oz G, Gazelle Bone Fat Processing in the Levantine Epipalaeolithic. Théry－Parisot I, Costamagno S, Brugal J－P, et al., The Use of Bone as Fuel during the Palaeolithic, Experimental Study of Bone Combustible Properties, In Mulville J, Outram A (eds.), *The Archaeology of Milk and Fats*, Oxbow Books, 2005.

② 如，Lyman RL, *Vertebrate Taphonomy.* New York: Cambridge University Press, 1994. Grayson DK, *Quantitative Zooarchaeology: Topics in the Analysis of Archaeological Faunas.*

③ 如，Cachel S, Subsistence among Arctic peoples and the reconstruction of social organization from prehistoric human diet, In Rowley－Conwy P (ed.), *Animal Bones, Human Societies. Monographs in Archaeology Series*, Oxford: Oxbow Books, 2000; Gifford DP, Ethnoarchaeological contributions to the taphonomy of human sites, In Behrensmeyer AK, Hill AP (eds.), *Fossils in the Making.* Chicago, 1980; Binford LR, *Nunamiut Ethnoarchaeology.*

④ Fladerer FA, Salcher－Jedrasiak TA, Haendel M, 2014. Hearth－Side Bone Assemblages within the 27ka BP Krems－Wachtberg Settlement: Fired Ribs and the Mammoth Bone－Grease Hypothesis. *Quaternary International*, 2014, p. 351.

考古学家已经注意到动物油脂的重要性，特别是古人类对包含在动物骨骼中油脂的开发①。

一 概 念

动物油脂是人类膳食的重要组成部分，它的卡路里含量是蛋白质和碳水化合物的3倍②。在现代社会，人类的食品种类丰富，食物资源压力很小。食物富足加上缺乏锻炼，很容易出现营养过剩的情况。因此，动物油脂现在总被认为是“健康杀手”。事实上，油脂的缺乏对人体健康的损害很大，动物油脂的饱和脂肪酸含量较高，饱和脂肪酸摄入不足会增加贫血、脑出血、冠心病及肺结核的患病概率③。纯精肉富含的蛋白质所提供的能量远远小于动物油脂和碳水化合物，过度食用纯精肉还可能导致“蛋白质中毒”（protein poisoning）④。对于难以获取碳水化合物的狩猎－采集群体，油脂更为重要。Binford⑤的民族学观察表明，生活在高纬的因纽特人特别注重保存动物油脂，尤其在猎物相对缺乏的深冬和初春，他们会将猎物的骨骼全部打碎以加工获取足够的油脂。即使在中低纬的沙漠，非农业部族（如坦桑尼亚的Hadza；卡拉哈里的San；澳大利亚的Pitjandjara和尼加拉瓜的Miskito等）对动物油脂也有偏好⑥。

动物油脂不仅可以为人类提供能量，它还有许多其他用途。因纽特人利用猎物指（趾）骨的骨髓来润滑箭弦或涂在兽皮制作的服装上防水⑦；西伯利亚的居民在制

① Outram AK, *The Identification and Paleoeconomic Context of Prehistoric Bone Marrow and Grease Exploitation.*

② Mead JF, Alfin－Slater RB, Howton DR, et al., *Lipids: Chemistry, Biochemistry and Nutrition.* New York: Plenum Press, 1986.

③ 陈银基、鞠兴荣、周光宏：《饱和脂肪酸分类与生理功能》，《中国油脂》2008年总第33期；Erasmus U, *Fat and Oils: the Complete Guide to Fats and Oils in Health and Nutrition.* Vancouver: Alive Books, 1986.

④ Speth JD, Seasonality, Resource Stress, and Food Sharing in So－Called “Egalitarian” Foraging Societies.

⑤ Binford LR, *Nunamiut Ethnoarchaeology.*

⑥ Speth JD, Spielmann KA, Energy source, protein metabolism, and hunteregatherer subsistence strategies. *Journal of Anthropological Archaeology*, 1983, p. 21.

⑦ Binford LR, *Nunamiut Ethnoarchaeology.*

革的过程中也会运用骨髓[①]；动物油脂还可以作为照明的原料[②]；布满油脂的骨骼可以作为火塘的助燃剂[③]。《韩氏医通》记载："骨髓煎油，擦四支之损"，说明动物油脂也可以作为一味药物[④]。

绝大部分的动物油脂来源于肌肉间和皮下附着的脂肪，除此之外，动物骨骼中也包含油脂，称为骨油（Bone fat），它需要简单处理才可获取。骨油有两种，下颌骨和绝大多数附肢骨的骨腔包含骨髓（Bone marrow），直接敲开骨干即可获取，也就是人们常说的"敲骨取髓"；附肢骨的骨骺及中轴骨则在松质骨中保存骨脂（Bone grease），它需要通过一定加工来提取[⑤]。在这个分类中，动物的脑髓并没有包含在骨油的概念之中，这是由于脑颅部分的骨骼密度不高，其破碎后的形态难以分析，而这部分骨骼又不能用来炼制骨脂，所以，从动物考古学的角度出发，脑髓的消费很难确切地被识别出来，只能通过脑颅的破碎状况进行推测。

骨骼中包含的油脂很难在动物活动时被消耗，所以即使因为饥饿而骨瘦如柴甚至死亡的动物在骨骼中仍包含可观的骨油[⑥]。实验考古的数据表明，经过炼制而获得的骨脂所提供的能量远远超过长骨骨髓（表6.1）。

骨油的食用似乎已经根植于我们的饮食文化之中，在农贸市场采购时，我们往往倾向选择骨髓含量丰富的棒骨和肋椎骨来炖一锅热气腾腾的骨头汤，而在这些骨油含量丰富的部位被抢购一空之后，我们也能退而求其次地选择片骨（即肩胛骨）来弥补。麻辣火锅里美味的牛骨髓，北方人钟情的羊蝎子……在资源丰富的今天，人们对骨油的喜爱启发我们思考古人类对这类特殊资源的利用状况。

---

① Levin MG, Potapov LP, *The Peoples of Siberia*. Chicago: Chicago University Press, 1964.

② Burch ESJ, The caribou - wild reindeer as a human resource. *American Antiquity*, 1972, p. 37.

③ Costamagno S, Théry - Parisot I, Guilbert R, Taphonomic consequences of the use of bones as fuel, In O'Conner (ed.), *Experimental data and archaeological applications*, 2002.

④ [明] 韩懋:《韩氏医通》, 明刻本, 1522年；排印本，北京：人民卫生出版社，1989年。

⑤ Outram AK, *The Identification and Paleoeconomic Context of Prehistoric Bone Marrow and Grease Exploitation.*

⑥ Peterson RO, Allen DL, Dietz JM, Depletion of bone marrow fat in moose and a correlation for dehydration. *Journal of Wildlife Management*, 1982, p. 46.

表 6.1 实验考古提供的动物骨油能量数据①

动物类别		实验标本量	骨骼种类	骨油类型	骨油总量（湿）	骨油总量（干）	平均能量（每只）
俗名	拉丁名						
白尾鹿	*Odocoileus virginianus*	2	颅骨，脊椎骨，肋骨，肩胛骨，盆骨，肢骨骨骺	骨脂	-	941.1g	4409.05 kcal
叉角羚羊	*Antilocapra americana*	3	肱骨，桡骨，掌骨，股骨，胫骨，跗骨	骨髓	205.1g	169.56g	529.6 kcal
小羚羊	*Gazella gazella*	7	肱骨，桡骨，掌骨，股骨，胫骨，跗骨，第一、二指（趾）骨，下颌骨	骨髓	469.32g	258.08g	289.56 kcal

史前考古中，在认识骨油的重要性和识别骨油的使用方面，民族学记录提供了非常重要的参考。民族学的记录可以提供什么样的人会使用骨油，为什么使用骨油以及怎样使用骨油的线索。其中，怎样获取和使用骨油是问题的关键。对这个问题的深入认识，可以帮助我们识别摄取骨油的过程中使用的技术与工具以及剩余的产物，而这些方面的证据往往能在考古记录中保存。这种研究方法也顺应了上述提及的第二种研究经验。

Binford 的民族学研究表明，对于中高纬度非农业群体而言，油脂是非常重要的资源，它具有高热量、易存储、易携带的特点②。例如，Nunamiut 人对油脂的开发强度就与生存环境带来的压力紧密相关。所以，研究古人类如何开发动物油脂，开发哪类油脂以及为何要开发油脂，对了解古人类的膳食结构和识别古人类的生存压力十分重要。

---

① O'Brien M，Liebert TA，Quantifying the Energetic Returns for Pronghorn：A Food Utility Index of Meat and Marrow. *Journal of Archaeological Science*，2014，p.46；Baker JD，*Prehistoric Bone Grease Production in Wisconsin's Driftless Area：A Review of the Evidence and Its Implications.* Bar－Oz G，Munro ND，Gazelle Bone Marrow Yields and Epipalaeolithic Carcass Exploitation Strategies in the Southern Levant.

② Binford LR，*Nunamiut Ethnoarchaeology.*

二　骨油的生产与消费——来自民族学的证据

在民族学调查方面，反映中高纬度狩猎 - 采集人群利用骨油方式的资料并不多，仅有 Binford 对 Nunamiut 人的观察提供了较全面的信息，所以在本项研究中，大量引用了他的调查结果。Binford 曾详细介绍了 Nunamiut 人对骨油的获取方法。在大本营里，他们会将猎物附肢骨的两端骨骺砍下，将骨髓从髓腔骨干中取出，然后将骨骺和其他松质骨储存起来（图 6.1）。但他们对骨油的处理方法并非一成不变，在大本营和在野外，在屠宰地点和在狩猎据点，他们对不同类型骨油的处理方式皆有差异①。

图 6.1　现代狩猎采集部落处理骨油的流程②

（一）骨髓的生产与消费

Nunamiut 人的主要食物是炖肉。如果肉的脂肪含量很高，那么人群可能选择不

① Binford LR, *Nunamiut Ethnoarchaeology*.

② 修改自 Karr LP, Outram AK, Adrien HL, a. A Chronology of Bone Marrow and Bone Grease Exploitation at the Mitchell Prehistoric Indian Village. *Plains Anthropologist*, 55, 2014; Helge I, Grand S. http://www.echospace.org/articles/363/sections/1011.html. 2008: Photo.

消费骨油。但如果肉的脂肪含量很少，含有骨髓的长骨会被加入炖肉中。在敲骨取髓之前，人们会将长骨在火堆边“预热”，或者直接将其扔到沸水锅里。骨髓含量丰富的四肢长骨往往被优先消费，而后肢长骨由于含有“白骨髓”而倍受欢迎。掌跖骨与四肢长骨往往分开处理，对掌跖骨的处理方式也更特殊。骨骼被放置在石砧上，一块刀片被作为楔子放置在近端关节处，再用锤子将骨骼纵向劈开。一般情况下，指（趾）骨不会被劈开取食骨髓，但在整个群体缺乏骨油储备时，该部位也会被消费利用。

下颌骨中的骨髓更少被消费，因为它的处理过程更加复杂。要获取下颌中的骨髓，需要先将它丢进水中炖煮，取出悬挂晾干以后，先将牙齿一一敲掉至仅剩齿槽，随后再将下颌敲碎取食骨髓。下颌的骨髓只在资源特别匮乏时被取食，Binford 因此引用了一个古老的谚语来强调这一事实：

The wolf moves when he hears the Eskimo breaking mandible formarrow. ①

Binford 的民族学调查记录到，Nunamiut 的猎人们经常也会在屠宰点和狩猎据点消费骨髓以快速地补充能量。他们的做法非常高效，有时甚至在骨骼仍关联的时候使用轻巧的工具将骨膜剥去然后从骨干的中部敲碎长骨获得骨髓。他们不会像在大本营一样消耗大量的时间先将肉剔去，然后露出关节以从近关节处将长骨敲开。而在大本营，人们会愿意消耗时间，以另一种策略来获取骨髓。当猎人带回完整的骨骼之后，会将它们放在火堆边加热，然后逐一剔去骨干和关节处的组织。这样的剔肉行为往往会留下切割痕。然后人们会将骨膜刮去，这一动作会在骨表面留下刮痕。清理的过程一般耗费 4 ~ 5 分钟。接下来，人们一手握住骨头，一手持石锤击打关节与骨干连接处，将长骨两端的关节敲下，这一过程往往会制造很多破碎的骨片。然后用类似树枝的工具将骨髓捅出。获取骨髓后，骨干碎片一般被丢弃，而关节被留下以进一步加工骨脂。显然，这种更复杂策略的使用既是基于对骨髓的获取，也是为了接下来提取骨脂做准备。

当然，Nunamiut 人的策略并不能涵盖所有的获取骨髓的方法。Spiess② 就曾报道

---

① Binford LR, *Nunamiut Ethnoarchaeology.*

② Spiess AE, *Reindeer and Caribou Hunters: An Archaeological Study.* New York: Academic Press, 1979.

过在北美存在另一种策略，即用砾石将骨干敲破之后直接用手将骨骼两端关节拧下。这种策略往往会制造很多的骨干碎片。除了直接取食骨髓之外，Brink① 还报道过在北美有另一种取食和存储策略。当地人会直接将骨骼储存起来，到需要的时候再敲破获取骨髓。在敲骨之前，往往会将骨骼放入沸水中煮熟再取出敲打。另外，一些西伯利亚的人群将从刚刚猎杀的动物体内取出的新鲜骨髓直接生食，认为这是一种至上的美味②。

除了寒冷地区的人群之外，生活在温带的人群也会食用骨髓。O'Connell③ 等记述了坦桑尼亚北部的 Hadza 部落消费骨髓的方式，他们消费骨髓没有特定的地点，通常将骨骼在近火源处加热后直接从骨干中部敲碎骨骼获取骨髓，之后，便将骨骼全部丢弃。他们采取的这种策略与 Nunamiut 猎人在大本营之外消费骨髓的策略相似，但他们不会将关节留下以进一步获取骨脂。另外，在非洲的 Bushman 群落，澳大利亚中部的 Alyawara 群落，都报道有食用骨髓的证据④。

（二）骨脂的生产与消费

骨脂最显而易见的价值在于它可以提供作为能量的脂肪。它经常被视为最为美味的油脂⑤，以弥补冬季单调的饮食并且补充能量。作为食物，骨脂可以用多种方式食用。骨脂可以直接食用，也可以存储起来，或者加入其他的食物，比如汤中⑥。这种食用方式类似于现在的牛油和猪油。北美印第安人会将干肉粉和骨脂混合起来制作一种干肉饼（pemmican）⑦。这种干肉饼可以长时间地存放，有时其存

---

① Brink JW, Fat Content in Leg Bones of Bison bison, and Applications to Archaeology.

② Levin MG, Potapov LP, *The Peoples of Siberia*.

③ O'Connell JF, Hawkes K, Blurton－Jones N, Hadza hunting, butchering, and bone transport and their archaeological implications.

④ O'Connell JF, Marshall B, Analysis of kangaroo body part transport among the Alyawara of Central Australia. *Journal of Archaeological Science*, 1989, p. 16; Yellen JE, Cultural Patterning in Faunal Remains: Evidence from the ! Kung Bushmen, In Ingersoll D, Yellen JE, Macdonald W (eds.), *Experimental Archaeology*, New York: Columbia University Press, 1977.

⑤ Binford LR, *Nunamiut Ethnoarchaeology*.

⑥ Vehik SC, Bone Fragments and Bone Grease Manufacture: A Review of Their Archaeological Use and Potential. *Plains Anthropologist*, 1977, p. 22.

⑦ Leechman D, *Bone Grease.* American Antiquity, 1951, p. 16.

放时间可以超过三年。在历史时期的近北极圈地区，干肉饼经常作为一种交换商品①。尽管骨脂最重要的价值在于提供能量，它也被用在许多与食用无关的地方，比如润滑、鞣制皮革、防水、维护弓弦、制作蜡烛，或者作为生火和蓄火的助燃剂②。

与直接打破长骨从髓腔获取骨髓不同，骨脂的获取需要经过一系列的过程。民族学的实例表明，为了获取骨脂，必须将骨骼打碎然后放入水中熬煮至沸腾③。当松质骨（长骨骨骺及中轴骨，如脊椎）积累到一定数量以后，Nunamiut 人会将这些松质骨打碎放入铁罐中加水煮沸，待油脂在水中浮起以后，将其捞出冷却。有时，他们也会直接将松质骨丢入水中煮沸以做成油脂含量丰富的“骨汤”④。同样的处理方式也在北美印第安部落的 Hidatsa 和 Loucheux 群体中出现，Hidatsa 人还会将骨骺和中轴骨分开存放以区分不同的骨脂⑤。

然而，骨脂的提取仅限于特定的人群，如生活在寒带，亚寒带及温带的人群⑥。而在更低纬度的温暖地区，储存充满油脂的动物骨骼并不容易。Yellen⑦ 曾报道过! Kung 部落有提取骨脂的行为。而他们中的 San 人会直接用斧头将肢骨关节剁碎将松质骨丢入肉汤中，然后取食骨髓⑧。

在民族学的资料中，对于偏好什么样类型的骨骼来进行骨脂加工，哪个季节进行加工，骨脂的用途以及加工储藏的环境有各种各样的记述。然而，对于加工生产

---

① Saint - Germain C, The production of bone broth: a study in nutritional exploitation. *Anthropozoologica*, 1997, p. 26; Saint - Germain C, Animal Fat in the Cultural World of the Native Peoples of Northeastern America, In Mulville J, Outram AK (eds.), *The Zooarchaeology of Fats, Oils, Milks and Dairying*, Proceedings of the 9th Conference of the International Council of Archaeozoology, Durham, August 2002, Oxford: Oxbow Books, 2005.

② Binford LR, *Nunamiut Ethnoarchaeology.*

③ Church RR, Lyman RL, Small Fragments Make Small Differences in Efficiency when Rendering Grease from Fractured Artiodactyl Bones by Boiling. *Journal of Archaeological Science*, 2003, p. 30.

④ Binford LR, *Nunamiut Ethnoarchaeology.*

⑤ Leechman D, *Bone Grease.* Wilson GL, *The Horse and the Dog in Hidatsa Culture*, *Anthropological Papers.* New York: American Museum of Natural History, 1924.

⑥ Binford LR, *Nunamiut Ethnoarchaeology.*

⑦ Yellen JE, Cultural Patterning in Faunal Remains: Evidence from the ! Kung Bushmen.

⑧ Kent S, Variability in faunal assemblages: the influence of hunting skill, sharing, dogs, and mode of cooking on faunalremains at a sedentary Kalahari community. *Journal of Anthropological Archaeology*, 1993, p. 12.

骨脂流程的记述却十分相似。最为详尽和身临其境的描述来自于 Binford①：

> 一位妇女坐在一张折叠的皮革上……在她身前平铺着一张大的兽皮作为工作区域。在这块兽皮上摆放着石砧。不久之前骨骺已经用石锤从骨干分离出来……工作的流程就是将一块骨骺放在石砧上，用一支手固定它，另一支手轻轻地将骨骺的外壁敲碎。这样做的目的是去掉凹凸不平的表面以使骨骺能平放在石砧上而不再需要用手来固定它。之后，用重锤将骨骺进一步敲碎成为富含骨松质的小块。完成之后用小棍或者手将其拔到兽皮上，由此往复进行下一块骨骺的加工。这种加工不断往复，直到将所有骨骺敲碎。通常，两位以上的妇女会参与到这个加工过程。完成这个加工以后，就会生火并架上铁锅。将铁锅加满水，煮沸，将一定量的骨骺碎片加入水中，然后再次将水煮沸。待骨脂浮起以后，抓一把积雪加入水中，雪会使沸水表面迅速冷却，骨脂也随之固化。之后用勺子将骨脂捞出。依此往复，不断加水煮沸再加入积雪以冷却沸水表面，即可获取骨脂。有时，她们会准备两个罐子，交替煮水，以加速生产的过程。这样的流程经常持续 1~3 天，它需要一定的劳动力，大量的燃料以及充分的耐心。

在铁锅传入 Nunamiut 群体之前，他们会使用木桶以及烧石来加热水，反复加热石头的过程与上述的流程融合在一起，使得劳动时间进一步延长。

骨脂的生产从流程上来讲是一个以女性劳动力为主的食物加工过程。但男性很有可能参与到破碎骨骼的过程中。对北美的民族学研究表明，骨脂的生产并不局限于特定的季节。而 Saint - Germain② 认为虽然骨脂可以在任何时候生产，但更常见于秋季和初冬。因为在这个时间段，动物身体的脂肪含量达到最高，能够获得的肉量和脂肪量均为全年最多。在寒冷地区，大多数有蹄类动物在冬季都会大量消耗他们储存的脂肪。雄性个体的消耗大多发生在初冬，而雌性个体的消耗一般会稍晚，她们会将脂肪存储下来为春季的哺育做准备③。Binford 曾报道，在 Nunamiut 人在春天

---

① Binford LR, *Nunamiut Ethnoarchaeology*, pp. 157 - 158。

② Saint - Germain C, Animal Fat in the Cultural World of the Native Peoples of Northeastern America.

③ Speth JD, Seasonality, Resource Stress, and Food Sharing in So - Called "Egalitarian" Foraging Societies.

仅选用猎物的后肢骨进行骨脂的生产；而在深秋，他们经常把骨骼储藏起来以补充来年春天生产骨脂①。

大量生产骨脂的行为应该与大量捕获有蹄类动物相关。一旦动物被大量捕获，即会获取大量富含骨脂的骨骼，有时这样一次捕猎所获取的骨油往往足够全年使用。Nunamiut 人偏好用长骨的骨骺来加工骨脂，而用中轴骨来提取骨脂通常发生在资源拮据时期。掌跖骨往往提供了最优质的骨脂，从中可以提取一种名叫“白色油脂”（White grease）的脂肪，它所含有的不饱和脂肪（unsaturated fats），特别是油酸（oleic acid）的含量相当高②。其他民族学的报道还表明，虽然长骨骨骺更受青睐，但是脊椎骨，肋骨③以及盆骨④和肩胛骨⑤同样可以用来加工骨脂。由于意识到在加工骨脂的过程中，某些特定的骨骼可能更受青睐，一些研究者建立了骨髓和骨脂效用指数，以帮助研究者更好地理解究竟哪些部位参与了骨脂的生产。

尽管只有大量获取猎物并取得长骨骨骺时才能炼取丰厚的骨脂，它仍被认为是资源缺乏的情况下才会主动摄取的油脂。由于提取骨脂的过程中需要一些特殊的器物，单个动物能获取的骨脂收益不高，所以大多数研究者认为，人群提取低收益的骨脂能量往往意味着他们面临较大的生存压力，或者他们身处的环境缺乏足量的脂肪或碳水化合物⑥。

（三）骨油的季节性消费

对现在生活在温带，亚寒带和寒带的狩猎人群而言，冬末春初是最需要补充油脂的时段⑦。因为在这个时段，人群需要更多蛋白质来抵御低温，而猎物在每年的

---

① Binford LR, *Nunamiut Ethnoarchaeology.*

② Binford LR, *Nunamiut Ethnoarchaeology.*

③ Rogers ES, *The Quest for Food and Furs: The Mistassini Cree*, 1953 – 1954, *Publication d'Ethnologie No.* 5. Ottawa: Musee National de l" Homme, 1973.

④ Bonnichsen R, Some Operational Aspects of Human and Animal Bone Alteration.

⑤ Wilson GL, *The Horse and the Dog in Hidatsa Culture*, *Anthropological Papers.*

⑥ Munro ND, Bar – Oz G, Gazelle Bone Fat Processing in the Levantine Epipalaeolithic. Church RR, Lyman RL, Small Fragments Make Small Differences in Efficiency when Rendering Grease from Fractured Artiodactyl Bones by Boiling.

⑦ Speth JD, Spielmann KA, Energy source, protein metabolism, and hunteregatherer subsistence strategies.

这段时间最为消瘦，身体的脂肪含量最少。生产骨脂的行为，既出现在短期的狩猎营地和中转营地中，也出现在大的、长期的中心营地中。活动的类型和占据遗址时间的长短极大地影响生产骨脂行为的辨识度。Binford 注意到，在中心营地，当骨脂生产结束之后，人们会将残留的骨渣倾倒在垃圾堆上，而这堆垃圾经常还包含有敲碎长骨提取骨髓时残留的长骨碎片①。所以，如果我们在人类遗址中发现这样的垃圾堆，那么合理推测，可能存在生产骨脂的行为。但是，长时间和反复的占据，无疑会对这样的垃圾堆产生影响和破坏，导致它们无法像刚刚堆积时那样容易辨识，所以，在实际的考古学研究中，还需要考虑遗址的埋藏状况和其他相关的出土物。

（四）民族学的启示

民族学对骨油利用的记述对考古学的研究至关重要，从以上的实例中，至少可以归纳几个要点来强调研究骨油利用策略的价值。

1. 指示资源压力

人群对脂肪的需求程度是人群是否开发骨油资源的决定因素。无论是获取骨髓还是榨取骨脂，需要消耗的人力和物力都比单纯的狩猎更多。所以从某种程度上来讲，人群开发骨油资源意味着周遭资源的短缺和环境的恶劣。这一点，在人群对骨油开发部位与开发方式的选择上也有体现。

2. 不同的开发方式

要获取骨髓，最简单有效的方式即从骨干中部敲碎骨骼。但是，为了榨取骨脂，人群也会采用复杂的流程将富含骨脂的部位保留下来。不同的开发方式和开发阶段会留下不同的遗存。

3. 开发过程中工具类型的多样化

火塘不止需要被点燃，还需要长时间的维护。虽然人群可以采取类似石烹法的做法来加热水以榨取骨脂，但在具体的实践中，很可能出现对盛水甚至煮水容器（如陶器）的使用。而类似石砧和研磨工具在骨脂生产过程中的使用，也暗示着这些从前往往和植物加工联系起来的工具，很可能存在多种用途。另外，在油

---

① Binford LR, *Nunamiut Ethnoarchaeology*, 1978.

脂的存储方面，可能也有一些特殊的容器。总之，在骨油的开发过程中，使用的工具没有唯一性，所以在考古遗址中某些工具的存在，很难直接引导出存在骨油利用的证据。

4. 骨脂开发的特殊性

骨脂的生产有若干前提，其中最重要的是需要储存一定量的骨骼，并且在生产的过程中需要将骨骼，特别是松质骨，敲得很碎。Vehik[①] 以及 Church 和 Lyman[②] 基于民族学的记录提出，似乎只有生产骨脂的过程才会使人类将骨骼敲到如此破碎，而大量碎骨在人类营地的发现能够表明这处营地发生过生产骨脂的行为。

5. 以女性为主的食物初级加工

民族学的证据表明，生产骨油的过程往往由女性主导。工具的专门化和技术的流程化将简单的剔肉去骨在食物加工的环节上又往前推了一步。女性很可能兼任着采集者和加工者的角色，使得人群获取资源的方式更多样化。

三　骨油的生产与消费——来自考古学的证据

从民族学的经验来推测，如果不考虑埋藏后的各种改造作用，那么考古遗址中发现的动物骨骼越破碎，开发骨油的可能性就越高。松质骨会被打碎，长骨会呈现在新鲜状态下的破裂；即使能发现一些完整的关节，骨干也会相对更加破碎。如果在遗址中同时发现盛水容器和烧石，加工骨脂的可能性就更大；而如果有火塘，并在火塘边发现大量骨干或松质骨碎片聚集的现象，也可以合理推测这些碎骨是加工动物油脂的遗存。

但是显然，骨骼在埋藏过程中总经受着改造，比如啮齿类和食肉类的啃咬、动物踩踏、沉积压实、植物改造等等[③]。而且，古人类对油脂的开发不可能总是一个完

① Vehik SC, Bone Fragments and Bone Grease Manufacture: A Review of Their Archaeological Use and Potential.

② Church RR, Lyman RL, Small Fragments Make Small Differences in Efficiency when Rendering Grease from Fractured Artiodactyl Bones by Boiling.

③ Lyman RL, *Vertebrate Taphonomy*.

整的、一成不变的过程，我们可能会发现任意阶段的产品。这就需要我们对遗存出土的所有动物骨骼进行分析加以识别。

时代最早的开发骨油的证据来自更新世初，它们全部与骨髓的开发相关。这些证据主要关注骨骼表面的砍砸痕迹识别以及骨骼破碎方式的归纳①。在这些典型的案例之后，动物考古学的研究中都会特别强调砍砸痕迹和长骨破碎方式的统计和分析。

而最早的提炼骨脂的证据则出现在中石器时代（Mesolithic，14.5 ~ 21.5cal ka BP）的 Levant 地区②。在这个地区，骨脂开发与羚羊资源的深度榨取有关，这种深度上的开发表现为基于人口增长而导致的获取资源策略的改变，并被认为是农业起源的前奏。研究者提出骨脂开发的证据主要有：高度破碎的骨骼、大量新鲜状况下破碎的骨骼，以及大量无法鉴别的骨松质③。当然，松质骨骼破碎到无法辨识经常被认为与骨骼密度小有关系，但是研究者认为埋藏作用并不是骨骼破碎的主要原因。

由于缺乏陶片的证据，中石器时代的骨脂生产还需要更多来自生产容器或烧石煮水的证据。在欧亚大陆，再晚一些的证据似乎并不能说明骨脂生产的行为在进一步地增多，但大量碎骨的存在往往会被认为是深度开发动物资源并榨取动物油脂的表现④。而在新大陆，特别是北美，却报道了大量开发骨脂的证据。这可能

---

① De Heinzelin J，Clark JD，White T，et al.，Environment and Behavior of 2.5Million – Year – Old Bouri Hominids. *Science*，1999，p.284；Blumenschine RJ，Madrigal TC，Variability in long bone marrow yields of East African ungulates and its zooarchaeological implications；Blumenschine RJ，Selvaggio MM，Percussion Marks on Bone Surfaces as A New Diagnostic of Hominid Behavior. Bunn HT，Archaeological Evidence for Meat – Eating by Plio – Pleistocene Hominids from Koobi Fora and Olduvai Gorge.

② Bar – Oz G，Munro ND，Gazelle Bone Marrow Yields and Epipalaeolithic Carcass Exploitation Strategies in the Southern Levant. *Journal of Archaeological Science*，2007，p.34；Munro ND，Bar – Oz G，Gazelle Bone Fat Processing in the Levantine Epipalaeolithic.

③ Bar – Oz G，Munro ND，Gazelle Bone Marrow Yields and Epipalaeolithic Carcass Exploitation Strategies in the Southern Levant. *Journal of Archaeological Science*，2007，p.34；Munro ND，Bar – Oz G，Gazelle Bone Fat Processing in the Levantine Epipalaeolithic.

④ 如，Burger O，Hamilton MJ，Walker R，The Prey as Patch Model：Optimal Handling of Resources with Diminishing Returns. Outram AK，Knusel CJ，Knight S，et al.，Understanding Complex Fragmented Assemblages of Human and Animal Remains：A Fully Integrated Approach. *Journal of Archaeological Science*，2005，p.32.

与北美丰富的民族学证据相关。但是这些证据也主要集中在距今1,000年左右。Leechman在1951年便报道了北美Loucheux人营地旁大量水牛碎骨的堆积可能是骨脂生产的遗存。他在后续的研究中提出，骨脂的生产对狩猎大动物的群体来说似乎是非常普遍的事情。

Vehik①基于对北美大平原和中西部的研究提出了三类识别骨脂生产的证据：动物是否高度破碎，相关工具类型及遗址总体特征。另外，她还认为越是出现无法鉴别的松质骨，越能说明可能存在骨脂生产。当然，前提是排除埋藏作为可能带来的巨大影响。而相关工具方面则需要有石锤、石砧、烧石或者陶片。这些工具也可能有其他多种的用途，但是如果他们的组合存在，就可以推测骨脂提炼行为的存在。遗址总体特征方面，越是短期营地越有可能发现碎骨的聚集性堆积。而在大的长期性中心营地，由于工具的多样化使用和人类的长期干扰，骨脂生产的组合反而不容易被识别出来。除非倾倒废物的地方相对集中或者专门化（如灰坑等）。

Fladerer等②指出，不同种类的动物，不同的身体部位，在不同的季节和不同类型的营地可能带来不同的营养价值。所以研究的基础仍在于以动物考古学为主的遗址的综合研究。

四 旧石器遗址出土“碎骨”的重要性

过去，对于大多数研究者而言，“碎骨”几乎没有任何意义。Klein和Cruz - Uribe③曾提到，无法鉴定的骨骼几乎不能提供任何如可鉴定标本反映出的信息。由此，“碎骨”通常在整理的最早阶段便被排除在外而后束之高阁。随着动物考古学方法的发展，这种做法受到越来越多的质疑。不少学者提出，很多骨干的碎片即使不能鉴定到属种及解剖学部位，也可以依据骨骼特征推测动物类别及体型大小，从而

---

① Vehik SC, Bone Fragments and Bone Grease Manufacture: A Review of Their Archaeological Use and Potential.

② Fladerer FA, Salcher - Jedrasiak TA, Haendel M, Hearth - Side Bone Assemblages within the 27ka BP Krems - Wachtberg Settlement: Fired Ribs and the Mammoth Bone - Grease Hypothesis.

③ Klein RG, Cruz - Uribe K, *The Analysis of Animal Bones from Archaeological Sites.*

将骨干碎片纳入动物群统计体系，以提供比单纯依靠骨骺更可靠的数据①。

其实，从“碎骨”中可以提取的信息在很多情况下与其种属及解剖学部位无关。即使极小的“碎骨”（通常小于10mm，如筛出标本）也可以提取尺寸、重量及燃烧程度的信息。Outram等②不止一次强调了骨骼类别的重要性，他提出将骨骼分为至少两大类，即海绵状（spongy）、多孔（cancellous）的松质骨（trabecular bone）及结实（dense）的密质骨（cortical diaphysis）。再小的“碎骨”都可以被划分至这两个大类，而对于较大的不可鉴定骨骼，也能将其归入以上两类甚至进一步区分它们属于中轴骨（axial skeleton）还是附肢骨（appendicular skeleton）。图6.2（彩版六）标识了不同解剖学部位骨骼的形态和部位归属。

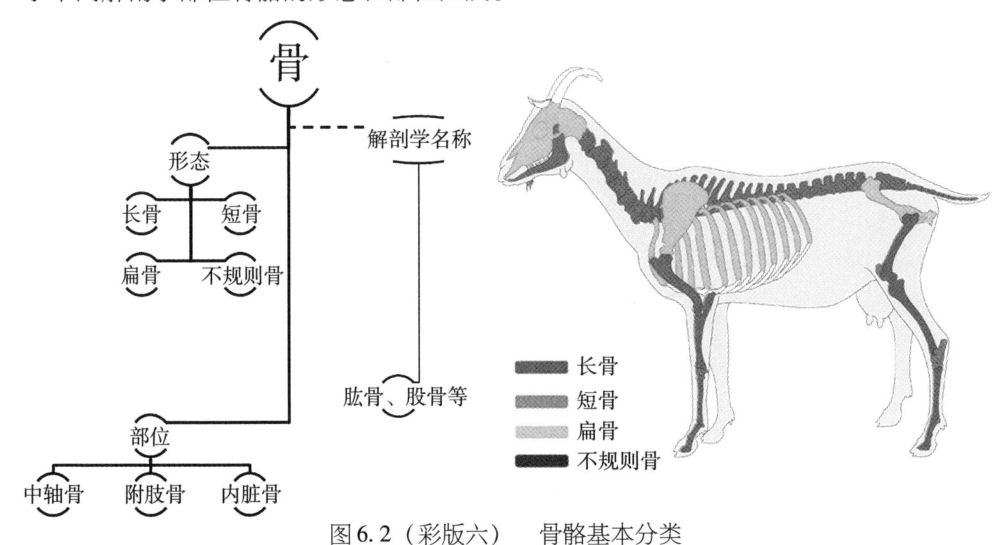

图6.2（彩版六）　骨骼基本分类

左侧为骨骼的分类，右侧标明了不同解剖学部位所属的骨骼类别

在研究古人类对动物骨髓、骨脂开发状况的过程中，弄清骨骼部位和动物种属

① Gabucio MJ, Caceres I, Rosell J, et al., From Small Bone Fragments to Neanderthal Activity Areas: The Case of Level O of the Abric Romani (Capellades, Barcelona, Spain). *Quaternary International*, 2014, p.330; Church RR, Lyman RL, Small Fragments Make Small Differences in Efficiency when Rendering Grease from Fractured Artiodactyl Bones by Boiling. Pickering TR, Marean CW, Dominguez – Rodrigo M, Importance of Limb Bone Shaft Fragments in Zooarchaeology: A Response to “On *in Situ* Attrition and Vertebrate Body Part Profiles” (2002), by M.C. Stiner. *Journal of Archaeological Science*, 2003, p.30.

② Outram AK, Knusel CJ, Knight S, et al., Understanding Complex Fragmented Assemblages of Human and Animal Remains: A Fully Integrated Approach.

诚然重要，但却并不必要。民族学和实验考古的证据表明，对骨骼破碎程度和方式的研究更有助于理解古人类对骨脂的开发。骨髓隐藏在长骨骨干之中，而骨骺和中轴松质骨则包含两类不同的骨脂。将破碎的骨骼按类别进行破碎程度和方式的统计，能帮助理解古人类对骨内营养成分（within - bone nutrient）的开发。

另外，导致骨骼破碎的因素也应该被考察。骨骼如何破裂与它的新鲜程度有关①。有时，在不受任何外力干扰的情况下，骨骼也会因不断脱水而形成细微的裂痕并最终破碎。而加热和冷冻骨骼同样会导致骨骼的破裂②。一般情况下，新鲜骨骼的裂口通常呈螺旋状，裂口表面通常光滑，裂口与骨表面通常形成锋利的角度。力的接触点往往留下圆锥形的缺口，螺旋状裂口便由此缺口呈放射状分布（见图 2.7）。随着骨骼中有机物的不断流失，骨骼的新鲜程度降低，骨表面开始形成一些与骨细胞排列方向（平或直）一致的微裂痕。此时外力的接触会导致骨骼的裂口更平直，裂口表面更粗糙，裂口与骨表面的角度也更垂直。当骨骼的新鲜程度降到最低也就是开始石化的时候，这种破裂方式最为明显③。这也是为什么在一些旧石器遗址中，我们经常会发现“立方体式”破碎的骨骼。其他的一些外力作用，如食肉类及啮齿类的啃咬、燃烧、古人类的屠宰及发掘中导致的破坏则很容易评估出来。

将这些“碎骨”的信息与传统的动物属种、骨骼单元分布、死亡年龄与季节结合起来，古人类获取的资源就不再仅限于动物的肉量。对另一个重要的能量源——骨油的认识会愈发丰富对古人类获取资源方式的理解与阐释。

五 骨与火：燃料还是垃圾?

Spennemann 和 Colley④ 归纳了考古遗址中的骨骼出现燃烧痕迹的原因：意外（自

---

① Blasco R, Dominguez - Rodrigo M, Arilla M, et al. , Breaking Bones to Obtain Marrow: A Comparative Study between Percussion by Batting Bone on an Anvil and Hammerstone Perssion. *Archaeometry*, 2014, p. 56; De Juana S, Dominguez - Rodrigo M, Testing Analogical Taphonomic Signatures in Bone Breaking: A Comparison between Hammerstone - Broken Equid and Bovid Bones. *Archaeometry*, 2011, p. 53.

② Karr LP, Outram AK, Tracking Changes in Bone Fracture Morphology over Time: Environment, Taphonomy, and the Archaeological Record. *Journal of Archaeological Science*, 2012, p. 39.

③ Johnson E, Current Developments in Bone Technology. *Advances in Archaeological Method and Theory*, 1985, p. 8.

④ Spennemann DH, Colley SM, Fire in a pit: the effects of burning of faunal remains. *Archaeozoologia*, 1989, p. 3.

然火或骨骼无意掉落在火塘周围）、人类使用（烹食，燃料或垃圾处理）和特殊仪式。大多数对烧骨的研究集中在拟定辨别烧骨的标准以及评估骨骼的燃烧温度上①。而对骨骼燃烧的难易程度，目前的认识仅限于明确了新鲜的木材无法引燃新鲜的骨骼②。

如何识别和研究作为燃料的骨骼是近二十年才兴起的研究，这些研究主要基于实验考古的数据，以求阐释人群如何利用骨骼燃料来管理火塘③。

首先，对燃料有意识的管理可能与遗址的具体功能相关。利用骨木混合燃料控制燃烧，比单纯利用木材作为燃料更加有效，而且骨的含量越高，燃料能延续的时间越长。其次，骨燃料的多寡与火塘的性质和作用密切相关。当火塘追求热对流和热辐射，即追求火焰在固定温度下的维持时间时，骨燃料的作用更为显著④。

不同的骨骼部位带来不同的燃烧效率⑤。Théry – Parisot 和 Costamagno⑥ 通过实验说明，松质骨，特别是肢骨的远端，比密质骨的燃烧效率更高。这种高效体现在高温持久的火焰以及缺乏煅烧。由此一来，同样的燃烧条件下，松质骨和密质骨会表现出不同的颜色和状态。所以，将不同的骨骼作为燃烧是为了维护一些特殊的火塘，即对火焰有要求的、追求对流热量和辐射热量的火塘。这类火塘的存在可以说明遗

---

① Asmussen B, Intentional or incidental thermal modification? Analysing site occupation via burned bone. *Journal of Archaeological Science*, 2009, p. 36.

② Susini A, *Etude des caractéristiques biophysiques des tissus calcifieés humains (os, émail, dentine) soumis à des traitements thermiques. Applications anthropologiques et médicales.* Thèse no. 2320 de l'Université de Genève, 1988; Laloy J, Recherche d'une méthode pour l'exploitation des témoins de combustion. *Cahiers du Centre de Recherches Préhistoriques*, 1981, p. 7.

③ Yravedra J, Uzquiano P, Burnt Bone Assemblages from El Esquilleu Cave (Cantabria, Northern Spain): Deliberate Use for Fuel or Systematic Disposal of Organic Waste? *Quaternary Science Reviews*, 2013, p. 68.

④ Théry – Parisot I, Fuel Management (Bone and Wood) during the Lower Aurignacian in the Pataud Rock Shelter (Lower Palaeolithic, Les Eyzies de Tayac, Dordogne, France). Contribution of Experimentation. *Journal of Archaeological Science*, 2002, p. 29.

⑤ Costamagno S, Griggo C, Mourre V, Approche expérimentale d' un problème taphonomique : utilisation de combustible osseux au Paléolithique.

⑥ Théry – Parisot I, Costamagno S, Proprietes Combustibles des Ossements: Donnees Experimentales et Reflexions Archeologiques sur Leur Emploi dans les Sites. *Gallia prehistoire*, 2005, p. 47.

址被占据的时长以及功能（即大本营火塘）。

然而，使用骨燃料其实并不是一种非常高效的做法，这种行为可能更多地出于机会和权宜的考量。骨燃料资源明显不如木头丰富，假如我们需要维持6小时的火塘使用效率，那么我们可能需要13kg的骨燃烧，这需要2只体重在30~40kg的动物（骨的重量相当于动物重量的15%~30%）[①]。如果将骨燃料的使用变为日常，那么人类狩猎的目的可能就仅仅是为了生火。所以，将骨骼作为燃料仅是权宜之计，或者说，人类对骨骼中所含能量的需求并没有那么高。那么从这个角度来讲，骨燃料的使用也并不是为了弥补木材燃料的不足，因为在恶劣的环境中，人们可能获取的骨骼并不一定比木材多，而且在这样的环境里，骨骼的食用价值肯定比燃料价值更大[②]。

以上的结果带来两方面的启示，一是骨骼确实可以被作为燃料加入火塘中来帮助维护火塘的燃烧，不同类型和状况的骨骼对单纯植物性燃料在燃烧时间和温度上有或多或少的帮助；二是将骨骼作为燃料使用之后，骨骼的颜色和破碎程度会发生明显的变化。由此，有四个方面的证据被作为能够衡量骨骼作为燃料使用的标准：大量烧骨与火塘共存、大量烧骨处于充分燃烧状态、大量烧骨高度破碎以及人类生活环境的相对恶劣[③]。但是，对这些标准的争议颇多。

首先，骨骼燃烧的改造与骨骼经受埋藏作用的改造很难区分。燃烧对埋藏的影响主要表现在，燃烧可能会使骨骼破碎。燃烧前的骨骼状况[④]及加热方式[⑤]也会影响骨骼破碎的程度。Stiner 和 Kuhn[⑥] 认为，骨骼破碎的程度可以说明燃烧的强度，而燃

---

① Théry－Parisot I, Fuel Management (Bone and Wood) during the Lower Aurignacian in the Pataud Rock Shelter (Lower Palaeolithic, Les Eyzies de Tayac, Dordogne, France). Contribution of Experimentation.

② Théry－Parisot I, Costamagno S, Brugal J－P, et al., The Use of Bone as Fuel during the Palaeolithic, Experimental Study of Bone Combustible Properties.

③ Yravedra J, Uzquiano P, Burnt Bone Assemblages from El Esquilleu Cave (Cantabria, Northern Spain): Deliberate Use for Fuel or Systematic Disposal of Organic Waste?

④ Guillon F, Brûlés frais ou brûlés secs? In Duday H, Masset C (eds.), *Anthropologie physique et Archéologie*, Paris: CNRS, 1986.

⑤ Pearce J, Luff R, The taphonomy of cooked bones, In Luff R, Rowley－Conwy P (eds.), *Whither environmental archaeology*, Oxford: Oxbow Monograph, 1994.

⑥ Stiner MC, Kuhn SL, Differential burning, recrystallization, and Fragmentation of archaeological bone. *Journal of Archaeological Science*, 1995, p. 22.

烧的强度由温度和燃烧时长决定。对不同部位的骨骼而言，燃烧的影响也是不同的，如头后中轴骨比长骨更容易因燃烧的影响而破裂。另一方面，燃烧过程中的化学和物理作用会强烈地改变骨骼的结构，使它们在其后的自然改造中表现出更多的特性。一些学者认为烧骨比正常的骨骼更加脆弱，受到外力作用如有蹄动物的踩踏时更易破碎①。而有另一些学者认为，只有烧骨能在恶劣的化学埋藏环境中保存下来②。燃烧的强度也会影响烧骨的保存状况。有学者认为，煅烧的骨骼比炭烧的骨骼更不易保存，因为它们更加脆弱。Costamagno 等③的实验表明，燃烧的强度并不是烧骨破碎程度的决定性因素。骨骼燃烧前的破碎程度和骨骼本身的属性（如部位和新鲜状况）对燃烧后骨骼状况的影响更大。

Yravedra 和 Uzquiano④ 以松树干为主燃料，加入不同部位不同破碎方式的骨骼，记录了燃烧温度和时间的数据。实验表明，1. 在燃烧温度方面，骨骼燃料并不能明显提高温度；2. 在燃烧时间方面，骨骼燃料的加入能显著延长在固定温度的燃烧时间；3. 干燥的骨骼几乎不能提供任何额外的能量；4. 破碎骨骼的加入能延长燃烧的时间，但并不能显著提高燃烧温度；完整骨骼则相反，加入完整骨骼基本都能在短时间内迅速提高燃烧温度，但在延长燃烧时间方面并不显著。燃烧后的骨骼重量下降了一半以上，大多数骨骼被烧焦成炭黑色，完整骨骼更易被煅烧而呈灰白色。与 Théry - Parisott 和 Costamagno 等人侧重大型鹿和牛的实验标本不同，Yravedra 和 Uzquiano 的实验标本采用了小型的山羊，但是他们的实验同样表明，不论动物体形的大小，骨骺和中轴骨这样含有大量骨脂的骨骼可以有效地延长燃烧时间。

依据以上的实验，Yravedra 和 Uzquiano 对 El Esquilleu 洞穴发现的烧骨堆积进行了对比研究。他们认为，埋藏学的证据并不能表明洞穴内的骨骼在投入火堆之前是新鲜的，但是，大多数骨骼在火堆的燃烧时间很长以致引起骨骼结构的破坏。火塘

---

① David B, How was this bone burnt?, In Solomon S, Davidson I, Watson B (eds.), *Problem solving in taphonomy*, Vol. 2, Tempus, 1990.

② Gilchrist R, Mytum HC, Experimental archaeology and burnt animal bone grom archaeological sites. *Circaea*, 1986, p. 4.

③ Costamagno S, Théry - Parisot I, Guilbert R, Taphonomic consequences of the use of bones as fuel.

④ Yravedra J, Uzquiano P, Burnt Bone Assemblages from El Esquilleu Cave (Cantabria, Northern Spain): Deliberate Use for Fuel or Systematic Disposal of Organic Waste?

灰烬中植物性的遗存很少，说明将骨骼投入火堆应该是有意为之，但这种有意背后是否存在特定的意图，如将骨骼作为特定补充燃料还是将骨骼作为垃圾弃入火塘，还没有充分的证据，至少最适合作为燃料的骨骺和松质骨在烧骨中并不占有优势。由此，他们认为，现阶段研究骨骼作为燃料大多只能基于推测，虽然并不能拿出确凿的证据，但是这种推测在显而易见的证据，如大量烧骨与火塘共存面前，不应该被忽略。

第二节 如何识别骨油的消费与利用

标准量化单元在动物考古学中的运用衍生出了一些衡量骨骼破碎程度的指标。最常见的是 Lyman[①] 提出的 NISP：MNE。由于这个比值只涉及可鉴定标本数和最小骨骼单元数，所以几乎无需研究那些不可鉴定的标本。

在大多数时候，由于研究者对骨骼单元的定义不同，可能会导致研究的标本进一步减少。Gifford[②] 提出“可鉴定比例（percent identifiable）”的概念，即标本总数除以 NISP，并将之与 MNE 相比，以期将标本总量纳入指数之中。但这种做法又有另一方面的缺陷：不同研究者的鉴定能力和方法不同；有些极小的标本能够被轻易的识别，比如鼢鼠的股骨；而同样是股骨，牛科动物的股骨骨干碎片却经常被忽略。

Todd 和 Rapson[③] 曾提出一个非常简单的指数来说明骨骼的破碎程度。他们认为在遗址破坏较少的情况下，用完整骨骼的数量比之破碎骨骼的数量即可表明整个遗址骨骼的破碎程度。但是对于大多数遗址而言，完整的骨骼非常少见，简单地将那些可以鉴定的破碎标本放入另一个集合中似乎又夸大了标本的破碎程度。Outram 等[④]

---

① Lyman RL, *Vertebrate Taphonomy*, 1994.

② Gifford DP, Ethnoarchaeological contributions to the taphonomy of human sites.

③ Todd LC, Rapson DJ, Long - Bone Fragmentation and Interpretation of Faunal Assemblages: Approaches to Comparative Analysis. *Journal of Archaeological Science*, 1988, p. 15.

④ Outram AK, Knusel CJ, Knight S, et al., Understanding Complex Fragmented Assemblages of Human and Animal Remains: A Fully Integrated Approach.

又依此提出可以用不可鉴定的标本总数除以整个遗址的标本总数来说明破碎程度，但这似乎又回到了可鉴定与不可鉴定的循环。

当然，还有一些学者考虑到埋藏中及埋藏后的作用，提出不应以计数而应以质量或体积为衡量标准。但是很明显，不同种类骨骼的密度是不同的。

由此看来，任何单一的指数都存在偏颇，而且它们似乎都没有涉及骨骼破碎程度与骨脂消费的关系。于是又有学者试图将"碎骨"划入不同的尺寸级别，并统计不同尺寸"碎骨"的出现频率以说明对骨脂利用的程度①。但这种看似全面的方法又存在两个方面的问题：第一，计量标准的问题。假设存在两件牛科动物的肢骨，一件较完整的肢骨会被作为一件标本计量到大尺寸级别中，而一件破碎为50块的肢骨会被作为50件标本计量到各种不同的小尺寸级别中，而两件标本所代表的骨髓含量其实是一致的。Brink② 通过实验提出可以通过干燥骨骼的重量来弥补单纯计数带来的问题，但对不同石化程度的标本而言，是否干燥对其重量的意义并不大。第二，完整骨骼与完整骨骺的差别。完整的骨骼不仅意味着大的尺寸，也意味着骨髓和骨脂都未被开发；完整的骨骺则表明骨髓可能已经被开发但骨骺中的骨脂并未被榨取。假如将完整的鹿的肱骨和不完整的牛的肱骨放入一个尺寸级别，那么对骨髓、骨脂的差别开发就不能体现出来。同样，对骨骺的统计也存在这个缺陷。针对这些问题，Outram 提出将完整的骨骼和骨骺分立为不同统计单元，这当然也会存在偏差，但是也已经在尽可能将最多标本纳入统计体系的基础上将可能存在的误差降到最低。"碎骨"研究的核心问题不仅在于骨骼有多么破碎，也在于破碎的究竟是哪些骨骼③。Outram 详述了修正后的研究骨骼破碎程度的方法，简述如图 6. 3。

Karr 等④在这个流程基础之上进一步明确了骨骼类别的划分方法，依据骨骼包含

---

① Cannon MD, A Mathematical Model of the Effects of Screen Size on Zooarchaeological Relative Abundance Measures. *Journal of Archaeological Science*, 1999, p. 26.

② Brink JW, Fat Content in Leg Bones of Bison bison, and Applications to Archaeology.

③ Outram AK, A New Approach to Identifying Bone Marrow and Grease Exploitation: Why the "Indeterminate" Fragments should not be Ignored. *Journal of Archaeological Science*, 2001, p. 28.

④ Karr LP, Outram AK, Adrien HL, A Chronology of Bone Marrow and Bone Grease Exploitation at the Mitchell Prehistoric Indian Village.

油脂状况的不同将骨骼分为7个类别：

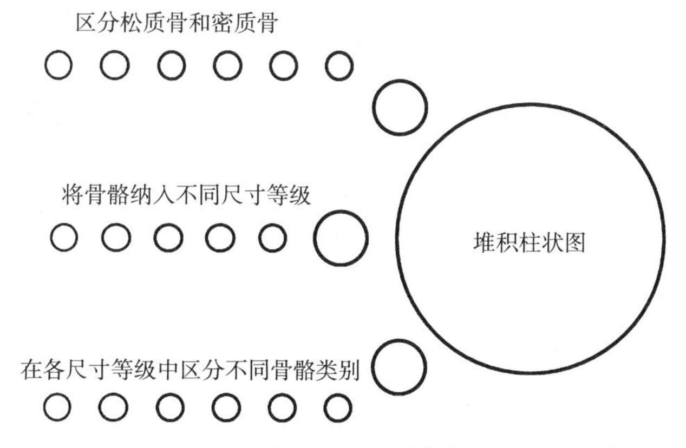

图6.3 Outram提出的研究骨骼破碎程度的流程①

1. 附肢松质骨（长骨骨骺的碎片）
2. 中轴松质骨（椎骨松质的碎片）
3. 混杂的松质骨（无法鉴定的松质骨碎片）
4. 密质骨干（长骨骨干的碎片）
5. 肋骨、下颌骨及椎骨骨棘
6. 完整和局部完整骨骼（没有破碎的骨骼及保存完整骨骺的骨骼）
7. 其他（包括颅骨碎片，牙齿及小哺乳动物骨骼）

一 骨 髓

就像前面的考古学实例所述，砍砸痕迹是最为直观的利用证据。另外，就是大量破碎的长骨骨干。现阶段研究所采用的衡量标准不同导致无法进行直接的对比，有很多基于现生的研究通过直接获取现生动物骨髓来讨论动物的体型，营养状况，死亡季节，性别对获取骨髓质量的影响，但是似乎并没有给出究竟应该如何识别骨髓消费的研究方法。

① Outram AK, A New Approach to Identifying Bone Marrow and Grease Exploitation: Why the “Indeterminate” Fragments should not be Ignored.

由于必须打破骨髓腔才能获取骨髓，所以获取骨髓的过程势必导致长骨骨干和下颌水平支的破碎。这种破碎会导致解剖学信息的进一步丢失，并且给沉积后作用提供了更多的侵蚀面。简而言之，从定性上看，我们获取的标本会非常破碎且大多难以鉴定；从定量上看，每个含有骨髓的解剖学单元会产生更多的碎片，即 NISP : MNE 的值会更高，而这些单元的存活系数也比非骨髓单元更低①。由于不同含骨髓单元所含有的骨髓质、量不同，而古人类应该倾向于更高的质量，所以骨骼破碎的程度（NISP : MNE）应该与骨髓的含量成正相关。

很早就有学者注意到骨骼破碎方式的重要性，如 Johnson② 详细记述了北美古印第安遗址内所有标本的破碎状况，但这项针对单个标本的细致研究仅仅着重于描述，在标本量大的时候费时费力。研究骨骼破碎方式的最终目的是研究古人类消费骨油的方式，所以实际上无需了解单个标本的破碎过程，而应该将注意力集中在分辨骨骼的破碎是否与人的行为有关。现今系统动物考古学研究所参照的统计骨骼破碎方式的指标来源于 Villa 和 Mahieu③ 对一处疑似食人族遗址出土人骨的观察。他们提供了三方面的标准：裂口轮廓（fracture outline）、裂口角度（fracture angle）和裂口质地（fracture edge texture），以此来检验骨骼在破碎时是否处于新鲜状态（见图2.7）。为了能提出一个指数让原本冗繁的统计变得更加高效，Outram④ 将之前的研究综合起来提出了裂口新鲜指数（Fracture Freshness Index，FFI）。FFI 的具体计数标准见表 6.2。

表 6.2　FFI 的计算方法

观测项目 \ FFI 计数	0	1	2
裂口轮廓	仅为螺旋状	除螺旋状还有其他	无螺旋状
裂口角度	不到 10% 为 90 度	10% ~50% 为 90 度	大于 50% 为 90 度
裂口质地	平滑	略粗糙	大部分粗糙

① Wolverton S, NISP : MNE and % Whole in Analysis of Prehistoric Carcass Exploitation.

② Johnson E, Current Developments in Bone Technology.

③ Villa P, Mahieu E, Breakage Patterns of Human Long Bones.

④ Outram AK, Rowley - Conwy P, Meat and marrow utility indices for horse (*Equus*).

提出FFI以后，Outram又设计了一系列的实验来测试这个计数方法的有效性。他的实验几乎涵盖了可能致使骨骼破裂的所有情况，如冷冻、辐射加热、烤箱加热及沸水加热。实验结果表明不同实验条件下的FFI完全不同，因此可以认为FFI能够成为区分骨骼破碎方式的标准（图6.4）。在他的实验中，新鲜标本和大多数冷冻标本的FFI都小于1，而有意开发骨髓的行为所导致的FFI均介于1~3之间。值得注意的是，以上的计数都基于研究者的快速判断。这种计数的最终目的并不是为了确认每一件标本破碎的原因，而是快速判断大量标本的裂口状态如何。如果FFI的统计值很低，我们几乎可以断定骨骼是在新鲜状况下破裂；如果FFI较高，情况则必然相反。麻烦的是位于中间值的FFI，因为它所代表的骨骼新鲜程度不高，那么短期的暴露风干和破碎这两个过程的时间顺序就很难确定。FFI仅仅只能用于密质骨的研究，因为裂口的这些特征很难运用到松质骨中。但是，对密质骨FFI的统计可以帮助排除一些骨骼破碎的营力从而帮助推测松质骨破碎的原因。

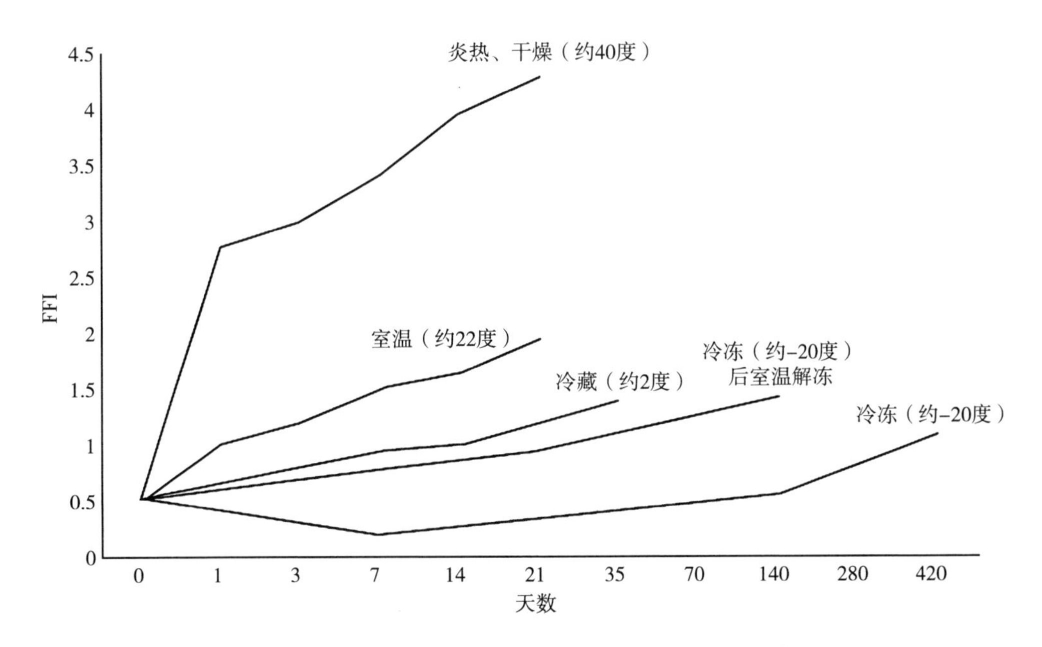

图6.4 实验考古中不同保存状况下骨骼的FFI值①

① Outram AK, Rowley-Conwy P, Meat and marrow utility indices for horse (*Equus*).

二　骨　脂

Karr 等[①]将骨骼划分为 7 大类别（见上文），并在类别内按尺寸计数骨骼，然后统计长骨的破碎方式。他认为长骨如在新鲜状况下破裂，即存在骨髓开发；小尺寸的松质骨若占绝对优势，则存在骨脂开发。

但是，基于骨脂生产相对骨髓获取的复杂性，有两个关键的技术让骨脂的生产与一些关键的考古学证据结合起来。一是含骨脂关节的破碎，在这个流程中涉及的工具有石锤、石砧，甚至具有研磨性质的磨制工具。二是煮水的容器，如陶器，或者烧石。识别这些工具的困难性在于它们往往可以一器多用，而将这些工具与骨脂生产联系起来还是需要骨骼方面的证据。

与识别骨髓开发一致，识别骨脂开发最重要的骨骼证据在于大量破碎的含有骨脂的松质骨。Church 和 Lyman[②] 的实验表明，1～2cm 的松质骨碎片比 5cm 的松质骨碎片生产骨脂的效率要高。然而，由于松质骨本身就比密质骨容易破碎，在埋藏的过程中肯定会优先受损，所以即使存在生产骨脂的可能性，破碎的松质骨仍被认为受埋藏作用的影响更大。

如果存在骨脂的加工意味着松质骨很可能被放入沸水中烹煮。这种烹煮的骨骼有三方面的特征：1. 骨胶原大量流失[③]；2. 食腐动物不青睐此类骨骼，所以此类骨骼上几乎不会存在任何食肉动物齿痕[④]；3. 骨内有机质的流失使微生物不会在骨骼上附着，在埋藏矿化的过程中所受的化学影响少[⑤]。这三个特征可能使骨骼在埋藏过

---

① Karr LP, Outram AK, Adrien HL, A Chronology of Bone Marrow and Bone Grease Exploitation at the Mitchell Prehistoric Indian Village.

② Church RR, Lyman RL, Small Fragments Make Small Differences in Efficiency when Rendering Grease from Fractured Artiodactyl Bones by Boiling.

③ Gifford－Gonzalez DP, Gaps in ethnoarchaeological research on bone, In Hudson J (ed.), *From Bones to Behavior: Ethnoarchaeological and Experimental Contributions to the Interpretation of Faunal Remains*, Carbondale, Occasional Paper No. 21, Center for Archaeological Investigations, Southern Illinois University, 1993.

④ Kent S, Variability in faunal assemblages: the influence of hunting skill, sharing, dogs, and mode of cooking on faunalremains at a sedentary Kalahari community.

⑤ Roberts SJ, Smith CI, Millard A, et al., The Taphonomy of Cooked Bone: Characterizing Boiling and Its Physico－Chemical Effects. *Archaeometry*, 2002, p. 44.

程中更易破碎，如骨胶原的流失；但也可能使其所受的埋藏影响更小，如不被其他动物、植物和微生物侵扰。

所以，识别骨脂生产的前提仍是遗址的埋藏过程分析，只有识别埋藏作用对骨骼的影响究竟如何，才能将碎骨和其他相关工具的发现结合起来判断它们是否与骨脂生产有关。

Munro 和 Bar－Oz① 采用四个方面的相关性检验来量化上面的思路，即：

1. 磨耗检验，即检验骨密度指数与骨残存指数的关系

2. 骨完整系数检验，即检验指（趾）骨，距骨，跟骨的完整系数

3. 骨髓指数检验，即检验 NISP∶MNE 与骨髓效用指数的关系

4. 骨脂指数检验，即检验 NISP∶MNE 与骨残存指数的关系

他们认为这四个方面的指标既可以说明埋藏过程对骨骼的影响，也可以通过相关性来说明是否存在骨髓和骨脂的开发。

第三节 于家沟遗址的“碎骨”研究

一 骨骼破碎状况

于家沟遗址动物骨骼的标本量很大，几乎在每个层位，动物骨骼都与人工制品的出土量相当。然而，该遗址动物骨骼的可鉴定率很低，特别是在标本数量和文化内涵都相对更丰富的第③b 和第④层，鉴定率仅有 16.98% 和 14.91%。大量无法鉴定的碎骨存在，说明该遗址动物骨骼的破碎程度很高。第四章的埋藏学研究结果表明，于家沟遗址各层的骨骼破碎与骨密度的关系不明显，而一些自然改造作用也没有使骨骼组合的面貌发生大的改变，骨骼组合的状况能够反映古人类活动的面貌。所以，于家沟遗址大量碎骨的存在应该是人类活动作用的结果。为了能够说明碎骨的破碎状况，依照 Outram② 的研究方法，将所有破碎的骨骼标本划入 8 个不同的尺寸范围，即 0～20mm，20～

① Munro ND，Bar－Oz G，Gazelle Bone Fat Processing in the Levantine Epipalaeolithic.

② Outram AK，A New Approach to Identifying Bone Marrow and Grease Exploitation：Why the “Indeterminate” Fragments should not be Ignored.

30mm，30～40mm，40～50mm，50～60mm，60～80mm，80～100mm 及大于 100mm；完整的骨骼和部分完整的可鉴定骨骼标本另计（图 6.5、彩版六）。

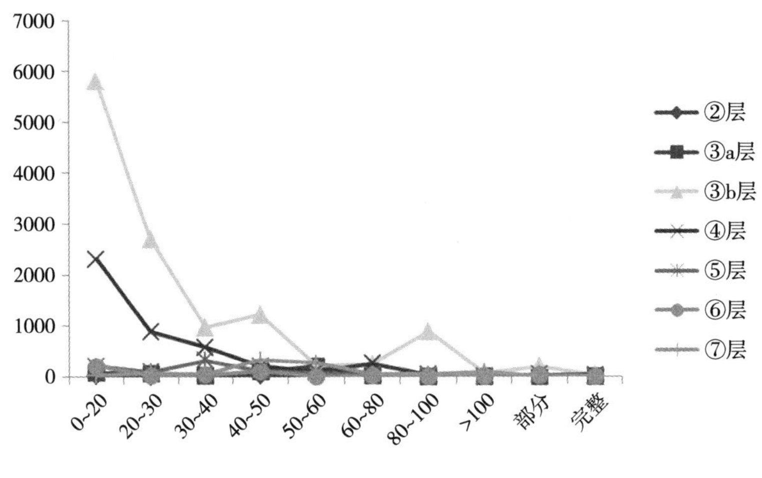

图 6.5（彩版六）　骨骼尺寸大小的分层统计

从骨骼尺寸统计的结果不难发现，尺寸小于 50mm 的标本非常多，而在该尺寸以下的破碎骨骼，无论属于小型牛科动物还是马科动物，只要缺少解剖学标识就非常难以鉴定。从碎骨的总量上看，第③b 层和第④层的标本量在 4000 以上，而其他层位的标本量与这两层在数量上几乎没有可比性。加之前面的研究中反复强调，第③b 层和第④层的动物种属和文化内涵都最为丰富，所以，在研究碎骨时，仍以这两个层位的标本为主。图 6.6 反映了第③b 层和第④层的碎骨标本在每个尺寸类别中的数量差异。

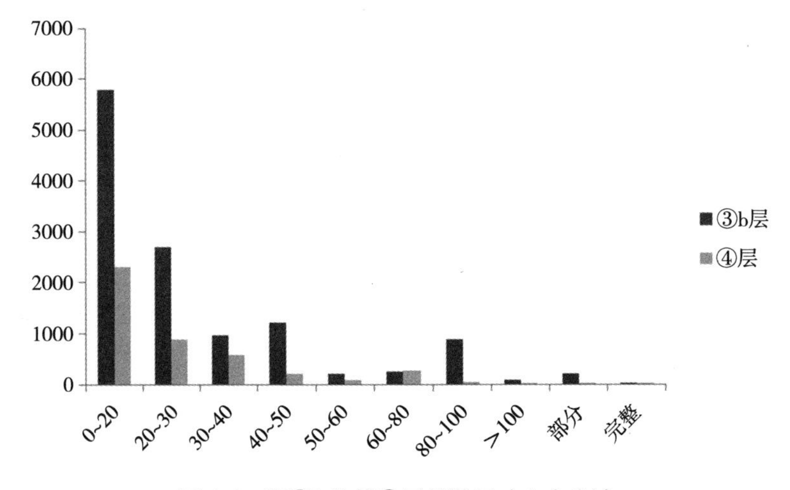

图 6.6　第③b 和第④层骨骼尺寸大小统计

第③b 层与第④层的碎骨在各个尺寸上的数量分布趋势几乎是一致，大量标本集中在小于 30mm 的尺寸上。与第④层略有不同的是，在第③b 层，尺寸介于 40 ~ 50mm 及 80 ~ 100mm 的标本也比较多。

按照 Karr 等①的骨骼分类标准，将于家沟遗址的第③b 层及④层的骨骼分为完整关节或骨骼、附肢松质骨、中轴松质骨、混杂松质骨、密质骨干、肋骨/下颌/椎骨及其他，并按照不同的尺寸对骨骼类别进行了统计。

第③b 层（图 6. 7、彩版七）小于 20mm 的标本中，各类松质骨占 80% 以上；而 20 ~ 50mm 的标本中，松质骨所占的比例也超过了 50% 。随着尺寸的增大，可以区分位置的松质骨增多，中轴松质骨的量明显增加。密质骨干则随着尺寸的增大而逐渐增多，但是，大于 10mm 的密质骨干碎片非常少。

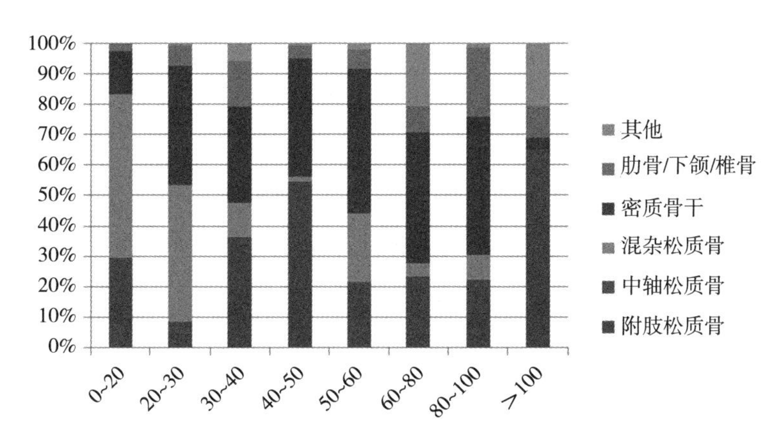

图 6. 7（彩版七） 第③b 层不同尺寸碎骨的骨骼类型统计

第④层（图 6. 8、彩版七）各尺寸的骨骼类型分布与第③b 层差异很大。松质骨几乎在所有尺寸上的数量比例都超过 50% ，随着骨骼尺寸的增加，密质骨干的数量时多时少。

从第③b 层与第④层的对比中可以看出，第③b 层的碎骨分布比较有规律，松质骨的破碎程度非常高，尺寸非常小，而且尺寸越小越难以辨别松质骨的归属；相应地，尺寸越大，密质骨所占的比例就越高。而第④层松质骨与密质骨的关系似乎没有规律可循。在同样的埋藏过程作用之下，松质骨应该比密质骨更容易破碎，然而，

① Karr LP，Outram AK，Adrien HL，A Chronology of Bone Marrow and Bone Grease Exploitation at the Mitchell Prehistoric Indian Village.

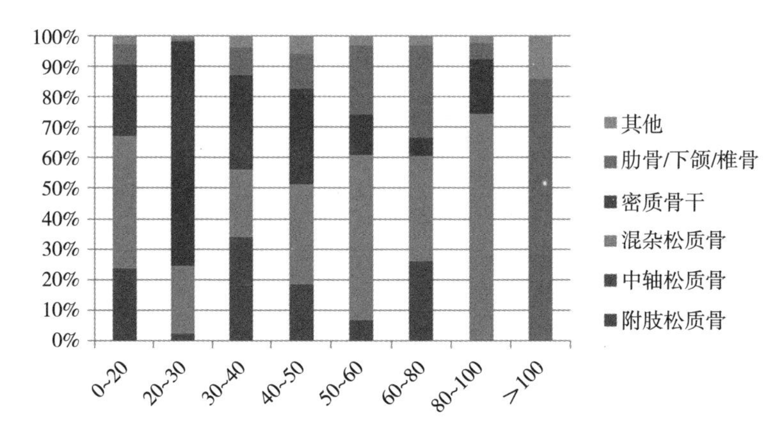

图 6.8（彩版七）　第④层不同尺寸碎骨的骨骼类型统计

如前文所述，埋藏作用对于家沟遗址第③b 层和第④层骨骼的改造作用并不大。也就是说，第③b 层和第④层的碎骨在不同尺寸上分布的骨骼类型不同，很可能反映了古人类在进一步获取骨内营养时采取了不同的策略。

为了进一步说明可能存在的策略差异，对第③b 层和第④层的密质骨干和完整关节的破碎方式进行了统计，并计算了它们的裂口新鲜程度（FFI）（图 6.9）。第④层的 FFI 主要集中在 0 级，随着 FFI 等级的提升，骨骼数量锐减，说明该层的长骨大部分是在非常新鲜状况下破裂的。而第③b 层的 FFI 则更多地集中在 1 级，FFI2 也有不少标本。虽然该层也有大量 FFI0 级的标本存在，说明该层也应有不少在非常新鲜状

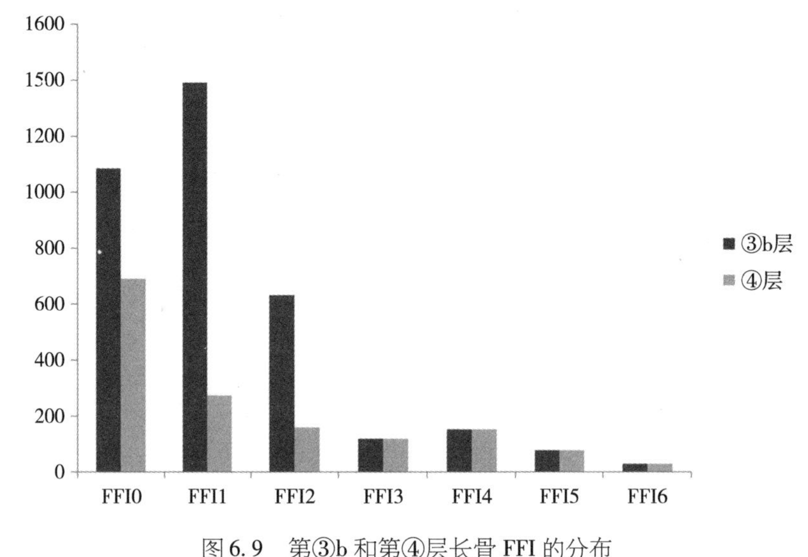

图 6.9　第③b 和第④层长骨 FFI 的分布

况下破裂的标本，但大多数标本在破裂之前可能经历了短时间的暴露，导致骨骼标本脱水而未呈完全新鲜的断口。这样一来，第④层长骨骨干在新鲜状态下破碎得更多，而第③b层则经历了一段时间的脱水，暗示这两层古人类获取骨髓的策略可能有差异。结合前述民族学的材料推测，第③b层的古人类可能存在储藏骨骼的行为。古人类可能倾向先砍下两端取髓，然后再弄碎松质骨加工骨脂。而第④层的古人类则在取肉后直接取髓，并破碎松质骨进行进一步的加工。

二 开发骨髓与骨脂的可能性检验

前面谈到，骨髓指数和骨脂指数可以用来推测骨骼的破碎是否与骨髓或者骨脂的加工相关。与之前%MAU与骨髓效用指数的相关性分析不同的是，这里采用MNE与NISP的比值作为比较的对象。这是由于在前面的骨骼破碎状况分析表明，第③b层和第④层的骨骼破碎率很高，是否存在骨髓与骨脂的加工应该与长骨骨干及松质骨的破碎率更相关，而与具体哪个骨骼单元出现频率更高的相关性小。另外，骨骼的破碎率高可能会影响相关骨骼单元的出现频率，而影响%MAU与骨髓效用指数的相关性。

骨髓指数（表6.3）的检验表明第③b层和第④层主要猎物，小型牛科动物与马科动物的长骨骨干破碎指数与骨髓效用指数的相关性比较显著。除了第③b层小型牛科动物的相关性p值大于0.05以外，其他指数的相关性都是有统计学意义且呈现正相关的。由此可知，第③b层与第④层古人类对小型牛科动物与马科动物的骨髓进行了开发，而且这种开发导致了长骨骨干的高破碎率。

表6.3 第③b与第④层长骨骨干破碎指数（NISP：MNE）与骨髓效用指数的Spearman相关性分析结果

		第③b层	第④层
小型牛科动物	r_s	0.89	0.74
	p	0.097	0.041
马科动物	r_s	0.54	0.67
	p	0.032	0.02

从骨髓指数的分析来看，第③b 层和第④层的古人类对骨油的开发方式可能存在差异。与前面 FFI 分析所推测的结果一致，第③b 层小型牛科动物在骨髓指数上的相关性不显著可能是与其获取骨髓的方式有关。从民族学资料的角度看，将长骨直接砸碎获取骨髓应该比砸去骨骺获得骨髓的方式产生更多的骨干碎片，其破碎率与骨髓效用指数的相关性就会更高。

为了进一步说明这种开发方式的差异，对第③b 层和第④层长骨骨干残长和残周长数据进行了比较（图 6.10）。第③b 层长骨残周长小于 1/3 而残长小于 1/2 的标本明显不如第④层的多，说明第④层的骨干破碎程度更高。这两层对破坏骨干而获取骨髓的方式确实存在差异。

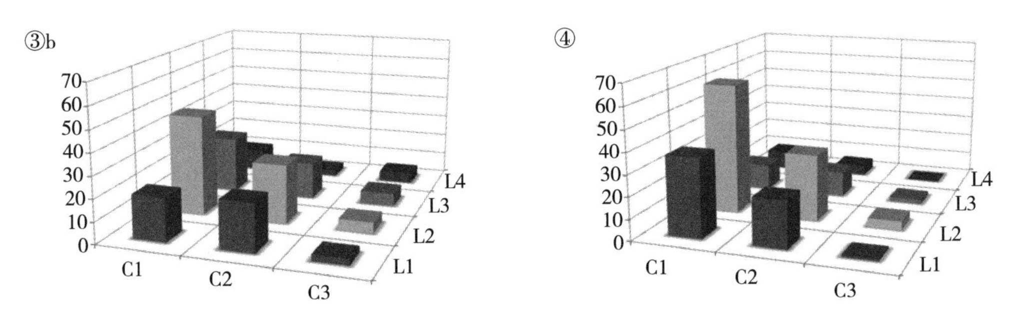

图 6.10　第③b 与第④层长骨骨干残长与残周长的对比
C1 ~ C3 和 L1 ~ L4 的含义见第一章方法部分

骨脂指数主要检验不同动物 NISP∶MNE 与骨保存系数的关系。与效用指数和骨骼单元分布的性质不同，这两个变量都是连续性变量，所以它们之间的相关性检验采用 Pearson 检验（表 6.4）。在计数 NISP 与 MNE 时排除了之前参与骨髓指数分析的长骨骨干标本。

表 6.4　第③b 和第④层小型牛科动物与马科动物骨保存系数与 NISP∶MNE 的相关性分析

		第③b 层	第④层
小型牛科动物	r_s	-0.94	-0.58
	p	0.012	0.31
马科动物	r_s	0.24	-0.76
	p	0.092	0.25

由于骨脂加工与埋藏作用一样，都会对松质骨产生破坏，而这两者的改造作用很难直观地被区分开来。检验骨脂指数的目的是希望能辨识出比埋藏作用破坏更显著的骨松质破碎率，即显著很高的骨骼破碎率及显著很低的骨骼存活率。经过相关性的分析，只有第③b 层的小型牛科动物的 p 值小于 0.05，骨骼破碎率与骨骼存活率显著的负相关性说明该层可能存在对骨脂的加工行为。

三 烧骨初步研究

相对与标本总量而言，于家沟遗址烧骨的数量并不多，且烧骨的尺寸较小，颜色的差异也不大。由于在遗址没有发现明确的用火遗迹，而遗址的大多数烧骨是筛出标本，所以这些烧骨与古人类用火行为的关系也很难被探知。从总体上来看，遗址内大多数烧骨皆是周身被烧黑，推测骨骼在破碎后才接触到火源的可能性较大。

烧骨在每个层位的出现频率有很大的差距（图 6. 11）。虽然第③b 层和第④层的烧骨数量都很多，但第④层的烧骨出现频率明显更高。

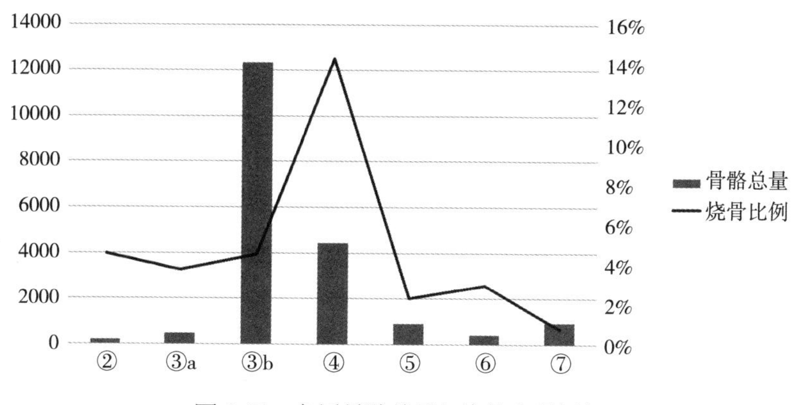

图 6. 11 各层骨骼总量与烧骨出现频率

根据第六章第一节的介绍，从烧骨中密质骨骼与松质骨骼出现频率的差异也许能区分人类将碎骨投入火源的目的。图 6. 12 显示了第③b 层及第④层烧骨类别的比例差异。

从烧骨的类别差异来看，第④层松质骨被投入火堆的比例更大，结合第④层古人类直接取髓的骨骼处理方式，松质骨可能是随密质骨一同被扔进火堆的，这种行为可能与处理垃圾有关，也可能与将骨骼作为火源补充燃料的行为有关。而前面骨脂利用的检验表明，第③b层的古人类可能已经开发了松质骨中的骨油，那么该层烧骨中密质骨占优而松质骨并不多的情况可能与古人类处理骨骼垃圾的行为更相关。

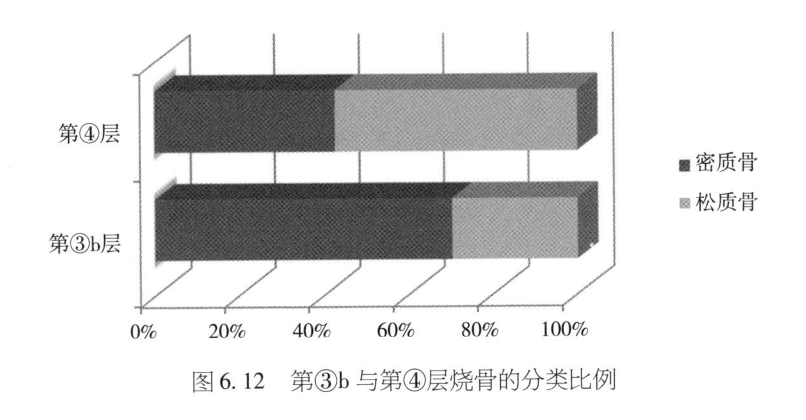

图6.12 第③b与第④层烧骨的分类比例

第四节 小 结

骨油的用途多种多样。考古学家在进行研究时既从民族学的证据得到了启示，也利用了一些量化的方法将埋藏学的影响纳入分析之中。Fladerer等①认为应该至少从八个方面进行研究，才能获得古人类开发骨油资源的完整信息，即1. 动物属种和类别的丰度；2. 不同解剖学部位的丰度；3. 松质骨与密质骨的比例；4. 燃料程度；5. 碎骨的尺寸；6. 骨骼破碎状况；7. 骨骼的空间分布；8. 季节信息。这与动物考古学的两大经验殊途而归，即从民族学的启示引起重视，从埋藏学的角度进行量化，然后再对人类的行为进行解释。除了骨骼的空间分布信息以外，于家沟遗址的研究基本上对以上几个方面都进行了解释。

从埋藏学的影响上来看，于家沟遗址的骨骼破碎显然不是由骨密度导向的，除人工改造外，其他改造作用对骨骼的影响都不太明显。碎骨虽然在埋藏之后受到了植物根系腐蚀和啮齿类啃咬作用的影响，但这些影响应该没有导致大量的骨骼流失

---

① Fladerer FA, Salcher - Jedrasiak TA, Haendel M, Hearth - Side Bone Assemblages within the 27ka BP Krems - Wachtberg Settlement: Fired Ribs and the Mammoth Bone - Grease Hypothesis.

或者大量骨骼进一步的破碎。

于家沟遗址的碎骨尺寸都比较小，骨骼的保存率与骨骼破碎率应该都是受到骨骼埋藏之前的人类活动影响的。具体来说，长骨骨干的破碎状况可能反映了古人类对骨髓的获取，而松质骨的保存率则表明可能存在炼取骨脂的现象。虽然烧骨在骨骼组合中占有一定的比例，但由于烧骨并没有能够提供燃烧状态方面的信息，尚不能对骨骼进入火堆的原因进行合理的推测。总的来讲，从动物骨骼的数据分析来看，于家沟遗址存在骨骼油脂开发的行为。结合遗址中出现的砍砸器和陶片的证据来看，从生产工具上讲，骨髓获取和骨脂炼制的客观条件是可以达到的。从第六章羚羊死亡年龄上获取的季节性信息来看，获取骨油的行为也应该发生在秋季，而此时对油脂的摄入和储存正好可以帮助古人类度过寒冷的冬季。

由于缺乏更早或更晚时期的对比数据，现阶段尚不清楚对骨油的开发是连续性的策略，还是在特定环境下的适应性策略。但可以肯定的是，利用骨油的证据在第③b 层和第④层的出现表明了古人类对动物个体开发的强度增大。这一方面是建立在他们对动物更深层次的认识上，同时也说明了他们面临的资源压力很大。与砸开长骨即可获取的骨髓相比，骨脂的炼取显然需要付出更多的精力和时间，但这样的付出也给古人类带来了优质的油脂及生产经验的积累。

但是，对骨油的开发，特别是骨脂的炼取的确认是一件非常困难的事情，除非发现生产活动面，否则所有从骨骼上提取的信息都受制于各种埋藏和人为因素的影响。对于中国的动物考古学而言，现阶段研究骨油利用的首要困难是碎骨与烧骨都得不到足够的重视使相关材料与信息缺失。在今后的野外发掘和室内整理的信息采集过程中，应当全面采集骨骼所反映的各类属性，特别是无法鉴定的碎骨。这样才可以建立对比研究的前提并将一些年代相近、性质相仿遗址的研究结果进行对比，获取较以往的视野更开阔的信息。

第七章　冰消期的动物资源利用策略

第一节　于家沟人开发动物资源的策略

在冰消期的气候波动影响之下，于家沟遗址生存的古人类在获取和消费资源方面的特点显著。本书的第三至六章以动物考古学的视角从猎物生态、遗址埋藏过程、古人类获取、搬运和消费猎物的方式这三个方面对于家沟遗址古人类开发动物资源的方式进行了探讨。

从动物骨骼埋藏学的角度看，于家沟遗址各个层位所经受的埋藏作用改造是不一样的。但从总体上来说，人类、食肉类、啮齿类、植物根系、风化作用和沉积作用等都在不同程度上影响了遗址内骨骼组合的状况。旧石器时代考古学的埋藏学研究，最终指向是搞清楚究竟哪个营力才是遗址内骨骼组合形成的主因，而其他的营力又对骨骼组合产生了怎样的影响。从于家沟遗址的骨骼表面分析来看，古人类行为应该是骨骼组合形成的主因，植物根系、啮齿类和食肉类的改造对骨骼组合虽然存在一定的影响，但并没有改变堆积的初始面貌。遗址中相当比例的切割痕迹和砍砸痕迹的出现说明古人类在将猎物带回遗址之后，在遗址内对猎物进行屠宰和消费。在自然痕迹方面，第③b 层的植物根系痕迹出现频率很高，说明后期植物的生长对遗址内的骨骼有一定的影响。由于不见因植物根系腐蚀而破裂的标本，所以植物对骨骼标本的影响可能集中在标本位置的移动上，尽管这方面的影响是非常难以评估的。风化作用的分析结果表明，大多数层位的骨骼标本是在地表经历了短暂时间的暴露之后才被掩埋的。但从风化等级分布与痕迹出现频率的关系来看，风化作用对骨骼表面痕迹的影响不大。骨骼单元分布频率的研究结果也说明了埋藏作用对骨骼组合的影响。通过对不同密度骨骼单元出现频率的比较，说明埋藏作用并没有造成骨骼单元的信息流失太多。而骨骼残存系数和骨骼单元分布与骨密度相关性分析表明，骨骼单元的保存状况并不是由骨骼密度决定的，埋藏作用对骨骼单元出现与否的影响较小。骨骼表面痕迹与骨骼单元分布的情况都表明，于家沟遗址骨骼组合是古人类消费猎物的结果，它受到埋藏作用的改造并不太大。因此，骨骼组合所赋存的信息基本能够反映古人类获取与消费资源行为的原始面貌。

从于家沟遗址各层位动物群的构成来看，不同时期人类占据遗址时所获取的动物资源类别有差异。但从整体分布上来看，小型牛科动物与马科动物在遗址中一直占有比较大的优势，说明这两种动物是古人类动物食谱中最为重要的类型。从生态学的角度分析，狩猎者获取的资源类型是由本地资源状况决定的①。由于更新世末期这两类动物在当地的分布密度及丰度很难被探知，所以对它们在于家沟遗址中优势地位的解释只能停留在一个最基本层面，即当古人类在遗址生活时，这两类动物在遗址周围的分布率较其他有蹄类动物更高。实际上，在一个资源域中，中小型动物的比率一般都比大型动物高②。进一步地说，假如中小型牛科动物与马科动物在遗址周围的丰度较高，那么古人类对它们的狩猎应该促使了遗址中的这两类动物的出现频率更高。第三章对遗址动物组合多样性和均匀度的检测表明，在大多数的层位，遗址动物组合的多样性和均匀度都不高。这说明古人类的狩猎应该加剧了遗址动物组合构成状况与自然状况的差异。在大多数英文文献中，会将这种差异描述为 preferance，即偏好。在实际理解中，描述对个别猎物资源的“偏好”应与 Stiner③ 提出的狩猎者对成年个体的偏好区别开来。这是因为狩猎者不可能总是偏执地追求周围环境中较为稀缺的资源，所有的“偏好”都应该是建立在本地资源丰度基础之上的。

---

① Assefa Z, Faunal Remains from Porc - Epic: Paleoecological and Zooarchaeological Investigations from a Middle Stone Age Site in Southeastern Ethiopia. *Journal of Human Evolution*, 2006, p. 51.

② Macarthur RH, Pianka E, On Optimal Use of a Patchy Environment. *The American Naturalist*, 1966, p. 100.

③ Stiner MC, *Honor among Thieves: A Zooarchaeological Study of Neandertal Ecology*.

于家沟遗址各个层位年代的差异说明它们所处的气候和环境状况也不同，其中最具代表性的③b 和④层分别处于相对较暖和相对较冷的两个阶段。从第③b 层和第④层的差异来看，前者动物群中的小型牛科动物比例占优，后者中马科动物出现频率更高，这反映了在气候逐渐转暖的条件下，本地资源状况改变，古人类的狩猎对象也随之发生调整。而从这两个层位的动物多样性和均匀度的对比来看，第④b 层的多样性和均匀度都比第④层更低，说明第③b 层的古人类对遗址周围分布的某些动物资源的开发强度更高。

另外，遗址动物群构成状况的生态学分析表明，古人类对遗址的占据时间应该并不太长。从生态系统中狩猎者 – 猎物的平衡关系来看，狩猎者对固定资源域的占据时间越长，它获取资源的类型就越丰富。假如古人类对于家沟遗址各个层位的占据时间都很长，那么他们获取的各类别动物资源的比例差异就会减小。或者，从一个极端的角度来讲，长时间对一个资源域内的固定资源进行强度开发，会导致域内的生态系统濒临崩溃而不再能满足狩猎者的需求。

从人类获取动物资源的方式来看，在于家沟遗址生存的古人类可能已经掌握了一些动物的生态特征并且结合对狩猎工具的开发获取特定的动物资源。由于在动物群中高频出现的小型牛科动物与马科动物都是奔跑能力非常强的动物，所以古人类在猎取这两种动物时不太可能采取追逐或直接近距离刺杀的方式。结合于家沟遗址出土的石制品工具来看，小型牛科动物胆小且警觉性很小，采用与石镞配合的弓箭一类复合工具可以有效地从远距离将其射杀。当小型牛科动物处于交配期或迁徙期时，庞大的集群能提高集体射杀的捕获率。而且，如果掌握了小型牛科动物的迁徙方式，在其迁徙路线上设置陷阱可以非常有效率地获取猎物，特别是更易被控制的幼年个体。马科动物的活动路线非常固定，但在受到惊吓时又经常慌不择路。使用镶嵌石矛头的复合工具，采用驱赶和突袭的方式就可以有效地捕获猎物。对第③a 层普氏原羚死亡季节的分析表明，古人类狩猎羚羊的行为可能发生在秋季。而在每年的这个时间段，普氏原羚的群体规模很大，整个群体开始进入到交配和准备迁徙的状态。这种大的聚群行为有利于古人类高效地狩猎。

从人类搬运猎物的选择来看，于家沟遗址的古人类对不同体型动物的搬运策略不同。骨骼单元分布的研究结果显示，小型牛科动物在第③b 和第④层均是整体进入遗址的，说明古人类在获取小型牛科动物之后，会将其整个带入遗址消费。而在体型稍大的动物中，大型牛科动物都只有部分进入遗址，但马科动物的骨骼单元却鲜有缺失。古人类很有可能在距离遗址较近的地方捕获了马科动物，直接将其全部带入遗址。之所以出现这种选择，可能与古人类进一步开发马科动物骨骼油脂的需求相关。

从人类消费猎物的策略来看，于家沟遗址古人类对猎物的需求可能不仅仅限于肌肉。第③b 层和第④层的人工痕迹出现比例最高，应该是古人类消费动物资源的最重要时期。这两个层位切割痕迹和砍砸痕迹的出现频率都较高，说明古人类既有肢解猎物获取肌肉和筋腱的行为，也有砸开骨骼取食骨髓的行为。第③b 层的砍砸痕迹出现频率略高于第④层，表明这两层的古人类的屠宰行为方式略有差异。除了丰富的细石叶制品之外，在于家沟遗址还出现了磨制工具与陶片，这说明古人类可能已经可以对食物进行烹食。“碎骨”分析的结果表明，于家沟遗址可能存在对骨髓的开发以及对骨骼油脂炼取的行为，而陶制品很可能为骨油的生产提供了重要的工具。

动物考古学的研究勾勒了于家沟遗址古人类开发动物资源的清晰脉络。总体来讲，于家沟遗址生存的古人类对动物资源的开发具有几个特征，即本地性、集约性和多样性。也就是说，在获取动物资源时，古人类顺应了气候和环境波动带来的资源状况改变，并且通过深度开发最富足的资源类型来满足对食物的需求。同时，古人类也不拘泥于单一的食物类型，对肉、油和蛋的全面开发丰富了营养的结构。这些开发资源的策略可以帮助提高古人类适应环境变化的能力。

第二节　资源强化利用还是广谱革命？

从于家沟遗址人工制品的组合类型来看，从第④层开始，细石叶技术、制陶技术和磨制石器技术同时出现。虽然陶片与磨制石器只是零星出现，但仍然表明新的工具已经产生。到了第③b 层，磨制石器标本缺失，但磨制骨角器的出现说明磨光技术并没有缺失。加之陶片数量的增加和细石叶技术向更进步的剥片方式上发展，说明在冰消期，于家沟遗址生活的古人类已经掌握了以细石叶技术为主的至少三种与资源强化利用相关的工具生产技术。

在研究背景的介绍中提到，资源强化利用会牺牲觅食效率来提高对特定领域的能量攫取，而其主要表现为对资源对象在宽度上的扩展以及在深度上的挖掘。具体到动物考古学的视角，前者即肉食资源的广谱革命，而后者即对猎物资源的集约开发。

遗址第③b 层和第④层的动物考古学分析表明，在对动物资源的开发方面，古人类已经表现出显著的资源强化利用的特征。有三个方面的证据可以提供古人类强化利用资源的线索。

一是猎物的类型及其相对比例。毫无疑问，小型牛科动物是于家沟遗址最为重要的动物资源。随着时间的推进，这类动物在遗址中所占在的比例不断增长，并且在人类行为最多样化的第③b 层达到最高值。这当然与本地小型牛科动物资源的丰度不无关系，但从有蹄类动物体型的角度来看，2 级有蹄类的其他动物数量也突然增加，而 3 级有蹄类的数量却在下降，说明古人类狩猎时开始更关注体型较小的有蹄类动物。

二是对幼年个体的开发。小型牛科动物和马科动物的死亡年龄分布分析表明，幼年个体在整个动物群中一直占有很高的比例。Munro① 建立的生态学模型表明，羚羊死亡群体中幼年个体的比率与狩猎者狩猎活动的持续性和强度呈正相关，也就是说，人类的狩猎压力越大，对幼年个体狩猎的可能性就越大。但是，幼年个体占优的原因也可能多种多样，Binford② 就曾报道 Nunaniut 人群会在春天狩猎幼年个体以获得优质的毛皮。然而，于家沟遗址第③b 和第④层幼年个体的优势不仅体现在一类动物身上，加之高达 60% 以上的出现率，表明古人类的捕猎年龄段发生了显著的变化。对猎物幼年个体长时间高强度的开发会导致生态系统的崩溃，所以古人类的这个策略极有可能不是持续性的。这样一来，在短期的集中狩猎过程中获取更多幼年个体的倾向更说明了对本来已经处于优势分布地位的猎物群体进行了更高强度的开发。

---

① Munro ND, *A Prelude to Agriculture: Game Use and Occupation Intensity in the Natufian Period of the Southern Levant.*

② Binford LR, *Nunamiut Ethnoarchaeology.*

另外，在第③b 的幼年个体中，3～7 个月的个体更占优势。从动物的体量上来看，这样的幼年个体能够提供的能量远远低于7～18 个月的个体或者成年个体。从俘获性的角度来看，由于幼年个体在群体中经常被包围在中间，所以如果不是采取追逐的策略，幼年个体的可俘获性并不比亚成年及成年个体高。但从管理性的角度出发，3～7 个月的个体应该更容易被牵养而不易逃跑。那么古人类在获取整个动物群之后，就很有可能挑选出幼年个体进行了短暂的牵养，以作为狩猎成果欠佳时的补充。从季节性的信息上看，在秋季短暂地圈禁幼年个体也可以作为冬季的补充。假如这种行为确实存在，那么这种灵活地“存储”动物资源的做法也延长了单次获取的动物资源供给的时间，对特定的资源域来讲，也是一种强化开发的表现。

第三，对“碎骨”的分析结果表明，于家沟遗址可能存在对骨油进行开发的证据。长骨骨干中的骨髓与松质骨中的骨脂是动物身体所包含能量的重要组成部分。与单纯的剔肉而食相比，获取骨骼油脂显然是一个更费时费力的工作。从民族学的证据来看，这种费时费力的工作显然是值得的，因为骨油一方面能够提供更高质量的营养，另一方面它的生产也可以由人群中不参与狩猎－采集的成员进行。遗址第③b 和④层出土的刮削器、砍砸器、陶片及磨制工具都可以作为生产骨油的工具。可能存在的骨油炼制行为，表明古人类对单个动物体的营养榨取程度加深，强化了对猎物个体的开发。

综上，于家沟人对资源的强化开发不仅体现在整个动物资源域上，也体现在单一动物种类甚至单一个体上。这种对动物资源在深度上的挖掘与地中海地区广泛发现的肉食广谱革命存在差别。但是，不同的研究者对广谱的定义不一，一些研究者认为，只要在人类食谱中出现了新的元素，就可以称为广谱。在这类宽泛的定义下，中小型有蹄类的增加、幼年个体的增加以及油脂的摄入都可以被作为广谱革命的证据。与之相应的，不同的研究者对强化的定义也不一样，有些研究者认为强化就是特化，即对动物的驯养和对植物的培育才可能称之为对特定资源的强化开发。广谱革命到强化资源利用的渐变可能是广义的农业（既包含植物的培育也包含动物的驯养）建立的前奏①。但在不同的地区，由于环境及文化面貌的不同，广谱、强化以及

① 陈胜前：《史前的现代化——中国农业起源过程的文化生态考察》。

二者之间的关系应该是不同的。那么，广谱到强化到广义农业的发展路线也不应该只有一条。Stiner 等①对土耳其绵羊驯化研究的结果表明，在安纳托利亚地区，在绵羊的驯化发生之前的很长一段时间里，小型动物资源，即兔子、龟及鸟类所占的比例非常高，所以她认为，肉食资源的广谱革命是特定动物被驯化之前人群应对气候环境变化的主要策略。Levant 地区的研究表明②，肉食资源的广谱革命与当地人群对羚羊资源的强化开发是并行的。在中国境内，水洞沟 12 地点的研究表明当地应该已经发生了肉食资源的广谱革命③，而在中国南方，塘子沟遗址的动物考古学研究表明，至少在距今 9000 年，该地区并没有出现资源短缺的现象，广谱革命和强化在当地都没有发生④。

从于家沟遗址的资源利用特征来看，与地中海、西亚以及中国境内同时段遗址的状况都不同。于家沟遗址古人类对资源域、动物群体和动物个体的强化开发，与专注小猎物开发的肉食资源广谱革命的内涵完全不同。而且，不仅在于家沟遗址，笔者在整理泥河湾盆地内其他两处同时期遗址，马鞍山和西白马营的动物堆积时，也尚未发现小猎物的踪影。这样一来，以现有材料来看，至少在泥河湾盆地内，并没有确切的肉食资源广谱革命的证据。

强调于家沟遗址古人类对动物资源的强化利用，其实是想强调在冰消期，在不同的环境背景之下，不同地区不同人群所面临的资源压力和解决方式是不同的。这一点，在遗址出土的人工制品类型上也有体现。土耳其的绵羊驯化可能发生在距今 8000 年左右，而 Aşıklı Höyük 遗址却并没有发现陶片⑤。该地区更早的有肉食资源广

---

① Stiner MC, Buitenhuis H, Duru G, et al., A Forager – Herder Trade – Off, from Broad – Spectrum Hunting to Sheep Management at Asikli Hoyuk, Turkey.

② Munro ND, Kennerty M, Meier JS, et al., Human Hunting and Site Occupation Intensity in the Early Epipaleolithic of the Jordanian Western Highlands. Munro ND, Bar – Oz G, Stutz AJ, Aging Mountain Gazelle (*Gazella gazella*): Refining Methods of Tooth Eruption and Wear and Bone Fusion.

③ 张乐、张双权、徐欣等:《中国更新世末全新世初广谱革命的新视角：水洞沟第 12 地点的动物考古学研究》。

④ Jin J, *Zooarchaeological and Taphonomic Analysis of the Faunal Assemblage from Tangzigou, Southwestern, China.*

⑤ Stiner MC, Buitenhuis H, Duru G, et al., A Forager – Herder Trade – Off, from Broad – Spectrum Hunting to Sheep Management at Aşıklı Höyük, Turkey.

谱革命证据的遗址，皆是以几何形细石器为主要工具类型。地中海沿岸遗址的肉食资源广谱革命发生的时间可能早至40ka，此时欧洲地区的石叶技术最具特色，骨角器也比较发达①。而反观于家沟遗址，与资源强化利用相匹配的工具生产技术主要是细石叶技术，并配合有陶片使用及磨制技术的使用。从这个角度来看，于家沟遗址所体现的资源强化利用也不应该与肉食资源的广谱革命混为一谈。

第三节　冰消期的资源强化利用

晚更新世以来，中国北方气候不断波动，加之人口的增长，单位资源域内资源短缺的问题越发突显。末次盛冰期阶段，气候恶劣，中高纬度地区人口锐减；在末次盛冰期之后至冰后期的最初阶段，自然环境改善，人口及文化随之复苏。气候在不断波动转暖的过程中，旧石器文化逐渐向新石器文化过渡，这种过渡并不是一蹴而就的。过去我们研究旧石器文化向新石器文化的过渡，往往只重视年代在1万年左右的遗址，甚至只关心陶器或磨制石器的出现，这不免陷入唯器物论而使研究的眼界变得狭隘。

于家沟遗址的最新测年结果表明，第④层出现的陶片年代可能早至15 cal ka BP左右，也就是说，可能代表中国北方新石器时代的元素在新仙女木事件之前已经出现。这样一来，中国北方旧石器时代向新石器时代过渡的时间可能比以往认为得要早，过渡的方式可能也更复杂。然而，从现有的证据来看，想要把这个问题讲清楚很难。但是，可以肯定的是，参与中国北方旧石器向新石器过渡这一事件的遗址应该比以往估计得要多，即使一些完全没有新石器元素出现的遗址也可能在不同的领域提供这一变革发生、发展动力方面的证据。从于家沟遗址动物考古学的研究结果来看，在冰消期，古人类对资源进行了强化利用，而这种强化很可能促进了新的工具类型和生产手段的出现。由于华北地区针对这一时期的动物考古学研究的缺乏，

① Rillardon M, Brugal J – P, What about the Broad Spectrum Revolution? Subsistence Strategy of Hunter – Gatherers in Southeast France between 20 and 8ka BP. Blasco R, Fernandez Peris J, A Uniquely Broad Spectrum Diet during the Middle Pleistocene at Bolomor Cave (Valencia, Spain). ; Stutz AJ, Munro ND, Bar – Oz G, Increasing the Resolution of the Broad Spectrum Revolution in the Southern Levantine Epipaleolithic (19 – 12ka), Thirty Years on the "Broad Spectrum Revolution" and Paleolithic Demography.

这种强化利用的证据略显单薄，至少它无法在一个更广阔的区域里被确认，以资探讨它对农业生产和人群定居所产生的影响。

另一个方面，除非出现农业生产活动，强化资源利用在一个生态区域内很难维持较长的时间。在于家沟遗址，烧骨和有燃烧痕迹鸵鸟蛋皮的存在说明用火行为确实存在，但并没有发现确切的用火遗迹，说明古人类在每个时期对遗址的占据时间都不长（虽然这也可能是受制于发掘面积）。细石叶技术是一种适应高流动性狩猎-采集人群的技术，于家沟遗址大量精美细石叶制品的出现说明占据该遗址的狩猎人群流动性极高。动物考古学的分析表明，古人类对普氏原羚的狩猎是具有季节性的，而羚羊类动物是遗址中出现频率最高的猎物。那么，古人类对遗址的占据可能也是季节性的。由此可以推知，古人类对资源的强化利用并不是一个连续且持续时间较长的过程，而是建立在短期、高流动性与季节性的基础之上的。也就是说，在于家沟遗址生活的古人类会季节性地回到该地，并对本地资源进行深度的开发。而从猎物生态学的分析结果来看，这种循环往复很可能是针对普氏原羚的季节性迁徙。可以推测，古人类已经掌握了动物资源的生态规律，并且利用这种规律对特定的动物资源进行深度的开发。另外，人群的流动性还体现在对遗址的阶段性占据上。于家沟遗址新的测年结果缺乏14～10 cal ka BP的数据，这一方面可能由于新仙女木冷期侵蚀作用强烈导致地层被剥蚀，另一方面说明在BA暖期结束之后，古人类可能就离开了本地，而直至新仙女木事件结束之后才有新的人群重新占据该遗址。由此看来，泥河湾盆地冰消期人类对资源的强化利用很可能开始于距今16ka年左右。从这一时限到农业起源的时间段里，古人类通过强化资源利用和扩大食谱范围不断调整自身需求和环境变化的关系，在获取资源的实践中改进了生产工具与改变了生产方式。在掌握了一定的技术并获取了一定的资源管理及生产经验之后，逐渐向农业起源迈进。

第四节　问题与展望

于家沟遗址是中国北方冰消期的代表性遗址。该遗址野外发掘流程规范，信息流失较少。对于家沟遗址的动物考古学分析是第一例对泥河湾盆地内冰消期动物遗存的系统研究。而能够开展这项研究最重要的前提是遗址全面、细致的标本采集。这一前提也使得于家沟遗址可以进行重新测年，更新了对遗址年代和所处气候环境阶段的认识。

对于中国北方大多数旷野遗址来说，动物骨骼的数量一般都不太多，即使数量众多也非常破碎不易鉴定。正是这样的窘境，导致动物骨骼无论在发掘中还是后期的整理中都得不到重视。于家沟遗址动物考古学的研究至少表明，即使骨骼组合的可鉴定率很低，也可以从骨骼组合的非生物分类学数据中提取古人类活动的信息。

动物考古学的研究总是有很大的不确定性，因为消费动物的主体并不总是人类，而埋藏作用在骨骼沉积后对它的改造也不可能被全面的定量评估，再加上野外发掘和整理时的种种“意外”，呈现在动物考古学研究中的现象和数据都有可能在各个层面上遭到质疑。这也是为什么本文的研究经常出现一种对可能性的推测和假设。

但是，这不应该成为对动物骨骼研究的阻碍，而更应该促进对不同时期、不同地域古人类遗址中动物骨骼的全面数据采集和对比研究。而这其中，最难以实现也是本文没有涉及的一个领域，即不同骨骼类别在遗址中的空间分布研究。这项研究，至少对于没有使用全站仪记录野外信息的遗址来说是很难进行的，即使对于那些使用全站仪的遗址，我们也能发现，大多数的骨骼标本都是筛出的。

前路漫漫，只能积以跬步以期改观。基于于家沟遗址的动物考古学的研究实践，笔者浅薄地归纳了三个方面的想法。

第一，旧石器时代动物考古学数据积累与数据库的建立。在进行本项研究时最大的困难就是缺乏可供统计分析的对比数据。解决动物考古学研究不确定性的根本方法就是积累大量的基础数据，并通过不断地统计和比较来发现数据的问题，以进一步调整野外发掘和室内整理的工作方法。在动物考古学数据的采集中要特别注重两类数据的积累，即非哺乳动物骨骼的鉴别以及无法鉴定的“碎骨”。这两类数据在以往经常被忽略但却都有很强的问题指向性。一些非哺乳动物，如鱼类和无脊椎类，它们对环境变化非常敏感，同时也对狩猎者带来的压力有快速的反馈。过去由于和古脊椎动物学难分难解的关系，旧石器遗址中的哺乳动物受到的重视总是更多，这也导致研究者们经常在种一级分类单元上纠结，影响了研究者对一些非哺乳动物和无法鉴定骨骼的信息关注。数据的积累还可以帮助从动物考古学的角度建立人类行为从早到晚变化的序列，这种序列的建立对认识狩猎－采集者对遗址占据的强度、方式和适应周围环境变化而进行的策略调整都大有裨益。

第二，动物考古学实验研究的开展。要想将人类行为从自然界对骨骼的搬运和改造中区分出来，最重要的手段就是与动物考古学实验数据的对比研究。现阶段，中国动物考古学的研究结果，都是倚赖对比国外一些实验考古学和民族学的研究成果，对于本地资源和工具状况来说显然是缺乏针对性的。这使我们在研究中很难发现问题，也很难将动物考古学的研究与其他人工制品的研究结合起来，而这也直接导致我们的研究进展缓慢。

第三，旧石器考古的多学科分析。动物考古学研究的目的是从动物骨骼组合中发现人类行为的线索，解释人类行为的动因，这与旧石器考古学研究的目的是一致的。但是，动物考古学家不应该只研究动物骨骼，遗址的年代学、环境学、石制品分析以及其他方面的成果都应该与动物考古学的研究结合起来。而动物考古学也应该能够为其他研究提供思路与证据。这样的结合是将来旧石器考古学多学科分析发展的趋势，但从现在的发展势头来看，旧石器动物考古学的发展状况远远落后于其他学科。在本文的研究中，在动物考古学数据与其他一些学科研究成果的结合上也进行了一些努力和尝试，但碍于材料和成果的有限性和自身视野的局限，对这些成果在结合之后能够具体说明什么样的问题还拿捏不准。希望在今后的研究中能通过更多的积累对相关问题有更深的见地。

参考文献

外文文献

一　研究论文

Adler DS, Bar – Oz G. Seasonal Patterns of Prey Acquisition and Inter – group Competition During the Middle and Upper Palaeolithic of the Southern Caucasus. *Journal of Crustacean Biology*, vol. 12（4）, 2009, pp. 561 – 570.

Albarella U, Davis SMD. Mammals and Birds from Launceston Castle, Cornwall: Decline in Status and the Rise of Agriculture. *Circaea*, vol. 12, 1996, pp. 1 – 156.

Alley RB, Meese DA, Shuman CA, et al. Abrupt increase in Greenland snow accumulation at the end of the Younger Dryas event. *Nature*, vol. 362, 1993, pp. 527 – 529.

An ZS. The History and Variability of the East Asian Paleomonsoon Climate. *Quaternary Science Reviews*, vol. 19, 2000, pp. 171 – 187.

An ZS, Porter SC, Kutzbach JE, et al. Asynchronous Holocene Optimum of the East Asian Monsoon. *Quaternary Science Reviews*, vol. 19, 2000, pp. 743 – 762.

Andres M, Gidna AO, Yravedra J, et al. A Study of Dimensional Differences of Tooth Marks (Pits and Scores) on Bones Modified by Small and Large Carnivores. *Archaeological and Anthropological Sciences*, vol. 4, 2012, pp. 209 – 219.

Andrews P, Fernandez – Jalvo Y. Surface Modifications of the Sima de los Huesos Fossil Humans. *Journal of Human Evolution*, vol. 33, 1997, pp. 191 – 217.

Ao H. Mineral – Magnetic Signal of Long – Term Climatic Variation in Pleistocene Fluvio – Lacustrine Sediments, Nihewan Basin（North China）. *Journal of Asian Earth Sciences*, vol. 39, 2010, pp. 692 – 700.

Asmussen B. Intentional or incidental thermal modification? Analysing site occupation via burned bone. *Journal of Archaeological Science*, vol. 36, 2009, pp. 528 – 536.

Asouti E, Fuller DQ. From Foraging to Farming in the Southern Levant: the Development of Epipalaeolithic and Pre－Pottery Neolithic Plant Management Strategies. *Vegetation History and Archaeobotany*, vol. 21, 2012, pp. 149－162.

Assefa Z. Faunal Remains from Porc－Epic: Paleoecological and Zooarchaeological Investigations from a Middle Stone Age Site in Southeastern Ethiopia. *Journal of Human Evolution*, vol. 51, 2006, pp. 50－75.

Aura T JE, Villaverde BV, Perez RM, et al. Big Game and Small Prey: Paleolithic and Epipaleolithic Economy from Valencia (Spain). *Journal of Archaeological Method and Theory*, vol. 9, 2002, pp. 215－268.

Bar－Oz G, Belfer－Cohen A, Meshveliani T, et al. Taphonomy and Zooarchaeology of the Upper Palaeolithic Cave of Dzudzuana, Republic of Georgia. *International Journal of Osteoarchaeology*, vol. 18, 2008, pp. 131－151.

Bar－Oz G, Dayan T. Testing the Use of Multivariate Inter－Site Taphonomic Comparisons: the Faunal Analysis of Hefzibah in Its Epipalaeolithic Cultural Context. *Journal of Archaeological Science*, vol. 30, 2003, pp. 885－900.

Bar－Oz G, Dayan T, Kaufman D, et al. The Natufian Economy at el－Wad Terrace with Special Reference to Gazelle Exploitation Patterns. *Journal of Archaeological Science*, vol. 31, 2004, pp. 217－231.

Bar－Oz G, Munro ND. Gazelle Bone Marrow Yields and Epipalaeolithic Carcass Exploitation Strategies in the Southern Levant. *Journal of Archaeological Science*, vol. 34, 2007, pp. 946－956.

Bar－Yosef O. The Natufian Culture in the Levant, Threshold to the Origins of Agriculture. *Evolutionary Anthropology*, vol. 6, 1998, pp. 159－177.

Bar－Yosef O. The Upper Paleolithic Revolution. *Annual Review of Anthropology*, vol. 31, 2002, pp. 363－393.

Bar－Yosef O, Meadow RH. The Origins of Agriculture in the Near East, In Price TD, Gebauer AB (eds.), *Last Hunters, First Farmers: New Perspectives on the Prehistoric Transition to Agriculture*, Santa, School of American Research Press, 1995, pp. 39－94.

Barton L, Brantingham PJ, Ji D. Late Pleistocene Climate Change and Paleolithic Cultural Evolution in Northern China: Implications from the Last Glacial Maximum, In Madsen DB, Gao X, Chen FH (eds.), *Late Quaternary Climate Change and Human Adaptation in Arid China*, *Developments in Quaternary Sciences*, Amsterdam: Elsevier, 2007, pp. 105－128.

Bartram LE, Marean CW. Explaining the 'Kalsies Pattern': Kua Ethnoarchaeology, the Die Kelders Middle Stone Age Archaeofauna, Long Bone Fragmentation and Carnivore Ravaging. *Journal of Archaeological Science*, vol. 26, 1999, pp. 9－29.

Behrensmeyer AK. Taphonomic and Ecologic Information from Bone Weathering. *Paleobiology*, vol. 4, 1978, pp. 150－162.

Bello SM, Soligo C. A new method for the quantitative analysis of cutmark micromorphology. *Journal of Archaeological Science*, vol. 35, 2008, pp. 1542－1552.

Benn DI, Owen LA. The role of the Indian summer monsoon and the mid – latitude westerlies in Himalayan glaciation: review and speculative discussion. *Journal of the Geological Society of London*, vol. 155, 1998, pp. 353 – 363.

Bettinger RL, Madsen DB, Elston RG. Prehistoric Settlement Categories and Settlement Systems in the Alashan Desert of Inner – Mongolia, PRC. *Journal of Anthropological Archaeology*, vol. 13, 1994, pp. 74 – 101.

Binford LR. Post – Pleistocene Adaptions, In Binford SR, Binford LR (eds.), *New Perspectives in Archaeology*, Chicago: Aldine Publishing Company, 1968, pp. 313 – 341.

Bird MI, Turney CSM, Fifield LK, et al. Radiocarbon dating of organic – and carbonate – carbon in Genyornis and Dromaius eggshell using stepped combustion and stepped acidification. *Quaternary Science Reviews*, vol. 22, 2003, pp. 1805 – 1812.

Blasco R, Dominguez – Rodrigo M, Arilla M, et al. Breaking Bones to Obtain Marrow: A Comparative Study between Percussion by Batting Bone on an Anvil and Hammerstone Perssion. *Archaeometry*, vol. 56, 2014, pp. 1085 – 1104.

Blasco R, Fernandez Peris J. A Uniquely Broad Spectrum Diet during the Middle Pleistocene at Bolomor Cave (Valencia, Spain) . *Quaternary International*, vol. 252, 2012, pp. 16 – 31.

Blumenschine RJ, Cavallo JA, Capaldo SD. Competition for Carcasses and Early Hominid Behavioral Ecology – a Case Study and Conceptual Framework. *Journal of Human Evolution*, vol. 27, 1994, pp. 197 – 213.

Blumenschine RJ, Madrigal TC. Variability in long bone marrow yields of East African ungulates and its zooarchaeological implications. *Journal of Archaeological Science*, vol. 20, 1993, pp. 555 – 587.

Blumenschine RJ, Marean CW, Capaldo SD. Blind Tests of Inter – Analyst Correspondence and Accuracy in the Identification of Cut Marks, Percussion Marks, and Carnivore Tooth Marks on Bone Surfaces. *Journal of Archaeological Science*, vol. 23, 1996, pp. 493 – 507.

Blumenschine RJ, Selvaggio MM. Percussion Marks on Bone Surfaces as A New Diagnostic of Hominid Behavior. *Nature*, vol. 333, 1988, pp. 763 – 765.

Boaretto E, Wu X, Yuan J, et al. Radiocarbon Dating of Charcoal and Bone Collagen Associated with Early Pottery at Yuchanyan Cave, Hunan Province, China. *Proceedings of the National Academy of Sciences of the United States of America*, vol. 106, 2009, pp. 9595 – 9600.

Bocquet – Appel JP, Demars PY, Noiret L, et al. Estimates of Upper Palaeolithic Meta – Population Size in Europe from Archaeological Data. *Journal of Archaeological Science*, vol. 32, 2005, pp. 1656 – 1668.

Bokonyi S. A New Method for the Determination of the Number of Individuals in Animal Bone Material. *American Journal of Archaeology*, vol. 74, 1970, pp. 291 – 292.

Bonnichsen R. Some Operational Aspects of Human and Animal Bone Alteration, In Gilbert BM (ed.), *Mam-*

malian Osteo – Archaeology: *North America*, Columbia: Archaeological Society, University of Missouri, 1973, pp. 9 –24.

Brink JW. Fat Content in Leg Bones of Bison bison, and Applications to Archaeology. *Journal of Archaeological Science*, vol. 24, 1997, pp. 259 –274.

Broecker WS, Deton GH, Edwards R L, et al. Putting the Younger Dryas cold event into context. *Quaternary Science Reviews*, vol. 29, 2010, pp. 1078 –1081.

Bromage TG, Boyde A. Microscopic Criteria for the Determenation of Directionality of Cutmarks on Bones. *American Journal of Physical Anthropology*, vol. 65, 1984, pp. 359 –366.

Brown WAB, Chapman NG. Age Assessment of Red Deer (*Cervus elaphus*): From a Scoring Scheme Based on Radiographs of Developing Permanent Molariform Teeth. *Journal of Zoology*, vol. 225, 1991, pp. 85 –97.

Bunn HT. Archaeological Evidence for Meat – Eating by Plio – Pleistocene Hominids from Koobi Fora and Olduvai Gorge. *Nature*, vol. 291, 1981, pp. 574 –577.

Burch ESJ. The caribou – wild reindeer as a human resource. *American Antiquity*, vol. 37, 1972, pp. 339 –368.

Burger O, Hamilton MJ, Walker R. The Prey as Patch Model: Optimal Handling of Resources with Diminishing Returns. *Journal of Archaeological Science*, vol. 32, 2005, pp. 1147 –1158.

Bush ABG, Rokosh D, Rutter NW, et al. Desert margins near the Chinese Loess Plateau during the mid – Holocene and at the Last Glacial Maximum: a model – data intercomparison. *Global and Planetary Change*, vol. 32, 2002, pp. 361 –372.

Cachel S. Subsistence among Arctic peoples and the reconstruction of social organization from prehistoric human diet, InRowley – Conwy P (ed.), *Animal Bones, Human Societies. Monographs in Archaeology Series*, Oxford: Oxbow Books, 2000, pp. 39 –48.

Cai Y, Tan L, Cheng H, et al. The Variation of Summer Monsoon Precipitation in Central China since the Last Deglaciation. *Earth and Planetary Science Letters*, vol. 291, 2010, pp. 21 –31.

Campmas E, Amani F, Morala A, et al. Initial insights into Aterian hunter – gatherer settlements on coastal landscapes: The example of Unit 8 of El Mnasra Cave (Témara, Morocco). *Quaternary International*, vol. 413, 2016, pp. 5 –20.

Campmas E, Michel P, Costamagno S, et al. Were Upper Pleistocene Human/Non – Human Predator Occupations at the Temara Caves (El Harhoura 2 and El Mnasra, Morocco) Influenced by Climate Change? *Journal of Human Evolution*, vol. 78, 2015, pp. 122 –143.

Cannon MD. A Mathematical Model of the Effects of Screen Size on Zooarchaeological Relative Abundance Measures. *Journal of Archaeological Science*, vol. 26, 1999, pp. 205 –214.

Cannon MD. NISP, Bone Fragmentation, and the Measurement of Taxonomic Abundance. *Journal of Archaeological Method and Theory*, vol. 20, 2013, pp. 397 -419.

Capaldo SD. Experimental Determinations of Carcass Processing by Plio - Pleistocene Hominids and Carnivores at FLK 22 (Zinjanthropus), Olduvai Gorge, Tanzania. *Journal of Human Evolution*, vol. 33, 1997, pp. 555 -597.

Caraco T, Pulliam HR. Time budgets and flocking dynamics. *Proceedings of the XVII International Ornithological congress*, Berlin, Germany, 1980.

Carden N, Martinez G. Fragmented Designs. Social Circulation of Images on Rheidaeeggs in Pampa and Northern Patagonia. *Boletin Del Museo Chileno De Arte Precolombino*, vol. 19, 2014, pp. 55 -75.

Carter RJ. Reassessment of Seasonality at the Early Mesolithic Site of Star Carr, Yorkshire Based on Radiographs of Mandibular Tooth Development in Red Deer (*Cervus elaphus*) . *Journal of Archaeological Science*, vol. 25, 1998, pp. 851 -856.

Carter RJ. New Evidence for Seasonal Human Presence at the Early Mesolithic Site of Thatcham, Berkshire, England. *Journal of Archaeological Science*, vol. 28, 2001, pp. 1055 -1060.

Caughley G. Mortality Patterns in Mammals. *Ecology*, vol. 47, 1966, pp. 906 -918.

Chen FH, Bloemendal J, Wang JM, et al. High - Resolution Multi - Proxy Climate Records from Chinese Loess, Evidence for Rapid Climatic Changes over the Last 75 kyr. *Palaeogeography Palaeoclimatology Palaeoecology*, vol. 130, 1997, pp. 323 -335.

Chen FH, Yu Z, Yang M, et al. Holocene moisture evolution in arid central Asia and its out - of - phase relationship with Asian monsoon history. *Quaternary Science Reviews*, vol. 27, 2008, pp. 364.

Church RR, Lyman RL. Small Fragments Make Small Differences in Efficiency when Rendering Grease from Fractured Artiodactyl Bones by Boiling. *Journal of Archaeological Science*, vol. 30, 2003, pp. 1077 -1084.

Clark GA, Straus LG. Late Pleistocene hunter - gatherer adaptations in Cantabrian Spain, In Bailey G (ed.), *Hunter - gatherer Economy in Prehistory*, Cambridge: Cambridge University Press, 1983, pp. 131 -148.

Cochard D, Brugal JP, Morin E, et al. Evidence of Small Fast Game Exploitation in the Middle Paleolithic of Les Canalettes Aveyron, France. *Quaternary International*, vol. 264, 2012, pp. 32 -51.

Conard NJ, Bolus M, Muenzel SC. Middle Paleolithic Land Use, Spatial Organization and Settlement Intensity in the Swabian Jura, Southwestern Germany. *Quaternary International*, vol. 247, 2012, pp. 236 -245.

Costamagno S. Exploitation de l' antilope saïga au Magdalenien en Aquitaine. *Paleo*, vol. 13, 2001, pp. 111 -128.

Costamagno S, Griggo C, Mourre V. Approche expérimentale d'un problème taphonomique : utilisation de combustible osseux au Paléolithique. *Préhistoire Européenne*, vol. 13, 1998, pp. 167 -194.

Costamagno S, Liliane M, Cedric B, et al. Les Pradelles (Marillac – le – Franc, France) : A Mousterian Reindeer Hunting Camp? *Journal of Anthropological Archaeology*, 25, 2006, pp. 466 – 484.

Costamagno S, Théry – Parisot I, Guilbert R. Taphonomic consequences of the use of bones as fuel. , In O' Conner (ed.), *Experimental data and archaeological applications*, 2002, pp. 200 – 233.

Crawford GW. Agricultural origins in North China pushed back to the Pleistocene – Holocene boundary. *Proceedings of the National Academy of Sciences of the United States of America*, vol. 106, 2009, pp. 7271 – 7272.

d'Errico F, Backwell L, Villa P, et al. Early evidence of San material culture represented by organic artifacts from Border Cave, South Africa. *Proceedings of the National Academy of Sciences of the United States of America*, vol. 109, 2012, pp. 13214 – 13219.

Darwent CM. The highs and lows of high Arctic mammals: Temporal change and regional variability in Paleoeskimo subsistence, InMondini M, Munoz S, Wickler S (eds.), *Colonisation, migration and marginal areas: A zooarchaeological approach*, Oxford: Oxbow Books, 2004, pp. 62 – 73.

Darwent CM, Lyman, RL. Detecting the Postburial Fragmentation of Carpals, Tarsals and Phalanges, In Haglund WD, Sorg MH (eds.), *Advances in Forensic Taphonomy: Method, Theory and Archaeological Perspectives*, Boca Raton, 2002, pp. 355 – 377.

David B. How was this bone burnt?, InSolomon S, Davidson I, Watson B (eds.), *Problem solving in taphonomy*, Vol. 2, Tempus, 1990, pp. 65 – 79.

Davis SJ. A note on the dental and skeletal ontogeny of Gazella. *Israel Journal of Zoology*, vol. 29, 1980, pp. 129 – 134.

Davis SJ. The age profiles of gazelles predated by ancient man in Israel: Possible evidence for a shift from seasonality to sedentism in the Natufian. *Paleorient*, vol. 9, 1983, pp. 55 – 62.

Davis SJ. Why Domesticate Food Animals? Some Zooarchaeological Evidence from the Levant. *Journal of Archaeological Science*, vol. 32, 2005, pp. 1408 – 1416.

De Heinzelin J, Clark JD, White T, et al. Environment and Behavior of 2. 5Million – Year – Old Bouri Hominids. *Science*, vol. 284, 1999, pp. 625 – 629.

De Juana S, Dominguez – Rodrigo M. Testing Analogical Taphonomic Signatures in Bone Breaking: A Comparison between Hammerstone – Broken Equid and Bovid Bones. *Archaeometry*, vol. 53, 2011, pp. 996 – 1011.

Denton GH, Alley RB, Comer GC, et al. The role of seasonality in abrupt climate change. *Quaternary Science Reviews*, vol. 24, 2005, pp. 1159 – 1182.

Dewbury AG, Russell N. Relative Frequency of Butchering Cutmarks Produced by Obsidian and Flint: an Experimental Approach. *Journal of Archaeological Science*, vol. 34, 2007, pp. 354 – 357.

Ding ZL, Sun JM, Rutter NW, et al. Changes in sand content of loess deposits along a North – South Transect of the Chinese Loess Plateau and the implications for desert variations. *Quaternary Research*, vol. 52, 1999, pp. 56 – 62.

Discamps E, Costamagno S. Improving Mortality Profile Analysis in Zooarchaeology: a Revised Zoning for Ternary Diagrams. *Journal of Archaeological Science*, vol. 58, 2015, pp. 62 – 76.

Dobney K, Rielly K. A method for recording archaeological animal bones: The use of diagnostic zones. *Circaea*, vol. 5, 1988, pp. 79 – 96.

Dominguez – Rodrigo M. Meat – Eating by Early Hominids at the FLK 22 Zinjanthropus Site, Olduvai Gorge (Tanzania): an Experimental Approach Using Cut – Mark Data. *Journal of Human Evolution*, vol. 33, 1997, pp. 669 – 690.

Dominguez – Rodrigo M, Barba R. New Estimates of Tooth Mark and Percussion Mark Frequencies at the FLK Zinj Site: The Carnivore – Hominid – Carnivore Hypothesis Falsified. *Journal of Human Evolution*, vol. 50, 2006, pp. 170 – 194.

Dominguez – Rodrigo M, Mabulla AZP, Bunn HT, et al. Disentangling Hominin and Carnivore Activities Near a Spring at FLK North (Olduvai Gorge, Tanzania). *Quaternary Research*, vol. 74, 2010, pp. 363 – 375.

Dominguez – Solera S, Dominguez – Rodrigo M. A taphonomic Study of a Carcass Consumed by Griffon Vultures (Gyps fulvus) and its Relevance for the Interpretation of Bone Surface Modifications. *Archaeological and Anthropological Sciences*, vol. 3, 2011, pp. 385 – 392.

Dominguez – Solera S, Dominguez – Rodrigo M. A Taphonomic Study of Bone Modification and of Tooth – Mark Patterns on Long Limb Bone Portions by Suids. *International Journal of Osteoarchaeology*, vol. 19, 2009, pp. 345 – 363.

Eerkens JW. Privatization, small – seed intensification, and the origins of pottery in the western Great Basin. *American Antiquity*, vol. 69, 2004, pp. 653 – 670.

Egeland CP. Carcass processing intensity and cutmark creation: An experimental approach. *Plains Anthropologist*, vol. 48, 2003, pp. 39 – 51.

Egeland CP, Welch KR, Nicholson CM. Experimental Determinations of Cutmark Orientation and the Reconstruction of Prehistoric Butchery Behavior. *Journal of Archaeological Science*, vol. 49, 2014, pp. 126 – 133.

Elston RG, Brantingham PJ. Microlithic Technology in Northern Asia: A Risk – Minimizing Strategy of the Late Paleolithic and Early Holocene. *Archeological Papers of The American Anthropological Association*, vol. 12, 2002, pp. 103 – 116.

Elston RG, Dong G, Zhang D. Late Pleistocene Intensification Technologies in Northern China. *Quaternary International*, vol. 242, 2011, pp. 401 – 415.

Emlen J. The role of time and energy in food preference. *The American Naturalist*, vol. 100, 1966, pp. 611 – 617.

Enloe JG, Turner E. Methodological Problems and Biases in Age Determinations: a View from the Magdalenian, In Ruscillo, D (ed.), *Recent Advances in Ageing and Sexing Animal Bones*, Durham: 9th ICAZ Conference, 2002, pp. 129 - 143.

Fernandez P, Guadelli J - L, Fosse P. Applying Dynamics and Comparing Life Tables for Pleistocene Equidae in Anthropic (Bau de l'Aubesier, Combe - Grenal) and Carnivore (Fouvent) contexts with Modern Feral Horse Populations (Akagera, Pryor Mountain), *Journal of Archaeological Science*, vol. 33, 2006, pp. 176 - 184.

Fernandez P, Legendre S. Mortality Curves for Horses from the Middle Palaeolithic Site of Bau de l'Aubesier (Vaucluse, France): Methodological, Palaeoethnological, and Palaeoecological Approaches. *Journal of Archaeological Science*, vol. 30, 2003, pp. 1577 - 1598.

Firestone RB, West A, Kennett JP, et al. Evidence for an extraterrestrial impact 12, 900 years ago that contributed to the megafaunal extinctions and the Younger Dryas cooling. *Proceedings of the National Academy of Sciences of the United States of America*, vol. 104, 2007, pp. 16016 - 16021.

Fladerer FA, Salcher - Jedrasiak TA, Haendel M. Hearth - Side Bone Assemblages within the 27 ka BP Krems - Wachtberg Settlement: Fired Ribs and the Mammoth Bone - Grease Hypothesis. *Quaternary International*, vol. 351, 2014, pp. 115 - 133.

Flannery KV. Vertebrate Fauna and Hunting Patterns, InByers DS (ed.), *The Prehistory of the Tehuacan Valley* (*Vol.* 1), Austin: University of Texas Press, 1967, pp. 132 - 177.

Flannery KV. Origins and Ecological Effects of Early Domestication in Iran and the Near East, InUcko PJ, Dimbleby GW (eds.), *The Domestication and Exploitation of Plants and Animals*, Chicago: Aldine Publishing Company, 1969, pp. 73 - 100.

Freundlich JC, Kuper R, Breunig P, et al. Radiocarbon Dating of Ostrich Eggshells. *Radiocarbon*, vol. 31, 1989, pp. 1030 - 1034.

Friesen TM, Stewart A. To Freeze or to Dry: Seasonal Variability in Caribou Processing and Storage in the Barrenlands of Northern Canada. *Anthropozoologica*, vol. 48, 2013, pp. 89 - 109.

Gabucio MJ, Caceres I, Rosell J, et al. From Small Bone Fragments to Neanderthal Activity Areas: The Case of Level O of the Abric Romani (Capellades, Barcelona, Spain). *Quaternary International*, vol. 330, 2014, pp. 36 - 51.

Garvin A. Why ask "why": The importance of evolutionary biology in wildlife science. *Journal of Wildlife Management*, vol. 55, 1991, pp. 760 - 766.

Gifford - Gonzalez DP. Examining and refining the quadratic crown height method of age estimation, In Stiner MC (ed.), *Human Predators and Prey Mortality*, Boulder, CO: Westview Press, 1991, pp. 41 - 78.

Gifford - Gonzalez DP. Gaps in ethnoarchaeological research on bone, InHudson J (ed.), *From Bones to Be-*

havior: *Ethnoarchaeological and Experimental Contributions to the Interpretation of Faunal Remains*, Carbondale, Occasional Paper No. 21, Center for Archaeological Investigations, Southern Illinois University, 1993, pp. 181 – 199.

Gifford DP. Ethnoarchaeological contributions to the taphonomy of human sites, InBehrensmeyer AK, Hill AP (eds.), *Fossils in the Making*. Chicago, 1980, pp. 93 – 106.

Gifford DP. Taphonomy and Paleoecology: A Critical Review of Archaeology's Sister Disciplines, InSchiffer, MB (ed.), *Advances in Archaeological Method and Theory*, New York: Academic Press, 1981.

Gilchrist R, Mytum HC. Experimental archaeology and burnt animal bone grom archaeological sites. *Circaea*, vol. 4, 1986, pp. 29 – 38.

Goring – Morris AN, Belfer – Cohen A. Neolithization Processes in the Levant The Outer Envelope. *Current Anthropology*, vol. 52, 2011, pp. S195 – S208.

Graf KE. "The Good, the Bad, and the Ugly": evaluating the radiocarbon chronology of the middle and late Upper Paleolithic in the Enisei River valley, south – central Siberia. *Journal of Archaeological Science*, vol. 36, 2009, pp. 694 – 707.

Grayson DK. On the quantification of vertebrate archaeofaunas, InSchiffer MB (ed.), *Advances in archaeological method and theory* (*Vol.* 2), New York: Academic Press, 1973, pp. 199 – 237.

Grayson DK. Bone Transport, Bone Destruction, and Reverse Utility Curves. *Journal of Archaeological Science*, vol. 16, 1989, pp. 643 – 652.

Grayson DK, Frey CJ. Measuring Skeletal Part Representation in Archaeological Faunas. *Journal of Taphonomy*, vol. 2, 2004, pp. 27 – 42.

Grootes PM, Stuiver M, White JC, et al. Comparison of Oxygen Isotope Records from the GISP2 and GRIP Greenland Ice Cores. *Nature*, vol. 366, 1993, pp. 552 – 554.

Guillien Y, Henri – Martin G. Croissance du renne et saison de chasse: Le Moustérien à denticulés et le Moustérien de tradition acheuléenne de La Quina. *Inter Nord*, vol. 13, 1974, pp. 119 – 127.

Guillon F. Brûlés frais ou brûlés secs ?, InDuday H, Masset C (eds.), *Anthropologie physique et Archéologie*, Paris: CNRS, 1986, pp. 191 – 194.

Hardy BL, Moncel M – H, Daujeard C, et al. Impossible Neanderthals? Making String, Throwing Projectiles and Catching Small Game during Marine Isotope Stage 4 (Abri du Maras, France). *Quaternary Science Reviews*, vol. 82, 2013, pp. 23 – 40.

Harpending H, Bertram J. Human Population Dynamics in Archaeological Time: Some Simple Models, In Swedlund, AC (ed.), *Population Studies in Archaeology and Biological Anthropology*, Washington DC: Society of American Archaeology Memoir No. 30, 1975, pp. 82 – 91.

Harris DR. Agriculture, cultivation and domestication: exploring the conceptual framework of early food production. , In Denham, T, Iriarte J, Vrydaghs L (eds.), *Rethinking Agriculture: archaeological and ethnoarchaeological perspectives*, Walnut Creek, CA: Left Coast Press, 2007, pp. 16 –35.

Hayden B. A new overview of domestication, InPrice TD, Gebauer AB (eds.), *Last Hunters – First Farmers: New Perspectives on the Prehistoric Transition to Agriculture*, Santa Fe, NM: School of American Research Press, 1995, pp. 273 –299.

Haynes G. Evidence of Carnivore Gnawing on Pleistocene and Recent Mammalian Bones. *Paleobiology*, vol. 6, 1980, pp. 341 –351.

Haynes G. Frequencies of Spiral and Green – Bone Fractures on Ungulate Lim Bones in Modern Surface Assemblages. *American Antiquity*, vol. 48, 1983, pp. 102 –114.

Hayward JL, Amlaner CJ, Young KA. Turning Eggs to Fossils: A Natural Experiment in Taphonomy. *Journal of Vertebrate Paleontology*, vol. 9, 1989, pp. 196 –200.

Henderson Z. A Dated Cache of Ostrich – Eggshell Flasks from Thomas´ Farm, Northern Cape Province, SouthAfrica. *The South African Archaeological Bulletin*, vol. 57, 2002, pp. 38 –40.

Henshilwood CS, d'Errico F, Watts I. Engraved ochres from the Middle Stone Age levels at Blombos Cave, South Africa. *Journal of Human Evolution*, vol. 57, 2009, pp. 27 –47.

Herzschuh U, Liu XQ. Vegetation evolution in arid China during Marine Isotope Stages 3 and 2 (~65 – 11 ka), In Madsen DB, Chen FH, Gao X (eds.), *Late Quaternary Climate Change and Human Adaptation in Arid China*, Amsterdam: Elsevier, 2007, pp. 41 –49.

Higham T. European Middle and Upper Palaeolithic Radiocarbon Dates are Often Older than They Look: Problems with Previous Dates and Some Remedies. *Antiquity*, vol. 85, 2011, pp. 235 –249.

Hockett BS, Ferreira Bicho N. The Rabbits of Picareiro Cave: Small Mammal Hunting during the Late Upper Palaeolithic in the Portuguese Estremadura. *Journal of Archaeological Science*, vol. 27, 2000, pp. 715 –723.

Hodgson D. Decoding the Blombos Engravings, Shell Beads and Diepkloof Ostrich Eggshell Patterns. *Cambridge Archaeological Journal*, vol. 24, 2014, pp. 57 –69.

Ikawa – Smith F. On ceramic technology in East Asia. *Current Anthropology*, vol. 17, 1976, pp. 513 –515.

James EC, Thompson JC. On bad terms: Problems and solutions within zooarchaeological bone surface modification studies. *Environmental Archaeology*, vol. 20, 2015, pp. 89 –103.

Janssen JD, Mutch GW, Hayward JL. Taphonomic Effects of High Temperature on Avian Eggshell. *Palaios*, vol. 26, 2011, pp. 658 –664.

Janz L, Elston RG, Burr GS. Dating North Asian surface assemblages with ostrich eggshell: implications for palaeoecology and extirpation. *Journal of Archaeological Science*, vol. 36, 2009, pp. 1982 –1989.

Janz L, Feathers JK, Burr GS. Dating surface assemblages using pottery and eggshell: assessing radiocarbon and luminescence techniques in Northeast Asia. *Journal of Archaeological Science*, vol. 57, 2015, pp. 119 – 129.

Ji JF, Shen J, Balsam W, et al. Asian Monsoon Oscillations in the Northeastern Qinghai – Tibet Plateau since the Late Glacial as Interpreted from Visible Reflectance of Qinghai Lake Sediments. *Earth and Planetary Science Letters*, vol. 233, 2005, pp. 61 – 70.

Jin J, Mills EW. Split Phalanges from Archaeological Sites: Evidence of Nutritional Stress? *Journal of Archaeological Science*, vol. 38, 2011, pp. 1798 – 1809.

Jochim MA. Breaking down the System: Recent Ecological Approaches in Archaeology. *Advances in Archaeological Method and Theory*, vol. 2, 1979, pp. 77 – 117.

Johnson E. Current Developments in Bone Technology. *Advances in Archaeological Method and Theory*, vol. 8, 1985, pp. 157 – 235.

Jones KT, Metcalfe D. Bare Bones Archaeology: Bone Marrow Indexes and Efficiency. *Journal of Archaeological Science*, vol. 15, 1988, pp. 415 – 423.

Kahlke RD, Gaudzinski S. The Blessing of a Great Flood: Differentiation of Mortality Patterns in the Large Mammal Record of the Lower Pleistocene Fluvial Site of Untermassfeld (Germany) and its Relevance for the Interpretation of Faunal Assemblages from Archaeological Sites. *Journal of Archaeological Science*, vol. 32, 2005, pp. 1202 – 1222.

Kandel AW. Modification of ostrich eggs by carnivores and its bearing on the interpretation of archaeological and paleontological finds. *Journal of Archaeological Science*, vol. 31, 2004, pp. 377 – 391.

Kandel AW, Conard NJ. Production sequences of ostrich eggshell beads and settlement dynamics in the Geelbek Dunes of the Western Cape, South Africa. *Journal of Archaeological Science*, vol. 32, 2005, pp. 1711 – 1721.

Karr LP, Outram AK. Tracking Changes in Bone Fracture Morphology over Time: Environment, Taphonomy, and the Archaeological Record. *Journal of Archaeological Science*, vol. 39, 2012, pp. 555 – 559.

Karr LP, Outram AK, Adrien HL. A Chronology of Bone Marrow and Bone Grease Exploitation at the Mitchell Prehistoric Indian Village. *Plains Anthropologist*, vol. 55, 2014, pp. 215 – 223.

Karr LP, Short AG, Adrien HL, et al. A Bone Grease Processing Station at the Mitchell Prehistoric Indian Village: Archaeological Evidence for the Exploitation of Bone Fats. *Environmental Archaeology*, vol. 20, 2014, pp. 1 – 12.

Keeley LH. Hunter – gatherer economic complexity and "population pressure". *Journal of Anthropological Archaeology*, vol. 7, 1988, pp. 373 – 411.

Kent S. Variability in faunal assemblages: the influence of hunting skill, sharing, dogs, and mode of cooking on faunalremains at a sedentary Kalahari community. *Journal of Anthropological Archaeology*, vol. 12, 1993, pp. 323 – 385.

Kintigh KW, Altschul JH, Beaudry MC, et al. Grand challenges for archaeology. *American Antiquity*, vol. 79, 2014, pp. 5 – 24.

Klein RG. Age (Mortality) Profiles as a Means of Distinguishing Hunted Species from Scavenged Ones in Stone Age Archaeological Sites. *Paleobiology*, vol. 8, 1982, pp. 151 – 158.

Klein RG. Why does Skeletal Part Representation Differ between Smaller and Larger Bovids at Klasies River Mouth and Other Archaeology Sites. *Journal of Archaeological Science*, vol. 16, 1989, pp. 363 – 381.

Klein RG, Cruz – Uribe K. The Computation of Ungulate Age (Mortality) Profiles from Dental Crown Heights. *Paleontological Society*, vol. 9, 1983, pp. 70 – 78.

Kuzmin YV. Chronology of the Earliest Pottery in East Asia: Progress and Pitfalls. *Antiquity*, vol. 80, 2006, pp. 362 – 371.

Kuzmin YV. Origin of Old World Pottery as Viewed from the Early 2010s: When, Where and Why? *World Archaeology*, vol. 45, 2013, pp. 539 – 556.

Lacarrière J, Bodu P, Julien M – A, et al. Les Bossats (Ormesson, Paris basin, France): A New Early Gravettian Bison Processing Camp. *Quaternary International*, vol. 359 – 360, 2015, pp. 520 – 534.

Lai Z. Chronology and the Upper Dating Limit for Loess Samples from Luochuan Section in the Chinese Loess Plateau Using Quartz OSL SAR Protocol. *Journal of Asian Earth Sciences*, vol. 37, 2010, pp. 176 – 185.

Laloy J. Recherche d'une méthode pour l'exploitation des témoins de combustion. *Cahiers du Centre de Recherches Préhistoriques*, vol. 7, 1981, pp. 167.

Lam YM, Pearson OM. Bone Density Studies and the Interpretation of the Faunal Record. *Evolutionary Anthropology*, vol. 14, 2005, pp. 99 – 108.

Lam YM, Pearson OM, Marean CW, et al. Bone Density Studies in Zooarchaeology. *Journal of Archaeological Science*, vol. 30, 2003, pp. 1701 – 1708.

Lanoe FB, Pean S, Yanevich A. Saiga Antelope Hunting in Crimea at the Pleistocene – Holocene Transition: the Site of Buran – Kaya III Layer 4. *Journal of Archaeological Science*, vol. 54, 2015, pp. 270 – 278.

Leechman D. Bone Grease. *American Antiquity*, vol. 16, 1951, pp. 355 – 356.

Lei R, Jiang Z, Liu B. Group pattern and social segregation in przewalski's gazelle (*Procapra Przewalski*) around Qinghai Lake, China. *Journal of Zoology*, vol. 255, 2001, pp. 175 – 180.

Li X, Zhao K, Dodson J, et al. Moisture Dynamics in Central Asia for the Last 15 kyr: New Evidence from Yili Valley, Xinjiang, NW China. *Quaternary Science Reviews*, vol. 30, 2011, pp. 3457 – 3466.

Linton R. North American cooking pots. *American Antiquity*, vol. 9, 1944, pp. 369 – 380.

Llorente – Rodríguez L, Ruíz – García J – J, Morales – Muñiz A. Herders or Hunters? Discriminating Butchery Practices through Phalanx Breakage Patterns at Cova Fosca (Castellón, Spain). *Quaternary International*, vol. 330, 2014, pp. 61 – 71.

Lu H, Zhang J, Liu K, et al. Earliest domestication of common millet (*Panicum miliaceum*) in East Asia extended to 10, 000 years ago. *Proceedings of the National Academy of Sciences of the United States of America*, vol. 106, 2009, pp. 7367 - 7372.

Lubinski PM. What is adequate evidence for mass procurement of ungulates in zooarchaeology? *Quaternary International*, vol. 297, 2013, pp. 167 - 175.

Lupo KD. Archaeological Skeletal Part Profiles and Differential Transport: An Ethnoarchaeological Example from Hadza Bone Assemblages. *Journal of Anthropological Archaeology*, vol. 20, 2001, pp. 361 - 378.

Lupo KD, O'connell JF. Cut and Tooth Mark Distributions on Large Animal Bones: Ethnoarchaeological Data from the Hadza and Their Implications For Current Ideas About Early Human Carnivory. *Journal of Archaeological Science*, vol. 29, 2002, pp. 85 - 109.

Lupo KD, Schmitt DN. Small Prey Hunting Technology and Zooarchaeological Measures of Taxonomic Diversity and Abundance: Ethnoarchaeological Evidence from Central African Forest Foragers. *Journal of Anthropological Archaeology*, vol. 24, 2005, pp. 335 - 353.

Lyman RL. Analysis of historic faunal remains. *Historical Archaeology*, vol. 11, 1977, pp. 67 - 73.

Lyman RL. Bone - Density and Differential Survivorship of Fossil Claseese. *Journal of Anthropological Archaeology*, vol. 3, 1984, pp. 259 - 299.

Lyman RL. Bone Frequencies: Differential Transport, Insitudestruction, and the MGUI. *Journal of Archaeological Science*, vol. 12, 1985, pp. 221 - 236.

Lyman RL. Anatomical Considerations of Utility Curves in Zooarchaeology. *Journal of Archaeological Science*, vol. 19, 1992, pp. 7 - 22.

Lyman RL. Quantitative Units and Terminology in Zooarchaeology. *American Antiquity*, vol. 59, 1994, pp. 36 - 71.

Lyman RL. Relative abundances of skeletal specimens and taphonomic analysis of vertebrateremains. *Palaios*, vol. 9, 1994, pp. 288 - 298.

Lyman RL. The Influence of Time Averaging and Space Averaging on the Application of Foraging Theory in Zooarchaeology. *Journal of Archaeological Science*, vol. 30, 2003, pp. 595 - 610.

Macarthur RH, Pianka E. On Optimal Use of a Patchy Environment. *The American Naturalist*, vol. 100, 1966, pp. 603 - 609.

Madrigal TC, Holt JZ. White - Tailed Deer Meat and Marrow Return Rates and Their Application to Eastern Woodlands Archaeology. *American Antiquity*, vol. 67, 2002, pp. 745 - 759.

Madsen DB, Elston RG, Bettinger RL, et al. Settlement Patterns Reflected in Assemblages from the Pleistocene/Holocene Transition of North Central China. *Journal of Archaeological Science*, vol. 23, 1996, pp. 217 - 231.

Madsen DB, Li J, Elston RG, et al. The Loess/Paleosol record and the nature of the Younger Dryas climate in

Central China. *Geoarchaeology*, vol. 13, 1998, pp. 847 – 869.

Mallye J – B, Thiebaut C, Mourre V, et al. The Mousterian Bone Retouchers of Noisetier Cave: Rxperimentation and Identification of Marks. *Journal of Archaeological Science*, vol. 39, 2012, pp. 1131 – 1142.

Manne TH, Stiner MC, Bicho N F. Evidence for bone grease rendering during the Upper Paleolithic at Vale Boi (Algarve, Portugal). *Promontoria Monografica*, vol. 3, 2006, pp. 145 – 158.

Marean CW. Measuring the Post – Depositional Destruction of Bone in Archaeological Assemblages. *Journal of Archaeological Science*, vol. 18, 1991, pp. 677 – 694.

Marean CW, Spencer LM, Blumenschine RJ, et al. Captive hyaena bone choice and destruction, the Schlepp effect and olduvai archaeofaunas. *Journal of Archaeological Science*, vol. 19, 1992, pp. 101 – 121.

McPherron SP, Alemseged Z, Marean CW, et al. Evidence for Stone – Tool – Assisted Consumption of Animal Tissues before 3. 39 Million Years Ago at Dikika, Ethiopia. *Nature*, vol. 466, 2010, pp. 857 – 860.

Medina ME, Teta P, Rivero D. Burning Damage and Small – Mammal Human Consumption in Quebrada del Real 1 (Cordoba, Argentina): an Experimental Approach. *Journal of Archaeological Science*, vol. 39, 2012, pp. 737 – 743.

Metcalfe D, Barlow KR. A model for exploring the optimal trade – off between field processing and transport. *American Anthropologist*, vol. 94, 1994, pp. 340 – 356.

Metcalfe D, Jones KT. A Reconsideration of Animal Body – Part Utility Indexes. *American Antiquity*, vol. 53, 1988, pp. 486 – 504.

Miller JM, Willoughby PR. Radiometrically dated ostrich eggshell beads from the Middle and Later Stone Age of Magubike Rockshelter, southern Tanzania. *Journal of Human Evolution*, vol. 74, 2014, pp. 118 – 122.

Miller MJ, Capriles JM, Hastorf CA. The fish of Lake Titicaca: implications for archaeology and changing ecology through stable isotope analysis. *Journal of Archaeological Science*, vol. 37, 2010, pp. 317 – 327.

Monks GG. Human Impacts on Seals, Sea Lions, and Sea Otters: Integrating Archaeology and Ecology in the Northeast Pacific. *American Antiquity*, vol. 77, 2012, pp. 399 – 400.

Morgan C. Is it Intensification Yet? Current Archaeological Perspectives on the Evolution of Hunter – Gatherer Economies. *Journal of Archaeological Research*, vol. 23, 2015, pp. 163 – 213.

Morin E. Fat Composition and Nunamiut Decision – Making: A New Look at the Marrow and Bone Grease Indices. *Journal of Archaeological Science*, vol. 34, 2007, pp. 69 – 82.

Morin E, Ready E. Foraging Goals and Transport Decisions in Western Europe during the Paleolithic and Early Holocene. , In Clard JL, Speth JD (eds.), *Zooarchaeology and Modern Human Origins*, Springer Netherlands, 2013, pp. 227 – 269.

Morlan RE. Oxbow bison procurement as seen from the Harder Site, Saskatchewan. *Journal of Archaeological*

Science, vol. 21, 1994, pp. 797 – 807.

Morris P. A Review of Mammalian Age Determination Methods. *Mammal Review*, vol. 2, 1972, pp. 69 – 104.

Morrison D, Whitridge P. Estimating the Age and Sex of Caribou from Mandibular Measurements. *Journal of Archaeological Science*, vol. 24, 1997, pp. 1093 – 1106.

Munro ND. Epipaleolithic Subsistence Intensification in the Southern Levant: the Faunal Evidence, In Hublin J – J, Richards MR (eds.), *The Evolution of Hominin Diets*, Netherlands: Springer, 2009, pp. 141 – 155.

Munro ND, Bar – Oz G. Gazelle Bone Fat Processing in the Levantine Epipalaeolithic. *Journal of Archaeological Science*, vol. 32, 2005, pp. 223 – 239.

Munro ND, Bar – Oz G, Stutz AJ. Aging Mountain Gazelle (*Gazella gazella*): Refining Methods of Tooth Eruption and Wear and Bone Fusion. *Journal of Archaeological Science*, vol. 36, 2009, pp. 752 – 763.

Munro ND, Kennerty M, Meier JS, et al. Human Hunting and Site Occupation Intensity in the Early Epipaleolithic of the Jordanian Western Highlands. *Quaternary International*, vol. 396, 2016, pp. 31 – 39.

Munro ND, Bar – Oz G. Gazelle Bone Fat Processing in the Levantine Epipalaeolithic. *Journal of Archaeological Science*, vol. 32, 2005, pp. 223 – 239.

Munson PJ. Age – Correlated Differential Destruction of Bones and Its Effect on Archaeological Mortality Profiles of Domestic Sheep and Goats. *Journal of Archaeological Science*, vol. 27, 2000, pp. 391 – 407.

Myers TP, Voorhies MR, Corner RG. Spiral Fractures and Bone Pseudotools at Paleontological Sites. *American Antiquity*, vol. 45, 1980, pp. 483 – 490.

Nian X, Gao X, Xie F, et al. Chronology of the Youfang Site and Its Implications for the Emergence of Microblade Technology in North China. *Quaternary International*, vol. 347, 2014, pp. 113 – 121.

Nicholson RA. Bone survival: The effects of sedimentary abrasion and trampling on freshand cooked bone. *International Journal of Osteoarchaeology*, vol. 2, 1992, pp. 79 – 90.

Norton CJ, Gao X. Hominin – Carnivore Interactions during the Chinese Early Paleolithic: Taphonomic Perspectives from Xujiayao. *Journal of Human Evolution*, vol. 55, 2008, pp. 164 – 178.

Norton CJ, Gao X. Zhoukoudian Upper Cave Revisited. *Current Anthropology*, vol. 49, 2008, pp. 732 – 745.

O'Brien M, Liebert TA. Quantifying the Energetic Returns for Pronghorn: A Food Utility Index of Meat and Marrow. *Journal of Archaeological Science*, vol. 46, 2014, pp. 384 – 392.

O'Connell JF, Hawkes K, Blurton – Jones N. Hadza hunting, butchering, and bone transport and their archaeological implications. *Journal of Anthropological Research*, vol. 44, 1988, pp. 113 – 161.

O'Connell JF, Marshall B. Analysis of kangaroo body part transport among the Alyawara of Central Australia. *Journal of Archaeological Science*, vol. 16, 1989, pp. 393 – 405.

Olsen SL. Solutré: A theoretical approach to the reconstruction of Upper Palaeolithic hunting strategies. *Journal of Human Evolution*, vol. 18, 1989, pp. 295 – 327.

Orton J. Later Stone Age ostrich eggshell bead manufacture in the Northern Cape, South Africa. *Journal of Archaeological Science*, vol. 35, 2008, pp. 1765 – 1775.

Otarola – Castillo E. Differences between NISP and MNE in Cutmark Analysis of Highly Fragmented Faunal Assemblages. *Journal of Archaeological Science*, vol. 37, 2010, pp. 1 – 12.

Outram AK, Rowley – Conwy P. Meat and marrow utility indices for horse (*Equus*) . *Journal of Archaeological Science*, vol. 25, 1998, pp. 839 – 849.

Outram AK. A New Approach to Identifying Bone Marrow and Grease Exploitation: Why the "Indeterminate" Fragments should not be Ignored. *Journal of Archaeological Science*, vol. 28, 2001, pp. 401 – 410.

Outram AK. Identifying Dietary Stress in Marginal Environments: Bone Fats, Optimal Foraging Theory and the Seasonal Round, In Mondini M, Munoz S, Wickler S (eds.), *Colonisation, Migration and Marginal areas: A Zooarchaeological Approach*, Oxford: Oxbow Books, 2004, pp. 74 – 85.

Outram AK, Knusel CJ, Knight S, et al. Understanding Complex Fragmented Assemblages of Human and Animal Remains: A Fully Integrated Approach. *Journal of Archaeological Science*, vol. 32, 2005, pp. 1699 – 1710.

Parkington J, Volman TP. Time and Place: Some Observations on Spatial and Temporal Patterning in the Later Stone Age Sequence in Southern Africa [with Comments and Reply]. *South African Archaeological Bulletin*, vol. 35, 1980, pp. 73.

Payne S. Morphological Distinctions between the Mandibular Teeth of Young Sheep, Ovis, and Goats, Capra. *Journal of Archaeological Science*, vol. 12, 1985, pp. 139 – 147.

Pearce J, Luff R. The taphonomy of cooked bones, In Luff R, Rowley – Conwy P (eds.), *Whither environmental archaeology* , Oxford: Oxbow Monograph, 1994, pp. 51 – 56.

Peros MC, Munoz SE, Gajewski K, et al. Prehistoric demography of North America inferred from radiocarbon data. *Journal of Archaeological Science*, vol. 37, 2010, pp. 656 – 664.

Peterson RO, Allen DL, Dietz JM. Depletion of bone marrow fat in moose and a correlation for dehydration. *Journal of Wildlife Management*, vol. 46, 1982, pp. 547 – 551.

Pickering TR, Hensley – Marschand B. Cutmarks and hominid handedness. *Journal of Archaeological Science*, vol. 35, 2008, pp. 310 – 315.

Pickering TR, Marean CW, Dominguez – Rodrigo M. Importance of Limb Bone Shaft Fragments in Zooarchaeology: A Response to " On *in Situ* Attrition and Vertebrate Body Part Profiles" (2002), by M. C. Stiner. *Journal of Archaeological Science*, vol. 30, 2003, pp. 1469 – 1482.

Pike – Tay A, Cosgrove R. From Reindeer to Wallaby: Recovering Patterns of Seasonality, Mobility, and Prey Selection in the Palaeolithic Old World. *Journal of Archaeological Method and Theory*, vol. 9, 2002, pp. 101 – 146.

Pineda A, Saladie P, Verges JM, et al. Trampling versus cut marks on chemically altered surfaces: an experimental approach and archaeological application at the Barranc de la Boella site (la Canonja, Tarragona, Spain). *Journal of Archaeological Science*, vol. 50, 2014, pp. 84 - 93.

Pionnier - Capitan M, Bemilli C, Bodu P, et al. New Evidence for Upper Palaeolithic Small Domestic Dogs in South - Western Europe. *Journal of Archaeological Science*, vol. 38, 2011, pp. 2123 - 2140.

Potts R, Shipman P. Cutmarks Made by Stone Tools on Bones from Olduvai Gorge, Tanzania. *Nature*, vol. 291, 1981, pp. 577 - 580.

Prendergast ME, Yuan J, Bar - Yosef O. Resource Intensification in the Late Upper Paleolithic: A View from Southern China. *Journal of Archaeological Science*, vol. 36, 2009, pp. 1027 - 1037.

Price TD, Gebauer AB. New perspectives on the transition to agriculture, In Price TD, Gebauer AB (eds.), *Last Hunters - First Farmers: New Perspectives on the Prehistoric Transition to Agriculture*, Santa Fe, NM: School of American Research Press, 1995, pp. 3 - 19.

Pulliam HR, Caraci T. Living in groups: is there an optimal group size? In Krebs JR, Davies NB (eds.), *Behavioural Ecology: an evolutionary approach.* 2nd, Oxford: Blackwell Scientific Publication, 1984, pp. 127 - 147.

Qiu ZX. Quaternary Environmental Changes and Evolution of Large Mammals in North China. *Vertebrata Palasiatica*, vol. 44, 2006, pp. 109 - 132.

Qu T, Bar - Yosef O, Wang Y, et al. The Chinese Upper Paleolithic: Geography, Chronology, and Techno - typology. *Journal of Archaeological Research*, vol. 21, 2013, pp. 1 - 73.

Reimer PJ, Bard E, Bayliss A, et al. Intcal 13 and Marine 13 Radiocarbon Age Calibration Curves 0 - 50, 000 Years Cal BP. *Radiocarbon*, vol. 55, 2013, pp. 1869 - 1887.

Reinhard KJ, Ambler JR, Szuter CR. Hunter - Gatherer Use of Small Animal Food Resources: Coprolite Evidence. *International Journal of Osteoarchaeology*, vol. 17, 2007, pp. 416 - 428.

Reitz EJ, Quitmyer IR, Thomas DH, et al. Seasonality and Human Mobility along the Georgia Bight. *Anthropological Papers of the American Museum of Natural History*, 2012.

Rick JW. Dates as data: an examination of the Peruvian preceramic radiocarbon record. *American Antiquity*, vol. 52, 1987, pp. 55 - 73.

Rillardon M, Brugal J - P. What about the Broad Spectrum Revolution? Subsistence Strategy of Hunter - Gatherers in Southeast France between 20 and 8 ka BP. *Quaternary International*, vol. 337, 2014, pp. 129 - 153.

Rivals F, Moncel M - H, Patou - Mathis M. Seasonality and Intra - Site Variation of Neanderthal Occupations in the Middle Palaeolithic Locality of Payre (Ardeche, France) Using Dental Wear Analyses. *Journal of Archaeological Science*, vol. 36, 2009, pp. 1070 - 1078.

Rivals F, Schulz E, Kaiser TM. A New Application of Dental Wear Analyses: Estimation of Duration of Hominid Occupations in Archaeological Localities. *Journal of Human Evolution*, vol. 56, 2009, pp. 329 – 339.

Roberts SJ, Smith CI, Millard A, et al. The Taphonomy of Cooked Bone: Characterizing Boiling and Its Physico – Chemical Effects. *Archaeometry*, vol. 44, 2002, pp. 485 – 494.

Rodriguez – Hidalgo AJ, Saladie P, Canals A. Following the White Rabbit: A Case of A Small Game Procurement Site in the Upper Palaeolithic (Sala de las Chimeneas, Maltravieso Cave, Spain). *International Journal of Osteoarchaeology*, vol. 23, 2013, pp. 34 – 54.

Rowley – Conwy P, Halstead P, Collins P. Derivation and application of a food utility index (FUI) for European wild boar (*Sus scrofa*). *Environmental Archaeology*, vol. 7, 2002, pp. 77 – 88.

Ruckstuhl KE, Neuhaus P. Sexual segregation in ungulates: a new approach. *Behaviour*, vol. 137, 2000, pp. 361 – 377.

Sahnouni M, Rosell J, Van Der Made J, et al. The first evidence of cut marks and usewear traces from the Plio – Pleistocene locality of El – Kherba (Ain Hanech), Algeria: implications for early hominin subsistence activities circa 1.8 Ma. *Journal of Human Evolution*, vol. 64, 2013, pp. 137 – 150.

Saint – Germain C. The production of bone broth: a study in nutritional exploitation. *Anthropozoologica*, vol. 26, 1997, pp. 153 – 156.

Saint – Germain C. Animal Fat in the Cultural World of the NativePeoples of Northeastern America, In Mulville J, Outram AK (eds.), *The Zooarchaeology of Fats, Oils, Milks and Dairying*, Proceedings of the 9th Conference of the International Council of Archaeozoology, Durham, August 2002, Oxford: Oxbow Books, 2005, pp. 107 – 113.

Saladie P, Huguet R, Diez C, et al. Carcass Transport Decisions in Homo Antecessor Subsistence Strategies. *Journal of Human Evolution*, vol. 61, 2011, pp. 425 – 446.

Salvatori S. Disclosing Archaeological Complexity of the Khartoum Mesolithic: New Data at the Site and Regional Level. *African Archaeological Review*, vol. 29 (4), 2012, pp. 399 – 472.

Sampson CG. Taphonomy of Tortoises Deposited by Birds and Bushmen. *Journal of Archaeological Science*, vol. 27, 2000, pp. 779 – 788.

Sato H, Izuho M, Morisaki K. Human Cultures and Environmental Changes in the Pleistocene – Holocene Transition in the Japanese Archipelago. *Quaternary International*, vol. 237, 2011, pp. 93 – 102.

Savelle JM, Friesen TM. An Odontocete (*Cetacea*) meat utility index. *Journal of Archaeological Science*, vol. 23, 1996, pp. 713 – 721.

Seierstad IK, Abbott PM, Bigler M, et al. Consistently Dated Records from the Greenland GRIP, GISP2 and NGRIP Ice Cores for the Past 104 ka Reveal Regional Millennial – Scale $\delta^{18}O$ Gradients with Possible Heinrich Event Imprint. *Quaternary Science Reviews*, vol. 106, 2014, pp. 29 – 46.

Shipman P, Foster G, Schoeninger M. Burnt Bones and Teeth An Experimental Study of Color, Morphology,

Crystal Structure and Shrinkage. *Journal of Archaeological Science*, vol. 11, 1984, pp. 307 -325.

Smith BD. Low - Level Food Production. *Journal of Archaeological Research*, vol. 9, 2001, pp. 1 -43.

Sokolov VE, Amarsanaa G, Paklina MW, et al. Das Letzte Przewalskipferd areal und seine Geobotanische Characteristik, In Seifert S (ed.), *Proceedings of the 5th International Symposium on the Preservation of the Przewalski Horse*, Leipzig: Zoologischer Garten Leipzig, 1992, pp. 213 -218.

Soulier MC, Costamagno S. Let the cutmarks speak! Experimental butchery to reconstruct carcass processing. *Journal of Archaeological Science: Reports*, vol. 11, 2017, pp. 782 -802.

Spennemann DH, Colley SM. Fire in a pit: the effects of burning of faunal remains. *Archaeozoologia*, vol. 3, 1989, pp. 51 -64.

Speth JD. Seasonality, Resource Stress, and Food Sharing in So - Called "Egalitarian" Foraging Societies. *Journal of Anthropological Archaeology*, vol. 9, 1990, pp. 148 -188.

Speth JD, Spielmann KA. Energy source, protein metabolism, and hunteregatherer subsistence strategies. *Journal of Anthropological Archaeology*, vol. 21, 1983, pp. 1 -31.

Spinage CA. Age estimation of zebra. *East African Wildlife Journal*, vol. 10, 1972, pp. 273 -277.

Starkovich BM, Ntinou M. Climate Change, Human Population Growth, or Both? Upper Paleolithic Subsistence Shifts in Southern Greece. *Quaternary International*, vol. 428B, 2017, pp. 17 -32.

Steele TE. The contributions of animal bones from archaeological sites: the past and future of zooarchaeology. *Journal of Archaeological Science*, vol. 56, 2015, pp. 168 -176.

Steele TE, Klein RG. Late Pleistocene Subsistence Strategies and Resource Intensification in Africa, In *The Evolution of Hominin Diets*. Springer Netherlands, 2009, pp. 113 -126.

Steele TE, Weaver TD. The Modified Triangular Graph: A Refined Method for Comparing Mortality Profiles in Archaeological Samples. *Journal of Archaeological Science*, vol. 29, 2002, pp. 317 -322.

Stewart JRM, Allen RB, Jones AKG, et al. Walking on Eggshells: A Study of Egg Use in Anglo - Scandinavian York Based on Eggshell Identification Using ZooMS. *International Journal of Osteoarchaeology*, vol. 24, 2014, pp. 247 -255.

Stiner MC. The Use of Mortality Patterns in Archaeological Studies of Hominid Predatory Adaptations. *Journal of Athropological Archaeology*, vol. 9, 1990, pp. 305 -351.

Stiner MC. Small Animal Exploitation and Its Relation to Hunting, Scavenging, and Gathering in the Italian Mousterian, In Peterkin GL, Bricker H, Mellars P (eds.), *Hunting and Animal Exploitation in the Later Palaeolithic and Mesolithic of Eurasia*, Archaeology Papers of American Anthropology Associassion, No. 4, 1993, pp. 101 -119.

Stiner MC. Paleolithic Population Growth Pulses Evidenced by Small Anima Exploitation. *Science*, vol. 283, 1999, pp. 190 -194.

Stiner MC. Thirty Years on the "Broad Spectrum Revolution" and Paleolithic Demography. *Proceedings of the National Academy of Sciences of the United States of America*, vol. 98, 2001, pp. 6993 – 6996.

Stiner MC. Zooarchaeological Evidence for Resource Intensification in Algarve, Southern Portugal. *Promontoria*, 1, 2003, pp. 27 – 61.

Stiner MC, Bicho N, Lindly J, et al. Mesolithic to Neolithic Transitions: New Results from Shell – Middens in the Western Algarve, Portugal. *Antiquity*, vol. 77, 2003, pp. 75 – 86.

Stiner MC, Buitenhuis H, Duru G, et al. A Forager – Herder Trade – Off, from Broad – Spectrum Hunting to Sheep Management at Asikli Hoyuk, Turkey. *Proceedings of the National Academy of Sciences of the United States of America*, vol. 111, 2014, pp. 8404 – 8409.

Stiner MC, Kuhn SL. Differential burning, recrystallization, and Fragmentation of archaeological bone. *Journal of Archaeological Science*, vol. 22, 1995, pp. 223 – 237.

Stiner MC, Kuhn SL. Changes in the "Connectedness" and Resilience of Paleolithic Societies in Mediterranean Ecosystems. *Human Ecology*, vol. 34, 2006, pp. 693 – 712.

Stiner MC, Munro ND. Approaches to Prehistoric Diet Breadth, Demography, and Prey Ranking Systems in Time and Space. *Journal of Archaeological Method and Theory*, vol. 9, 2002, pp. 181 – 214.

Stiner MC, Munro ND, Surovell TA. The Tortoise and the Hare: Small – Game Use, the Broad – Spectrum Revolution, and Paleolithic Demography. *Current Anthropology*, vol. 41, 2000, pp. 39 – 73.

Stutz AJ, Munro ND, Bar – Oz G. Increasing the Resolution of the Broad Spectrum Revolution in the Southern Levantine Epipaleolithic (19 – 12 ka). *Journal of Human Evolution*, vol. 56, 2009, pp. 294 – 306.

Sun AZ, Ma YZ, Feng Z, et al. Pollen – Recorded Climate Changes between 13.0 and 7.0 ^{14}C ka BP in Southern Ningxia, China. *Chinese Science Bulletin*, vol. 52, 2007, pp. 1080 – 1088.

Sun XJ, Song CQ, Wang FY, et al. Vegetation History of the Loess Plateau of China during the Last 100, 000 Years Based on Pollen Data. *Quaternary International*, vol. 37, 1997, pp. 25 – 36.

Tchernov E. The impact of sedentism on animal exploitation in the southern Levant, In Buitenhuis H, Clason AT (eds.), *Archaeozoology of the Near East*, Leiden: Universal Book Service, 1993, pp. 10 – 26.

Texier P – J, Porraz G, Parkington J, et al. A Howiesons Poort tradition of engraving ostrich eggshell containers dated to 60, 000 years ago at Diepkloof Rock Shelter, South Africa. *Proceedings of the National Academy of Sciences of the United States of America*, vol. 107, 2010, pp. 6180 – 6185.

Texier P – J, Porraz G, Parkington J, et al. The context, form and significance of the MSA engraved ostrich eggshell collection from Diepkloof Rock Shelter, Western Cape, South Africa. *Journal of Archaeological Science*, vol. 40, 2013, pp. 3412 – 3431.

Théry – Parisot I. Fuel Management (Bone and Wood) during the Lower Aurignacian in the Pataud Rock Shelter (Lower Palaeolithic, Les Eyzies de Tayac, Dordogne, France). Contribution of Experimentation. *Journal of Archaeological Science*, vol. 29, 2002, pp. 1415 – 1421.

Théry – Parisot I, Costamagno S. Proprietes Combustibles des Ossements: Donnees Experimentales et Reflexions Archeologiques sur Leur Emploi dans les Sites. *Gallia prehistoire*, vol. 47, 2005, pp. 235 – 254.

Théry – Parisot I, Costamagno S, Brugal J – P, et al. The Use of Bone as Fuel during the Palaeolithic, Experimental Study of Bone Combustible Properties, In Mulville J, Outram A (eds.), *The Archaeology of Milk and Fats*, Oxbow Books, 2005, pp. 50 – 59.

Théry – Parisot I. Fuel Management (Bone and Wood) during the Lower Aurignacian in the Pataud Rock Shelter (Lower Palaeolithic, Les Eyzies de Tayac, Dordogne, France). Contribution of Experimentation. *Journal of Archaeological Science*, vol. 29, 2002, pp. 1415 – 1421.

Thiébaut C, Claud C, Costamagno S, et al. Des traces et des hommes. *Les Nouvelles De Larchéologie*, vol. 118, 2009, pp. 49 – 55.

Thomas R. Behaviour behind Bones: The Zooarchaeology of Ritual, Religion, Status and Identity. *International Journal of Osteoarchaeology*, vol. 15, 2005, pp. 305 – 307.

Thomas R, Fothergill BT. Animals, and Their Bones, in the 'Modern' World: A Multi – Scalar Zooarchaeology Foreword. *Anthropozoologica*, vol. 49, 2014, pp. 11 – 18.

Todd LC, Rapson DJ. Long – Bone Fragmentation and Interpretation of Faunal Assemblages: Approaches to Comparative Analysis. *Journal of Archaeological Science*, vol. 15, 1988, pp. 307 – 325.

Tsydenova NS, Piezonka H. The Transition from the Late Paleolithic to the Initial Neolithic in the Baikal Region: Technological Aspects of the Stone Industries. *Quaternary International*, vol. 355, 2015, pp. 101 – 113.

Uchiyama J. Seasonality and Age Structure in An Archaeological Assemblage of Sika Deer (*Cervus nippon*). *International Journal of Osteoarchaeology*, vol. 9, 1999, pp. 209 – 218.

Uerpmann HP. Animal bone finds and economic archaeology: A critical study of "osteoarchaeological" method. *World Archaeology*, vol. 4, 1973, pp. 307 – 322.

Unger – Hamilton R. The Epi – Paleolithic Southern Levant and the Origins of Cultivation. *Current Anthropology*, vol. 30, 1989, pp. 88 – 103.

Van Dierendonck M, Bandi N, Batdorj D, et al. Behavioural observations of reintroduced takhi or Przewalski horses (*Equus ferus przewalskii*) in Mongolia. *Applied Animal Behaviour Science*, vol. 50, 1996, pp. 95 – 114.

Vehik SC. Bone Fragments and Bone Grease Manufacture: A Review of Their Archaeological Use and Potential. *Plains Anthropologist*, vol. 22, 1977, pp. 169 – 182.

Villa P, Mahieu E. Breakage Patterns of Human Long Bones. *Journal of Human Evolution*, vol. 21, 1991, pp. 27 – 48.

Vogel JC, Visser E, Fuls A. Suitability of ostrich eggshell for radiocarbon dating. *Radiocarbon*, vol. 43, 2001, pp. 133 – 137.

Wang C, Lu HY, Zhang JP, et al. Prehistoric Demographic Fluctuations in China Inferred from Radiocarbon Data and Their Linkage with Climate Change over the Past 50, 000 Years. *Quaternary Science Reviews*, vol. 98, 2014, pp. 45 – 59.

Wang CX, Zhang Y, Gao X, et al. Archaeological study of ostrich eggshell beads collected from SDG site. *Chinese Science Bulletin*, vol. 54, 2009, pp. 3887 – 3895.

Wang XM, Guan Y, Cai HY, et al. Diet Breadth and Mortality Pattern from Laoya Cave: A Primary Profile of MIS 3/2 Hunting Strategies in the Yunnan – Guizhou Plateau, Southwest China. *Science China Earth Sciences*, vol. 59, 2016, pp. 1642 – 1651.

Wang YP, Zhang S, Gu W, et al. Lijiagou and the Earliest Pottery in Henan Province, China. *Antiquity*, vol. 89, 2015, pp. 273 – 291.

Wang YJ, Cheng H, Edwards RL, et al. A High – Resolution Absolute – Dated Late Pleistocene Monsoon Record from Hulu Cave, China. *Science*, vol. 294, 2001, pp. 2345 – 2348.

Weaver TD, Boyko RH, Steele TE. Cross – Platform Program for Likelihood – Based Statistical Comparisons of Mortality Profiles on A Triangular Graph. *Journal of Archaeological Science*, vol. 38, 2011, pp. 2420 – 2423.

Weiss E, Wetterstrom W, Nadel D, et al. The Broad Spectrum Revisited: Evidence from Plant Remains. *Proceeding National Academy of Science*, vol. 101, 2004, pp. 9551 – 9555.

White TE. A Method of calculating the dietary percentage of various food animals utilized by aboriginal peoples. *American Antiquity*, vol. 18, 1953, pp. 396 – 398.

Williams AN. The use of summed radiocarbon probability distributions in archaeology: a review of methods. *Journal of Archaeological Science*, vol. 39, 2012, pp. 578 – 589.

Winterhalder B, Goland C. On Population, Foraging Efficiency, and Plant Domestication. *Current Anthropology*, vol. 34, 1993, pp. 710 – 715.

Winterhalder B, Kennett DJ. Behavioral ecology and the transition from hunting and gathering to agriculture, In Kennett DJ, Winterhalder B (eds.), *Behavioral ecology and the transition to agriculture*, Berkeley: University of California Press, 2006, pp. 1 – 21.

Wohlgemuth E. Resource intensification in prehistoric Central California: Evidence from archaeobotanical data. *Journal of California and Great Basin Archaeology*, vol. 18, 1996, pp. 81 – 103.

Wolverton S. NISP: MNE and % Whole in Analysis of Prehistoric Carcass Exploitation. *North American Archaeologist*, vol. 23, 2002, pp. 85 – 100.

Wu J, Wang Y, Cheng H, et al. An Exceptionally Strengthened East Asian Summer Monsoon Event between

19.9 and 17.1 ka BP Recorded in a Hulu Stalagmite. *Science in China Series D: Earth Sciences*, vol. 52, 2009, pp. 360 – 368.

Wu X, Zhang C, Goldberg P, et al. Early Pottery at 20, 000 Years Ago in Xianrendong Cave, China. *Science*, vol. 336, 2012, pp. 1696 – 1700.

Xiao J, Porter SC, An ZS, et al. Grain – size of Quartz as an Indicator of Winter Monsoon Strength on the Loess Plateau of Central China during the Last 130, 000 – YR. *Quaternary Research*, vol. 43, 1995, pp. 22 – 29.

Yellen JE. Cultural Patterning in Faunal Remains: Evidence from the ! Kung Bushmen, In Ingersoll D, Yellen JE, Macdonald W (eds.), *Experimental Archaeology*, New York: Columbia University Press, 1977, pp. 271 – 331.

Yi MJ, Gao X, Li F, et al. Rethinking the origin of microblade technology: A chronological and ecological perspective. *Quaternary International*, vol. 400, 2016, pp. 130 – 139.

Yravedra J, Uzquiano P. Burnt Bone Assemblages from El Esquilleu Cave (Cantabria, Northern Spain): Deliberate Use for Fuel or Systematic Disposal of Organic Waste? *Quaternary Science Reviews*, vol. 68, 2013, pp. 175 – 190.

Yuan DX, Cheng H, Edwards RL, et al. Timing, Duration, and Transitions of the Last Interglacial Asian Monsoon. *Science*, vol. 304, 2004, pp. 575 – 578.

Yuan J, Flad RK. Pig domestication in ancient China. *Antiquity*, vol. 76, 2002, pp. 724 – 732.

Zeder MA. The Broad Spectrum Revolution at 40: Resource Diversity, Intensification, and An Alternative to Optimal Foraging Explanations. *Journal of Anthropological Archaeology*, vol. 31, 2012, pp. 241 – 264.

Zhang C, Hung H. The Neolithic of southern China – Origin, development, and dispersal. *Asian Perspectives*, vol. 47, 2008, pp. 299 – 329.

Zhang HC, Ma YZ, Peng JL, et al. Palaeolake and Palaeoenvironment between 42 and 18 kaBP in Tengger Desert, NW China. *Chinese Science Bulletin*, vol. 47, 2002, pp. 1946 – 1956.

Zhang HC, Ma YZ, Wunnemann B, et al. A Holocene Climatic Record from Arid Northwestern China. *Palaeogeography Palaeoclimatology Palaeoecology*, vol. 162, 2000, pp. 389 – 401.

Zhang SQ, Yue Z, Shu LJ, et al. The broad – spectrum adaptations of hominins in the later period of Late Pleistocene of China: Perspectives from the zooarchaeological studies. *Science China Earth Sciences*, vol. 59 (8), 2016, pp. 1 – 11.

Zhou WJ, Dodson J, Head MJ, et al. Environmental Variability within the Chinese Desert – Loess Transition Zone over the Last 20 000 Years. *Holocene*, vol. 12, 2002, pp. 107 – 112.

Zimmermann W, Brabender K, Kolter L. A Przewalski' s horse population in a unique European steppe reserve – the Hortobágy National Park in Hungary. *Equus*, *Zoo Praha*, 2009, pp. 257 – 288.

Zong Y, Chen Z, Innes JB, et al. Fire and flood management of coastal swamp enabled first rice paddy cultivation in east China. *Nature*, vol. 449, 2007, pp. 459 – 463.

Zvelebil M, Dolukhanov P. The transition to farming in eastern and northern Europe. *Journal of World Prehistory*, vol. 5, 1991, pp. 233 – 278.

二　研究论著

Barone R. *Anatomie comparée des mammifères domestiques. Tome* 3: *Splanchnologie I*, 4*e éd.* Paris: Vigot, 2010.

Binford LR. *Nunamiut Ethnoarchaeology*, New York: Academic Press, 1978.

Binford LR. *Bones. Ancient Men and Modern Myths*, Orlando: Academic Press, 1981.

Binford LR. *Faunal Remains from Klasies River Mouth*, Orlando: Academic Press, 1984.

Brain CK. *The Hunters or the Hunted*: *An Introduction to African Cave Taphonomy.* Chicago: University of Chicago Press, 1981.

Braun DP. *Pots as tools. Archaeological hammers and theories.* New York: Academic Press, 1983.

Chaplin RE. *The study of animal bones from archaeological sites.* New York: Seminar Press, 1971.

Childe VG. *The Neolithic Revolution.* New York: The Natural History Press, 1951.

Coles B. *The Wetland Revolution in Prehistory.* Exeter: The Prehistoric Society, 1992.

Erasmus U. *Fat and Oils*: *the Complete Guide to Fats and Oils in Health and Nutrition.* Vancouver: Alive Books, 1986.

Grayson DK. *Quantitative Zooarchaeology*: *Topics in the Analysis of Archaeological Faunas.* New York: Academic Press, 1984.

Habu J. *Ancient Jomon of Japan.* Cambridge: Cambridge University Press, 2004.

Hillson S. *Mammal Bones and Teeth*: *An Introductory Guide to Methods of Identification.* London: University College London, 1999.

Hillson S. *Teeth* (*2nd ed*) . Cambridge: Cambridge University Press, 2005.

Klein RG, Cruz – Uribe K. *The Analysis of Animal Bones from Archaeological Sites.* Chicago: Chicago University Press, 1984.

Levin MG, Potapov LP. *The Peoples of Siberia.* Chicago: Chicago University Press, 1964.

Lyman RL. *Vertebrate Taphonomy.* New York: Cambridge University Press, 1994.

Mannion AM. *Global Environmental Change.* New York: Longman, 1997.

Mead JF, Alfin – Slater RB, Howton DR, et al. *Lipids*: *Chemistry, Biochemistry and Nutrition.* New York: Plenum Press, 1986.

Miracle P, Milner N. *Consuming Passions and Patterns of Consumption.* Cambridge: McDonald Institute Monographs, 2002.

Mohr E. *The Asiatic Wild Horse.* London: J. A. Allen and Co. Ltd, 1971.

Odum EP, Odum HT. *Fundamentals of Ecology* (*2nd ed*). Saunders: Philadelphia, 1959.

Pace JE, Wakeman DL. *Determining the Age of Cattle by Their Teeth*. Florida: University of Florida, 1983.

Reitz EJ, Wing ES. *Zooarchaeology* (*2nd ed*). London: Cambridge University Press, 2008.

Ricklefs RE. *Ecology* (*2nd ed*). New York: Chiron Press, 1979.

Rogers ES. *The Quest for Food and Furs: The Mistassini Cree*, 1953 - 1954, *Publication d'Ethnologie No*. 5. Ottawa: Musee National de l'' Homme, 1973.

Shannon CE, Weaver W. *The mathematical theory of communication*. Urbana: University of Illinois Presson, 1949.

Sidell EJ. *A Methodology for the Identification of Archaeological Eggshell*. Philadelphia: University of Pennsylvania, 1993.

Spiess AE. *Reindeer and Caribou Hunters: An Archaeological Study*. New York: Academic Press, 1979.

Stephens D, Krebs JR. *Foraging Theory*. Princeton: Princeton University Press, 1986.

Stiner MC. *Honor among Thieves: A Zooarchaeological Study of Neandertal Ecology*. Princeton, New Jersey: Princeton University Press, 1994.

Wünnemann B, Hartmann K, Janssen M, et al. *Responses of Chinese Desert Lakes to Climate Instability during the Past* 45, 000 *Years*. *Developments in Quaternary Sciences*. Elsevier, 2007.

Wilson GL. *The Horse and the Dog in Hidatsa Culture*, *Anthropological Papers*. New York: American Museum of Natural History, 1924.

三 学位论文

Baker JD. *Prehistoric Bone Grease Production in Wisconsin's Drifless Area: A Review of the Evidence and Its Implications*. Master's Tesis, University of Tennessee, 2009.

Barton L. *Early Food Production in China's Western Loess Plateau*, PhD Dissertation, University of California, Davis, 2009.

Costamagno S. *Stratégies de chasse et fonction des sites au Magdalénien dans le Sud de La France*. Thèse de Doctorat, Université de Bordeaux I, 1999.

Emerson AM. *Implications of Variability in the Economic Anatomy of Bison bison*. PhD Dissertation, University Microfilm, Ann Arbor: Washington State University, 1990.

Jin J. *Zooarchaeological and Taphonomic Analysis of the Faunal Assemblage from Tangzigou, Southwestern, China*. PhD Dissertation, The Pennsylvania State University, 2010.

Lacarrieère J. *Les ressources cynégétiques au Gravettien en France : acquisition et modalités d'exploitation des animaux durant la phase d'instabilité climatique précédant le dernier maximum glaciaire*. PhD Dissertation, Universite Toulouse le Mirail - Toulouse II, 2015.

Levine MA. *Archaeo - Zoological Analysis of Some Upper Pleistocene Horse Bone Assemblages in Western Europe.* PhD Dissertation, University of Cambridge, 1979.

Munro ND. *A Prelude to Agriculture: Game Use and Occupation Intensity in the Natufian Period of the Southern Levant* (unpublished doctoral dissertation), Tucson, AZ: University of Arizona, 2001.

Nilssen PJ. *An actualistic butchery study in South Africa and its implications for reconstructing hominid strategies of carcass acquisition and butchery in the Upper Pleistocene and Plio - Pleistocene.* PhD Dissertation, University of Cape Town, 2000.

Outram AK. *The Identification and Paleoeconomic Context of Prehistoric Bone Marrow and Grease Exploitation.* PhD Dissertation, Durham University, 1998.

Susini A. *Etude des caractéristiques biophysiques des tissus calcifieés humains (os, émail, dentine) soumis à des traitements thermiques. Applications anthropologiques et médicales.* Thèse no. 2320 de l'Université de Genève, 1988.

四　其他

Helge I, Grand S. http://www.echospace.org/articles/363/sections/1011.html. 2008: Photo.

King SB, Boyd L, Zimmermann W, et al., 2016. *Equus ferus* ssp. *przewalskii*. The IUCN Red List of Threatened Species 2016: e. T7961A97205530. Downloaded on 07 December 2016.

中文文献

一　研究论文

Norton CJ、张双权、张乐等:《上/更新世动物群中人类与食肉动物“印记”的识别》,《人类学学报》2007 年第 2 期。

[日] 長友恒人、下冈順直、波冈久惠等:《泥河湾盆地几处旧石器时代文化遗址光释光测年》,《人类学学报》2009 年第 3 期。

陈淳:《谈中石器时代》,《人类学学报》1995 年第 1 期。

陈胜前:《中国晚更新世 - 早全新世过渡期狩猎采集者的适应变迁》,《人类学学报》2006 年第 3 期。

陈银基、鞠兴荣、周光宏:《饱和脂肪酸分类与生理功能》,《中国油脂》2008 年总第 33 期。

邓涛:《根据普氏野马的存在讨论若干晚更新世动物群的时代》,《地层学杂志》1999 年第 1 期。

邓涛、薛祥煦:《中国真马(*Equus* 属)化石的系统演化》,《中国科学(D 辑:地球科学)》1998 年总第 28 期。

董为、李占扬:《河南许昌灵井遗址的晚更新世偶蹄类》,《古脊椎动物学报》2008 年第 1 期。

盖培、卫奇:《虎头梁旧石器时代晚期遗址的发现》,《古脊椎动物学报》1977 年第 4 期。

高行宜、谷景和:《马科在中国的分布与现状》,《兽类学报》1989 年第 9 期。

关莹、蔡回阳、王晓敏等:《贵州毕节老鸦洞遗址 2013 年发掘报告》,《人类学学报》,2015 年第 4 期。

蒋志刚:《普氏野马(*Equus przewalskii*)》,《动物学杂志》2004 年总第 39 期。

蒋志刚、冯祚建、王祖望等:《普氏原羚的历史分布与现状》,《兽类学报》1995 年第 15 期。

蒋志刚、马勇、吴毅等:《中国哺乳动物多样性》,《生物多样性》2015 年总第 23 期。

金昌柱、徐钦琦、郑家坚:《中国晚更新世猛犸象(*Mammuthus*)扩散事件的探讨》,《古脊椎动物学报》1998 年第 1 期。

李迪强、蒋志刚、王祖望:《普氏原羚的活动规律与生境选择》,《兽类学报》1999 年第 19 期。

李国强:《中国北方旧石器时代晚期至新石器时代早期粟类植物的驯化起源研究》,《南方文物》2015 年第 1 期。

李青、同号文:《周口店田园洞梅花鹿年龄结构分析》,《人类学学报》,2008 年第 2 期。

李占扬、董为:《河南许昌灵井旧石器遗址哺乳动物群的性质及时代探讨》,《人类学学报》2007 年第 4 期。

刘丙万、蒋志刚:《普氏原羚的采食对策》,《动物学报》2002 年总第 48 期。

祁国琴:《动物考古学所要研究和解决的问题》,《人类学学报》1983 年第 2 期。

邱幼祥、肖方:《普氏野马与亚洲野驴、斑马的牙齿比较》,《首都师范大学学报自然科学版》1990 年第 2 期。

卫奇:《泥河湾盆地考古地质学框架》,童永生、张银运、吴文裕等编著:《演化的实证 - 纪念杨钟健教授百年诞辰论文集》,北京:海洋出版社,1997 年,第 193 ~ 207 页。

武春林、张岩、李琴等:《中国古人类遗址环境数据库及遗址时空分布初步分析》,《科学通报》2011 年总第 56 期。

夏正楷、陈福友、陈戈等:《我国北方泥河湾盆地新 - 旧石器文化过渡的环境背景》,《中国科学(D 辑:地球科学)》2001 年总第 31 期。

夏正楷、陈戈、郑公望等:《黄河中游地区末次冰消期新旧石器文化过渡的气候背景》,《科学通报》2001 年总第 46 期。

仪明洁、高星、Bettinger R:《狩猎采集觅食模式及其在旧石器时代考古学中的应用》,《人类学学报》2013 年第 2 期。

游章强、蒋志刚:《动物求偶场交配制度及其发生机制》,《兽类学报》2004 年第 24 期。

张乐、Norton CJ、张双权等:《量化单元在马鞍山遗址动物骨骼研究中的运用》,《人类学学报》2008 年第 1 期。

张乐、王春雪、张双权等:《马鞍山旧石器时代遗址古人类行为的动物考古学研究》,《中国科学(D

辑：地球科学)》2009年第9期。

张乐、张双权、徐欣等：《中国更新世末全新世初广谱革命的新视角：水洞沟第12地点的动物考古学研究》，《中国科学：地球科学》2013年第4期。

张晓凌、高星、沈辰等：《虎头梁遗址尖状器功能的微痕研究》，《人类学学报》2010第4期。

张晓凌、沈辰、高星等：《微痕分析确认万年前的复合工具与其功能》，《科学通报》2010年第3期。

郑绍华、张兆群、崔宁：《记几种原鼢鼠（啮齿目，鼢鼠科）及鼢鼠科的起源讨论》，《古脊椎动物学报》2004年第4期。

周明镇：《山西大同第四纪原始牛头骨化石》，《古生物学报》1953年第1期。

朱之勇、高星：《虎头梁遗址楔型细石核研究》，《人类学学报》2006年第2期。

朱之勇、高星：《虎头梁遗址中的细石器技术》，《人类学学报》2007年第4期。

二　研究论著

Lowe JJ、Walker MJC著，沈吉等译：《第四纪环境演变》，北京：科学出版社，2010年。

陈胜前：《史前的现代化——中国农业起源过程的文化生态考察》，北京：科学出版社，2013年。

陈铁梅：《科技考古学》，北京：北京大学出版社，2008年。

程鸿：《中国自然资源手册》，北京：科学出版社，1990年。

邓涛、薛祥煦：《中国的真马化石及其生活环境》，北京：海洋出版社，1999年。

韩懋：《韩氏医通》，明刻本，1522年；排印本，北京：人民卫生出版社，1989年。

韩渊丰：《中国区域地理》，广州：广东高等教育出版社，2000年。

蒋志刚：《中国普氏原羚》，北京：中国林业出版社，2004年。

寿振黄：《中国经济动物志（兽类)》，北京：科学出版社，1962年。

王应祥：《中国哺乳动物种和亚种分类名录与分布大全》，北京：中国林业出版社，2003年。

谢飞：《泥河湾》，北京：文物出版社，2006年。

谢飞、李珺、刘连强：《泥河湾旧石器文化》，石家庄：花山文艺出版社，2006年。

袁靖：《中国动物考古学》，北京：文物出版社，2015年。

张荣祖：《中国自然地理（动物地理)》，北京：科学出版社，1979年。

张云翔、薛祥煦：《甘肃武都龙家沟三趾马动物群埋藏学》，北京：地质出版社，1991年。

三　学位论文

刘丙万：《普氏原羚在草原生态系统中的地位初探》，博士研究生论文，中国科学院动物研究所，2002年。

梅惠杰：《泥河湾盆地旧、新石器时代的过渡－阳原于家沟遗址的发现与研究》，博士研究生论文，北京大学，2007年。

王晓敏：《湖北郧西白龙洞更新世大额牛 *Bos*（*Bibos*）*gaurus* 及其年龄结构研究》，硕士研究生论文，中国科学院大学，2013 年。

仪明洁：《旧石器时代晚期末段中国北方狩猎采集者的适应策略——以水洞沟第 12 地点为例》，博士研究生论文，中国科学院大学，2013 年。

张峰：《普氏野马行为节律及其影响因子研究》，硕士研究生论文，北京林业大学，2010 年。

张乐：《马鞍山遗址古人类行为的动物考古学研究》，博士研究生论文，中国科学院研究生院，2008 年。

张双权：《河南许昌灵井动物群的埋藏学研究》，博士研究生论文，中国科学院研究生院，2009 年。

附　录

附录1　于家沟遗址动物骨骼信息采集数据库条目

◎标本的基本信息

标本号：由发掘年份、遗址名称、层位及该层位内顺序编号（非流水号）构成。如95YJG3－001

出土日期：所有标本均记录有出土日期

层位：YJG2－7，YJGA2－7

探方：NxxExx

坐标：x－单位探方内以探方西南角为坐标轴原点记录的东西向位置

y－单位探方内以探方西南角为坐标轴原点记录的南北向位置

z－与固定基点的高差

◎标本的生物学属性

标本所属动物的种属：

普氏原羚 *Procapra przewalskii*，转角羚羊 *Spiroceros* sp.，普氏野马 *Equus przewalskyi*，普氏野驴 *Equus hemionus*，野猪 *Sus scrofa*，马鹿 *Cervus elaphus*，牛 *Bos* sp.，披毛犀 *Coelodonta antiquitatis*，安氏鸵鸟 *Struthio anderssoni*，鼢鼠 *Myospalax* sp.，小灵猫 *Viverra* cf. *zibetha*，狐狸 *Vulpes* sp.，中国鬣狗 *Pachycrocuta* cf. *sinensis*

大型牛科 Large Bovids（>600kg）；小型牛科 Small Bovids（<60kg）；大型鹿科 Large Cervids（>150kg）；小型鹿科 Small Cervids（<50kg）

无法鉴定 N/A

动物大小等级分类：

第 I 等级动物（ <23kg）：蚌，鼠，灵猫

第 II 等级动物（23 - 84kg）：羚羊，鸵鸟，野猪，小型牛科，小型鹿科，鬣狗

第 III 等级动物（84 - 296kg）：马，马鹿，驴，马科动物，大型鹿科

第 IV 等级动物（296 - 1000kg）：牛，大型牛科

第 V 等级动物（ >1000kg）：犀牛

无法确定 N/A

标本所属的解剖学类别：

角或角心 Antler/Horn，头骨 Cranium，下颌骨 Mandible，牙齿 Tooth，中轴骨 Central，附肢骨 Limbs，贝壳 Shell，蛋壳 Eggshell，无法鉴定 N/A

标本所属骨骼部位的左右：

左 L、右 R、不可鉴定或无 N/A

标本所属的动物解剖学部位：

角或角心 Antler/horn，头骨（上颌）Cranium（maxillar），下颌骨 Mandible，舌骨 Hyoid

单独的上牙 Upper isolated teeth，单独的下牙 Lower isolated teeth，无法鉴定的牙齿 Not determ. tooth

寰椎 Atlas，枢椎 Axis，其他颈椎 Cervical，胸椎 Thoracic，腰椎 Lumbar，荐椎 Sacrum，尾椎 Caudal，胸骨 Sternum，肋骨 Rib

肩胛骨 Scapula，肱骨 Humerus，桡尺骨 Radius/Ulna，腕骨 Carpals，掌骨 Metacarpal，骨盆 Pelvis，股骨 Femur，髌骨 Patella，胫骨 Tibia，踝骨 Malleole，跟骨 Calcaneum，距骨 Astragalus，其他跗骨 Other tarsals，蹠骨 Metatarsal，第 1 指节骨 Phalanx 1，第二指节骨 Phalanx 2，第三指节骨 Phalanx 3，无法鉴定的掌蹠骨 Not determ. Metapod，籽骨 Sesamoid

无法确定 N/A

骨骼单元：

角心：写出占完整角心的比例

头骨：枕骨 occipital 顶骨 parietal 顶间骨 interparietal 额骨 frontal 颞骨 temporal 蝶

骨 sphenoid 筛骨 ethmoid 犁骨 vomer 翼骨 pterygoid 鼻骨 nasal 泪骨 lacrimal 颧骨 zygomatic 上颌骨 maxilla 切齿骨 incisive 腭骨 palatine 下鼻甲骨 ventral nasal conchal

下颌骨：下颌体 Body，下颌支 Arch，保留的牙齿

牙齿：I－门齿，P－前臼齿，M－臼齿，以标准牙齿位置表示的方法，大写的 IPM 表示上牙，小写的 ipm 表示下牙，无法确定齿序时仅用字母表示

附肢长骨：近端骨骺（Proximal End）、近端骨干（Proximal Shaft）、中部骨干（Middle Shaft）、远端骨干（Distal Shaft）、远端骨骺（Distal End）；

附肢短骨（腕，跗）：完整 Complete，近端 Proximal，远端 Distal

附肢扁骨（肩，髋）：完整 Complete，近端 Proximal，远端 Distal

肋骨：完整 Complete，骨头 Head，骨体 Body

其他中轴骨（椎）：骨体 Body，骨弓 Arch，突起 Process

无法鉴定的骨松质 Miscellaneous Cancellous（MC）

骨骺愈合情况：

愈合 Yes、未愈合 No、不具备此项特征 N/A

恒齿的磨耗阶段：S1，S2，S3，S4

S1，未磨耗的恒齿：恒齿已经萌出，冠面几乎没有磨耗的痕迹；

S2，轻度磨耗的恒齿：冠面的釉质层已经开始磨耗，但是齿质暴露的面积还很少，前臼齿和臼齿的齿窝面积很大，前臼齿齿窝尚未封闭，臼齿的齿柱未磨耗；

S3，中度磨耗的恒齿：齿质暴露面积逐渐变大，前臼齿齿窝闭合，臼齿齿窝的面积逐渐变小，臼齿的齿柱开始磨耗并逐渐与冠面相连，牙齿 20%－80% 的高度被磨损；

S4，深度磨耗的恒齿：齿质暴露面积很大，齿窝缩小直至完全消失，整个咀嚼面近于平坦，臼齿的齿柱愈发与整个冠面连在一起并逐渐变小，牙齿的 80% 以上被磨损。

N/A 不能鉴别磨耗阶段

齿冠的高度（mm）：

牙齿咬合面到牙釉质与齿根结合处的最大高度

标本的风化的程度：

0 级：骨骼表面光滑，无风化裂痕，有油脂光泽；

1 级：与长轴平行的裂纹出现；

2 级：骨骼表面开始出现片状剥离，剥离的骨皮仍与主体相连，边缘卷起；

3 级：片状剥离大面积出现，部分骨皮已经脱落；

4 级：骨骼表面呈粗糙的纤维状，风化作用已影响到骨骼内部；

5 级：骨骼已风化破碎，原来骨骼的形态可能已较难辨认，往往暴露出海绵质

标本是否受到燃烧改造及其颜色：

否 Absent，碳烧 Carbonization，锻烧 Calcination

表面痕迹性质：

自然：食肉动物牙齿划痕和咬坑，啮齿动物啃咬痕迹，生物腐蚀，铁锰元素污染；

人工：切割痕，砍砸痕

痕迹的位置：

直接记录痕迹分布的解剖学部位

有骨髓腔的骨骼破裂状态：

断口 A 的外轮廓：U 或 V 字形（U/V - shaped），平直的断口（Transverse），中间形状的断口（Intermediate）。

断口 A 的质地：光滑 Smmoth，粗糙 Jagged，中间状态 Intermediate

断口 A 的内角度：锐角 Oblique，直角 Right，中间状态 Intermediate

断口 B 的外轮廓：U 或 V 字形（U/V - shaped），平直的断口（Transverse），中间形状的断口（Intermediate）

断口 B 的质地：光滑 Smmoth，粗糙 Jagged，中间状态 Intermediate

断口 B 的内角度：锐角 Oblique，直角 Right，中间状态 Intermediate

长骨骨干剖面的周长占原周长的比例：

C1≤1/2，C2 >1/2，C3 = 完整

长骨残长占原来长度的比例：

L1≤1/4，L2 =1/4 -1/2，L3 =1/2 -3/4，L4≥3/4

标本的最大长（mm）：可以测量的最大长

标本的重量（g）

附录2　于家沟遗址各层位的动物化石名单及可鉴定标本数（NISP）、最小个体数（MNI）和可鉴定率

种属/类别		第②层		第③a 层		第③b 层		第④层		第⑤层		第⑥层		第⑦层		总计	
通俗名	分类学名称	NISP	MNI	NISP	MNI	NISP	MNI	NISP	MNI	NISP	MNI	NISP	MNI	NISP	MNI	NISP	MNI
贝类		7	7	0	0	3	3	0	0	0	0	0	0	0	0	10	10
鼢鼠	*Myospalax* sp.	0	0	11	2	11	4	0	0	0	0	0	0	0	0	22	6
鸵鸟	*Struthio anderssoni*	0	0	0	0	51	1	6	1	0	0	0	0	0	0	57	2
灵猫	*Viverra* cf. *zibetha*	0	0	0	0	1	1	0	0	0	0	0	0	0	0	1	1
狐狸	*Vulpes* sp.	0	0	0	0	1	1	0	0	0	0	0	0	0	0	1	1
鬣狗	*Pachycrocuta* cf. *sinensis*	0	0	0	0	0	0	0	0	0	0	0	0	1	1	1	1
普氏原羚	*Procapra przewalskii*	5	2	10	2	223	27	31	11	24	5	9	4	5	4	307	55
转角羚羊	*Spiroceros* sp.	0	0	0	0	1	1	0	0	0	0	0	0	0	0	1	1
野猪	*Sus scrofa*	2	2	0	0	0	0	0	0	0	0	0	0	0	0	2	2
马鹿	*Cervus elaphus*	0	0	0	0	0	0	3	1	0	0	0	0	0	0	3	1
牛	*Bos* sp.	0	0	0	0	0	0	0	0	3	2	0	0	4	2	7	4
普氏野马	*Equus przewalskii*	1	1	5	1	78	12	40	7	16	3	20	3	0	0	160	27
普氏野驴	*Equus hemionus*	0	0	0	0	6	2	0	0	2	1	0	0	0	0	8	3
披毛犀	*Coelodonta antiquitatis*	0	0	0	0	7	1	1	1	0	0	1	1	1	1	10	4
人类	*Homo sapiens*	3	1	0	0	0	0	0	0	0	0	0	0	0	0	3	1
种属总计		18	13	26	5	382	53	81	21	45	11	30	8	11	8	593	119

续附录 2

种属/类别		第②层		第③a 层		第③b 层		第④层		第⑤层		第⑥层		第⑦层		总计	
通俗名	分类学名称	NISP	MNI	NISP	MNI	NISP	MNI	NISP	MNI	NISP	MNI	NISP	MNI	NISP	MNI	NISP	MNI
有蹄类	小型牛科	30	–	21	–	957	–	99	–	32	–	7	–	10	–	1156	–
	小型鹿科	0	–	1	–	49	–	0	–	1	–	4	–	0	–	55	–
	大型鹿科	3	–	7	–	84	–	3	–	0	–	0	–	41	–	138	–
	马科	0	–	0	–	254	–	48	–	45	–	23	–	30	–	400	–
	大型牛科	9	–	15	–	25	–	0	–	0	–	0	–	0	–	49	–
	犀科	0	–	0	–	1	–	0	–	0	–	0	–	6	–	7	–
啮齿类		21	–	12	–	62	–	0	–	20	–	0	–	21	–	136	–
食肉类		1	–	0	–	26	–	20	–	0	–	3	–	0	–	50	–
种属 + 类别		82	–	82	–	1840	–	251	–	143	–	67	–	119	–	2584	–
NSP		177	–	483	–	12,339	–	4439	–	905	–	410	–	933	–	19,686	–
NISP/NSP		46.33%		16.98%		14.91%		5.65%		15.80%		16.34%		12.75%		13.13%	

附录3　于家沟遗址各层动物群多样性及均匀度的计算

层	生物分类单元	p_i	$\log_e p_i = \ln p_i$	$pi \log p_i$
第②层	2级有蹄类	0.47	-0.7585	-0.3553
	3级有蹄类	0.05	-2.9832	-0.1510
	4级有蹄类	0.11	-2.1722	-0.2475
	1级啮齿类	0.27	-1.3249	-0.3522
	1~2级食肉类	0.01	-4.3694	-0.0553
	1级贝类	0.09	-2.4235	-0.2147
			H' = 1.3760	V' = 0.7680
第③a层	2级有蹄类	0.39	-0.9410	-0.3672
	3级有蹄类	0.15	-1.9218	-0.2812
	4级有蹄类	0.18	-1.6987	-0.3107
	1级啮齿类	0.28	-1.2712	-0.3566
			H' = 1.3157	V' = 0.9491
第③b层	2级有蹄类	0.67	-0.4028	-0.2692
	3级有蹄类	0.23	-1.4725	-0.3377
	4级有蹄类	0.01	-4.2986	-0.0584
	5级有蹄类	0.00	-5.4381	-0.0236
	1级啮齿类	0.04	-3.2271	-0.1280
	1~2级食肉类	0.02	-4.1853	-0.0637
	1级贝类	0.00	-6.4189	-0.0105
	-0.0994	2级鸟类	0.03	-3.5857
			H' = 0.9906	V' = 0.4764
第④层	2级有蹄类	0.52	-0.6579	-0.3408
	-0.3678	3级有蹄类	0.37	-0.9822
	-0.0220	5级有蹄类	0.00	-5.5255
	-0.2016	1~2级食肉类	0.08	-2.5297
	-0.0893	2级鸟类	0.02	-3.7337
			H' = 1.0214	V' = 0.6346

续附录 3

层	生物分类单元	p_i	$\log_e p_i = \ln p_i$	$p_i \log p_i$
第⑤层	2 级有蹄类	0. 40	－0. 9198	－0. 3666
	3 级有蹄类	0. 44	－0. 8197	－0. 3611
	4 级有蹄类	0. 02	－3. 8642	－0. 0811
	1 级啮齿类	0. 14	－1. 9671	－0. 2751
			H’＝1. 0840	V’＝0. 7819
第⑥层	2 级有蹄类	0. 30	－1. 2090	－0. 3609
	3 级有蹄类	0. 64	－0. 4435	－0. 2846
	5 级有蹄类	0. 01	－4. 2047	－0. 0628
	3 级食肉类	0. 04	－3. 1061	－0. 1391
			H’＝0. 8473	V’＝0. 6112
第⑦层	2 级有蹄类	0. 13	－2. 0711	－0. 2611
	－0. 3081	3 级有蹄类	0. 60	－0. 5164
	－0. 1140	4 级有蹄类	0. 03	－3. 3928
	－0. 1667	5 级有蹄类	0. 06	－2. 8332
	－0. 3061	1 级啮齿类	0. 18	－1. 7346
	－0. 0402	3 级食肉类	0. 01	－4. 7791
			H’＝1. 1962	V’＝0. 6676

附录4　于家沟遗址第③b和第④层动物的MAU及%MAU

	小型牛科动物						大型牛科动物						小型鹿科动物						大型鹿科动物						马科动物					
	MNE		MAU		%MAU		MNE		MAU		%MAU		MNE		MAU		%MAU		MNE		MAU		%MAU		MNE		MAU		%MAU	
层位	③	④	③	④	③	④	③	④	③	④	③	④	③	④	③	④	③	④	③	④	③	④	③	④	③	④	③	④	③	④
头骨	7	1	7	1	48.28	18.18	2	0	2	0	100.00	0.00	0	0	0	0	0.00	0.00	5	0	5	0	100.00	0.00	1	3	1	3	25.00	85.71
上颌	15	5	7.5	2.5	51.72	45.45	0	0	0	0	0.00	0.00	0	0	0	0	0.00	0.00	2	2	1	1	20.00	100.00	3	0	1.5	0	37.50	0.00
下颌	29	5	14.5	2.5	100.00	45.45	0	0	0	0	0.00	0.00	0	0	0	0	0.00	0.00	2	2	1	1	20.00	100.00	8	2	4	1	100.00	28.57
脊椎	74	12	1.61	0.26	11.10	4.73	2	0	0.04	0	2.00	0.00	0	0	0	0	0.00	0.00	8	0	0.195	0	3.90	0.00	4	13	0.078	0.254	1.95	7.26
肋骨	50	34	1.92	1.31	13.24	23.82	2	7	0.08	0.27	4.00	54.00	7	2	0.27	0.08	27.00	32.00	5	3	0.19	0.12	3.80	12.00	12	13	0.33	0.36	8.25	10.29
肩胛骨	13	11	6.5	5.5	44.83	100.00	1	0	0.5	0	25.00	0.00	2	0	1	0	100.00	0.00	0	0	0	0	0.00	0.00	3	0	1.5	0	37.50	0.00
盆骨	1	0	0.17	0	1.17	0.00	0	0	0	0	0.00	0.00	0	0	0	0	0.00	0.00	0	0	0	0	0.00	0.00	0	4	0	0.67	0.00	19.14
肱骨	12	4	6	2	41.38	36.36	1	0	0.5	0	25.00	0.00	0	0	0	0	0.00	0.00	0	0	0	0	0.00	0.00	6	2	3	1	75.00	28.57
桡骨	9	2	4.5	1	31.03	18.18	1	1	0.5	0.5	25.00	100.00	0	0	0	0	0.00	0.00	1	0	0.5	0	10.00	0.00	2	7	1	3.5	25.00	100.00
尺骨	16	7	8	3.5	55.17	63.64	1	0	0.5	0	25.00	0.00	0	0	0	0	0.00	0.00	1	0	0.5	0	10.00	0.00	3	3	1.5	1.5	37.50	42.86
掌骨	21	6	5.25	1.5	36.21	27.27	2	1	0.5	0.25	25.00	50.00	0	0	0	0	0.00	0.00	4	0	1	0	20.00	0.00	2	7	1	3.5	25.00	100.00
腕骨	6	1	0.5	0.08	3.45	1.45	0	1	0	0.08	0.00	16.00	1	3	0.08	0.25	8.00	100.00	1	0	0.083	0	1.66	0.00	3	3	0.19	0.19	4.75	5.43
股骨	2	1	1	0.5	6.90	9.09	2	0	1	0	50.00	0.00	2	0	1	0	100.00	0.00	1	0	0.5	0	10.00	0.00	3	1	1.5	1	37.50	28.57
髌骨	0	0	0	0	0.00	0.00	2	0	1	0	50.00	0.00	0	0	0	0	0.00	0.00	0	0	0	0	0.00	0.00	0	0	0	0	0.00	0.00
胫骨	6	2	3	1	20.69	18.18	0	0	0	0	0.00	0.00	0	0	0	0	0.00	0.00	0	0	0	0	0.00	0.00	1	3	0.5	1.5	12.50	42.86
跖骨	4	7	1	1.75	6.90	31.82	0	0	0	0	0.00	0.00	0	0	0	0	0.00	0.00	2	0	0.5	0	10.00	0.00	2	7	1	3.5	25.00	100.00
跗骨	58	8	5.8	0.8	40.00	14.55	1	0	0.1	0	5.00	0.00	0	0	0	0	0.00	0.00	2	0	0.2	0	4.00	0.00	1	11			0.00	0.00
籽骨	0	0	0	0	0.00	0.00	0	0	0	0	0.00	0.00	0	0	0	0	0.00	0.00	1	0	0.5	0	10.00	0.00	0	2	0	1	0.00	28.57
第一指(趾)骨	6	0	0.75	0	5.17	0.00	0	0	0	0	0.00	0.00	3	0	0.375	0	37.50	0.00	0	0	0	0	0.00	0.00	1	0	0.25	0	6.25	0.00
第二指(趾)骨	2	0	0.25	0	1.72	0.00	0	0	0	0	0.00	0.00	4	0	0.5	0	50.00	0.00	0	0	0	0	0.00	0.00	2	1	0.5	0.25	12.50	7.14
第三指(趾)骨	0	1	0	0.125	0.00	2.27	0	0	0	0	0.00	0.00	0	0	0	0	0.00	0.00	0	0	0	0	0.00	0.00	0	3	0	1.5	0.00	42.86

附录 5　不同动物的骨骼密度与效用指数

	BMD					(S) FUI	UMI	GUI	AVGFUI	BFI	AVGMAR	MDI	Hyean
	鹿	驯鹿	绵羊	野牛	马								
头骨	–	–	–	–	–	18. 2	–	10. 4	25. 3	–	–	1. 9	–
下颌	0. 57	1. 06	–	0. 53	0. 79	31. 1	–	–	–	–	–	66. 4	–
脊椎	0. 205	0. 3967	0. 1367	0. 3787	0. 39	34. 1	–	34. 72	29. 84	52. 64	0	158. 4	89. 95
肋骨	0. 4	0. 79	–	0. 57	0. 715	51. 6	–	73. 3	62. 3	93	0	745. 4	97. 2
肩胛骨	0. 36	1. 25	0. 25	0. 5	0. 835	44. 7	–	28. 4	27. 5	30. 4	40. 6	195. 2	–
盆骨	0. 27	0. 64	0. 26	0. 53	0. 65	49. 3	–	39. 8	36. 7	54	3. 9	196. 8	48. 4
肱骨	0. 315	0. 37	0. 235	0. 31	0. 295	40. 75	22. 8	28. 4	27. 5	30. 4	79. 8	18. 5	–
桡骨	0. 425	0. 51	0. 28	0. 415	0. 395	23	26. 3	19. 7	19. 2	22	69. 4	16. 4	–
尺骨	0. 45	0. 76	0. 26	0. 69	0. 675	–	–	–	–	–	–	–	–
掌骨	0. 535	0. 7275	0. 45	0. 56	0. 575	8. 05	19. 6	6	6. 5	8. 4	30. 3	15. 5	–
腕骨	–	–	–	–	–	12. 7	0. 9	10. 6	10. 7	13	43. 4	–	–
股骨	0. 32	0. 3775	0. 19	0. 3	0. 3	100	34	100	100	76. 7	93. 5	17	−0. 9
胫骨	0. 4	0. 54	0. 22	0. 41	0. 375	53. 45	51. 1	58. 1	57. 7	45. 6	100	13	−0. 4
跖骨	0. 525	0. 665	0. 41	0. 5	0. 595	17. 45	46. 5	15. 9	16. 1	16. 1	40. 8	11. 2	8. 2
跗骨	0. 555	0. 74	0. 56	0. 76	0. 68	27. 7	1. 75	30	30	26. 9	60. 6	–	78. 02
第一指（趾）骨	0. 42	0. 74	0. 4	0. 46	0. 845	8. 6	3. 7	8. 4	8. 8	9. 2	22. 2	67. 3	96

续附录5

	BMD					(S) FUI	UMI	GUI	AVGFUI	BFI	AVGMAR	MDI	Hyean
	鹿	驯鹿	绵羊	野牛	马								
第二指（趾）骨	0.25	0.68	0.39	0.46	0.59	8.6	1.8	–	–	–	–	67.3	–
第三指（趾）骨	0.25	0.48	0.3	0.32	0.57	8.6	0.9	3.4	4	5.4	15.9	67.3	–

注：(S) FUI, standard food utility index①;
UMI, unsaturated marrow index②;
GUI, General utility index, AVGFUI, food utility index, BFI, bone fat index, AVGMAR, standardized average of marrow fat③;
MDI, meat drying index ④;
Hyena, hyena – ravaged index⑤

① Metcalfe D, Jones KT, A Reconsideration of Animal Body – Part Utility Indexes. *American Antiquity*, 1988, 53: pp. 486 – 504.

② Morin E, Fat Composition and Nunamiut Decision – Making: A New Look at the Marrow and Bone Grease Indices. *Journal of Archaeological Science*, 2007, p. 34.

③ EmersonAM, The Role of Body Part Utility in Small – Scale Hunting under Two Strategies of Carcass Recovery, In Hudson J (ed.), *From Bones to Behavior. Ethnoarchaeological and Experimental Contributions to the Interpretation of Faunal Remains*, Center for Archaeological Investigatiion: Southern Illinois University at Carbondale, 1993.

④ Friesen TM, Stewart A, To Freeze or to Dry: Seasonal Variability in Caribou Processing and Storage in the Barrenlands of Northern Canada. *Anthropozoologica*, 2013, p. 48.

⑤ Marean CW, Spencer LM, Blumenschine RJ, et al., Captive hyaena bone choice and destruction, the Schlepp effect and olduvai archaeofaunas. *Journal of Archaeological Science*, 1992, p. 19.

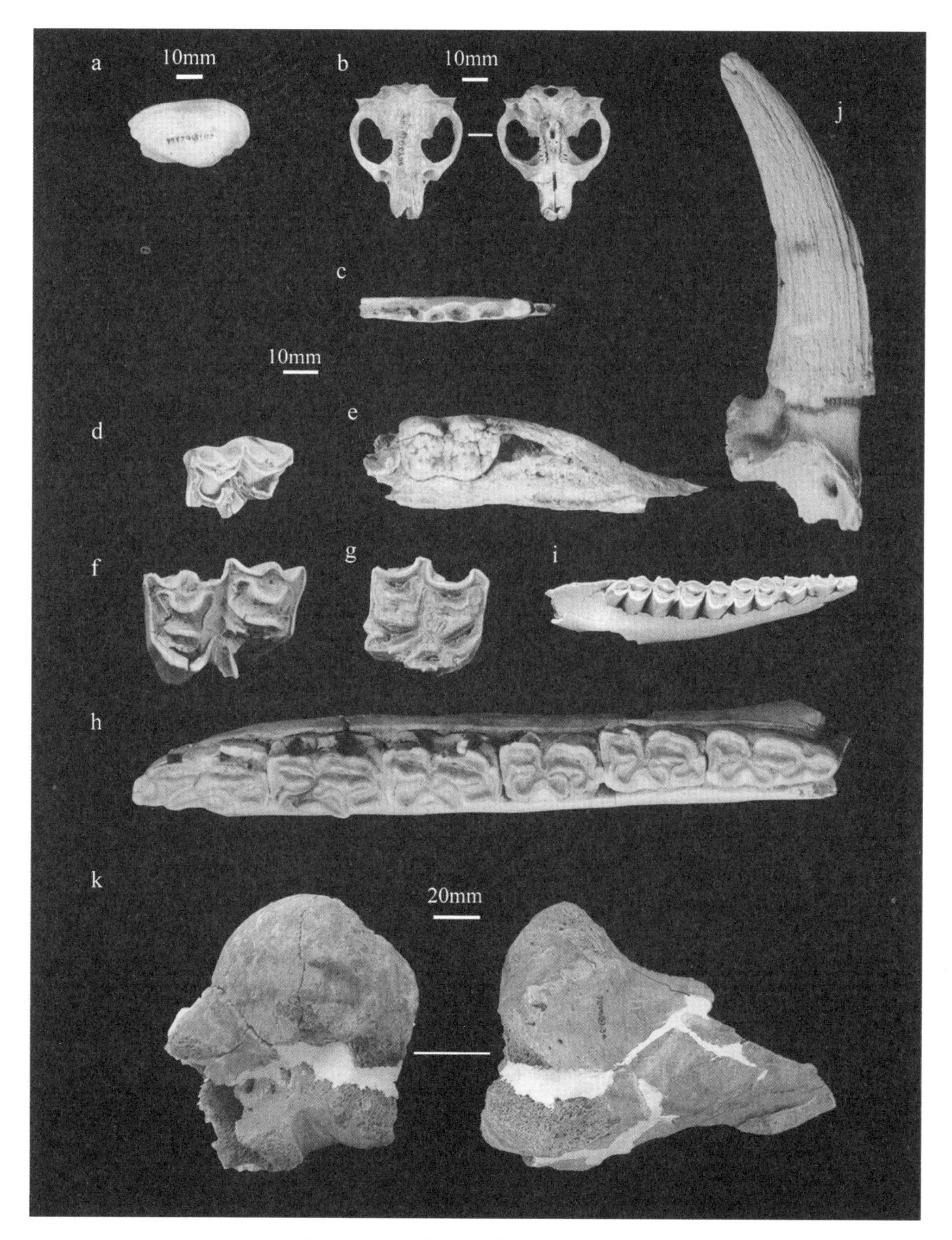

图版一　于家沟遗址典型动物化石标本

a）蚌壳；b）鼢鼠，完整头骨；c）狐狸，左侧下颌，仅存下 p4；d）马鹿，左上 M1/2；e）野猪，左下 m2；f）牛，残破左上 M1/2；g）马，右上 P4；h）马，完整右侧下颌；i）普氏原羚，完整右侧下颌；j）普氏原羚，完整角心；k）披毛犀，左侧肱骨近端

彩版二

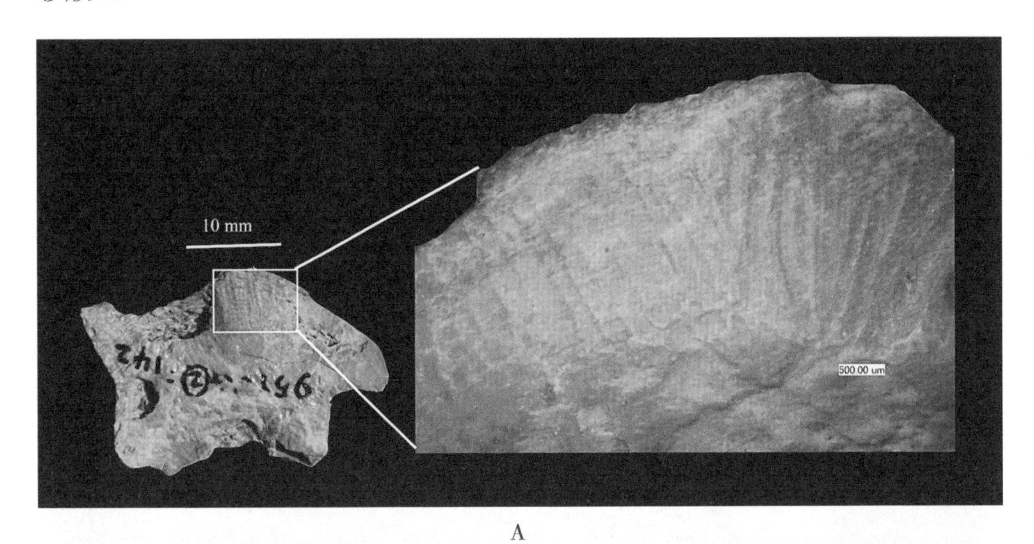

A

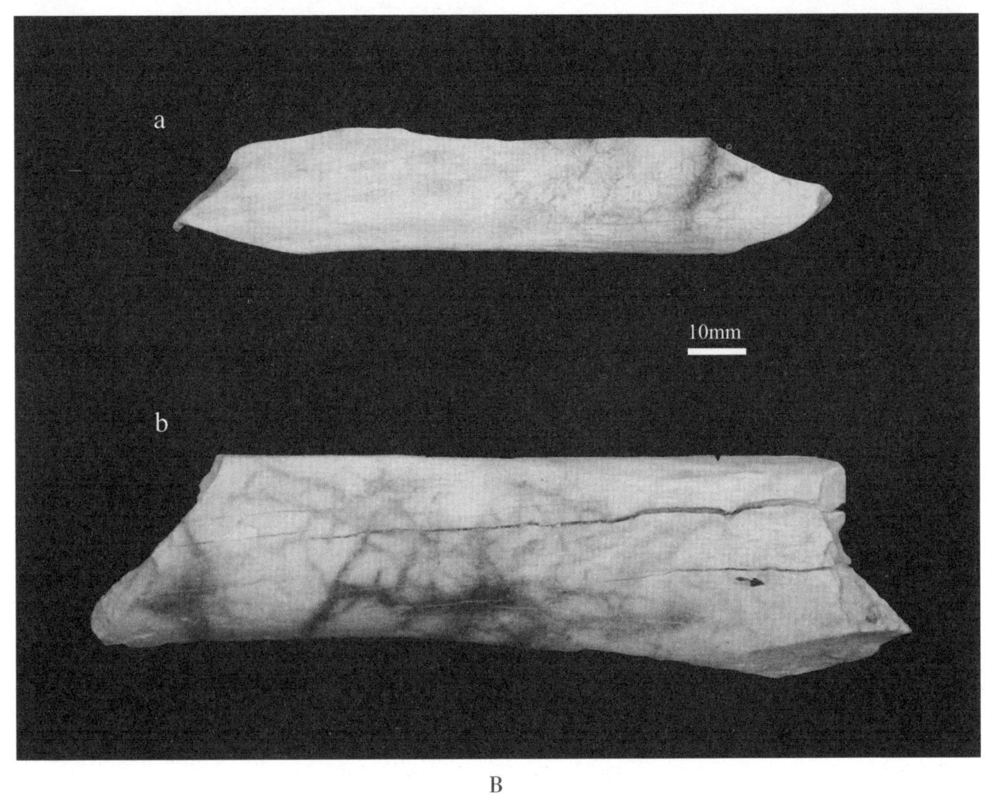

B

图版二　啮齿类磨牙与植物根系在骨骼表面留下的痕迹

A）典型啮齿类磨牙痕迹；B）植物根系腐蚀痕迹

a）植物根系的压痕；b）植物根系的印痕

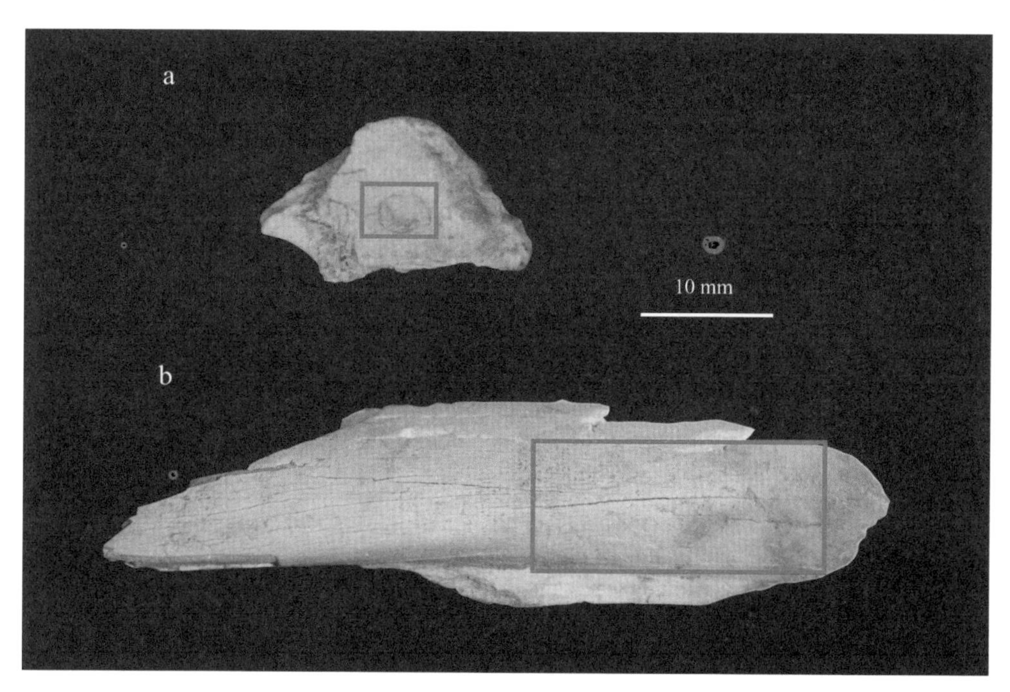

图版三　食肉类啃咬痕迹

a）食肉类牙齿压坑；b）食肉类牙齿划痕

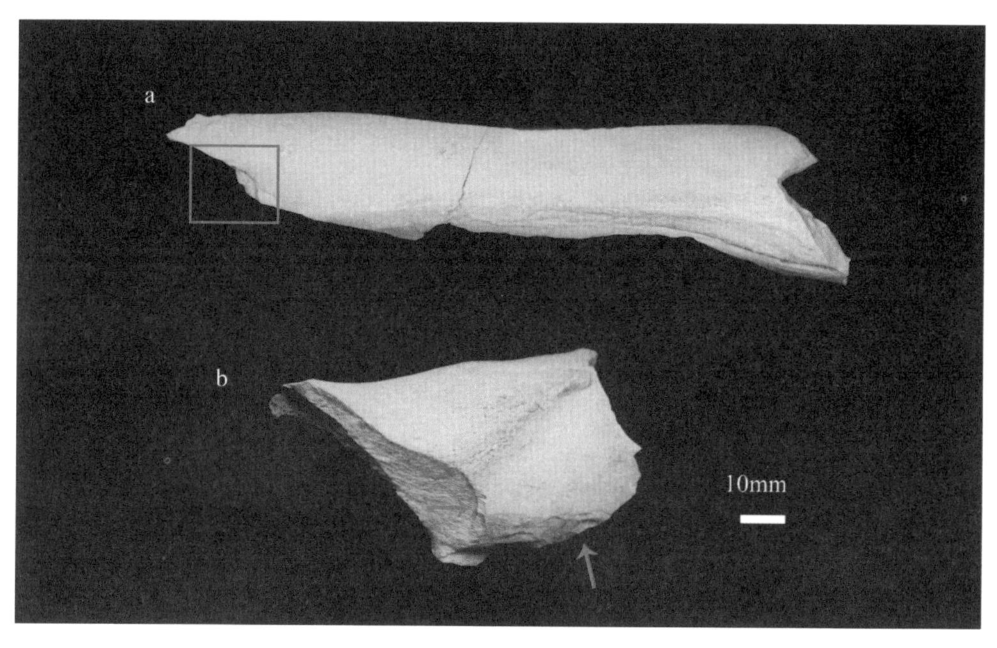

图版四　典型的人工砍砸痕迹

a）典型的砍砸痕，在骨表面留下贝壳状断口；b）在粗壮肢骨表面留下的连续砍砸痕迹

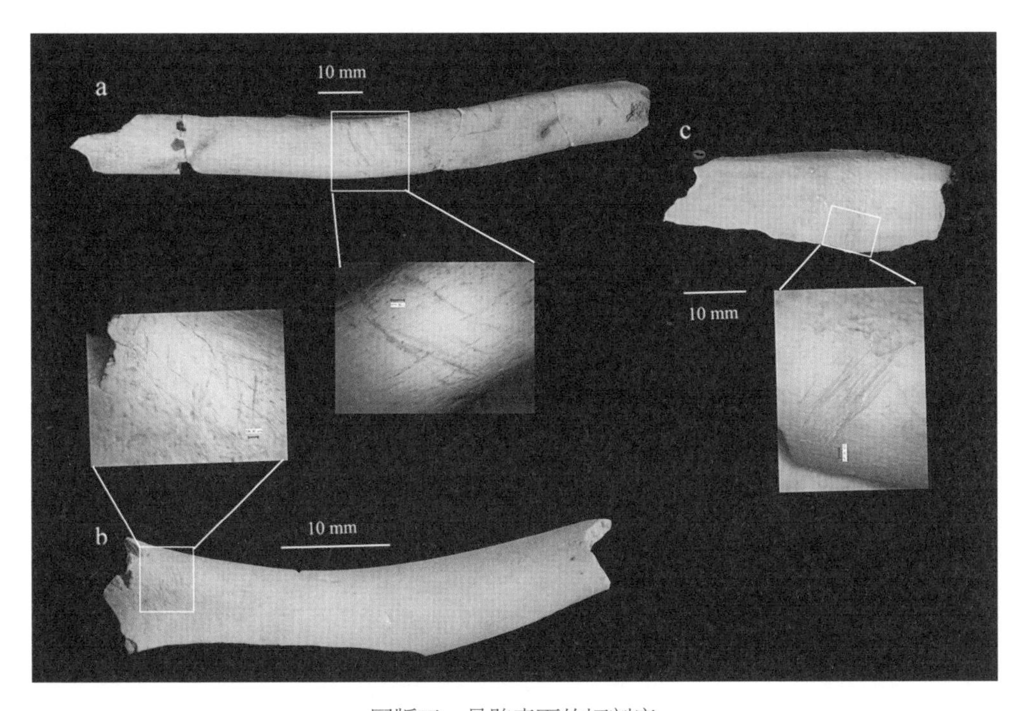

图版五　骨骼表面的切割痕

a）肋骨突起部的切割痕；b）骨结节附近的连续切割痕；c）长骨骨干上的连续切割痕

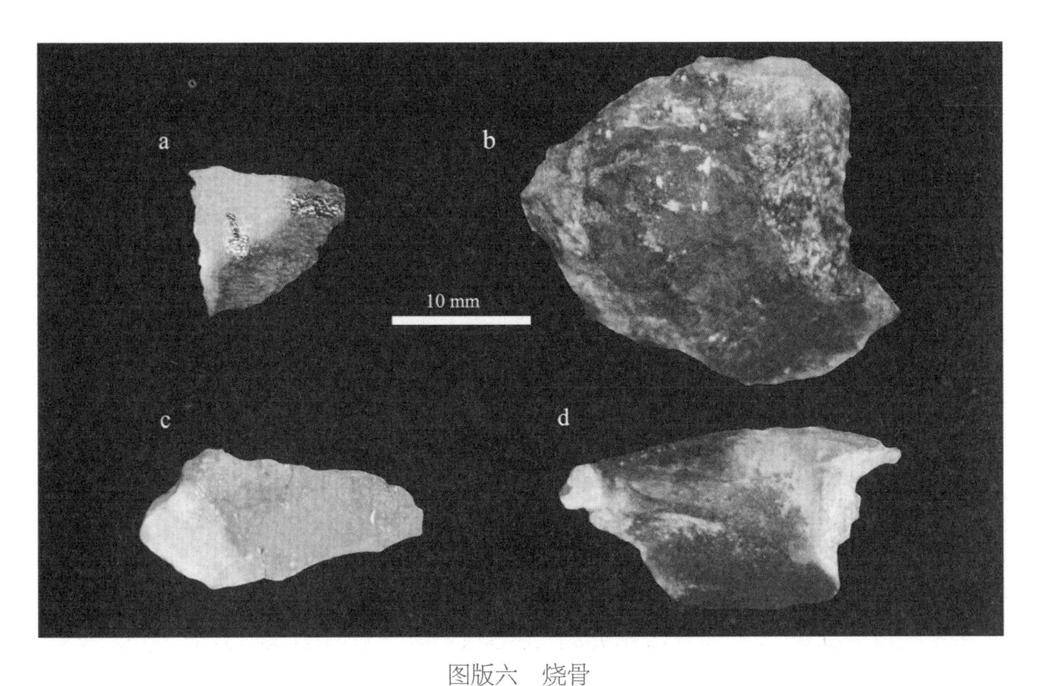

图版六　烧骨

a）呈煅烧状态的松质骨；b）部分烧黑的松质骨；c）呈煅烧状态的密质骨；d）部分烧黑的密质骨

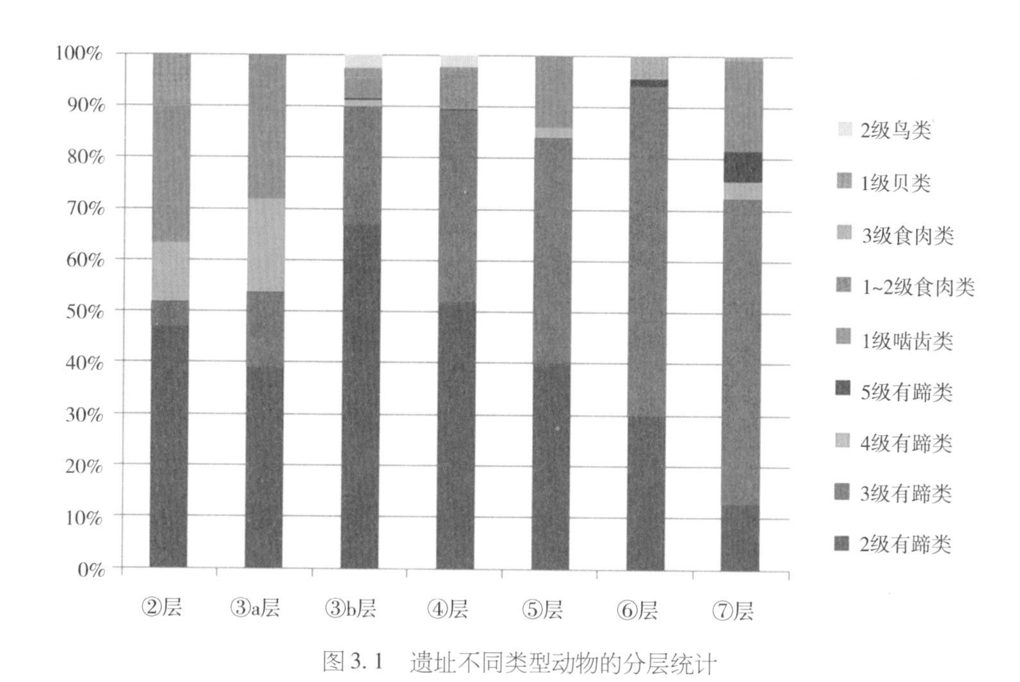

图3.1　遗址不同类型动物的分层统计

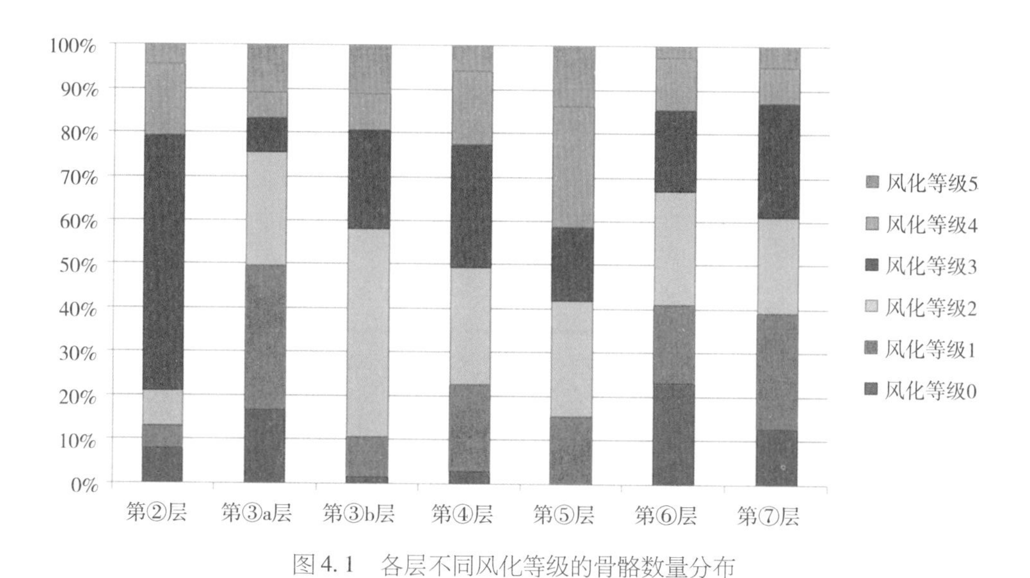

图4.1　各层不同风化等级的骨骼数量分布

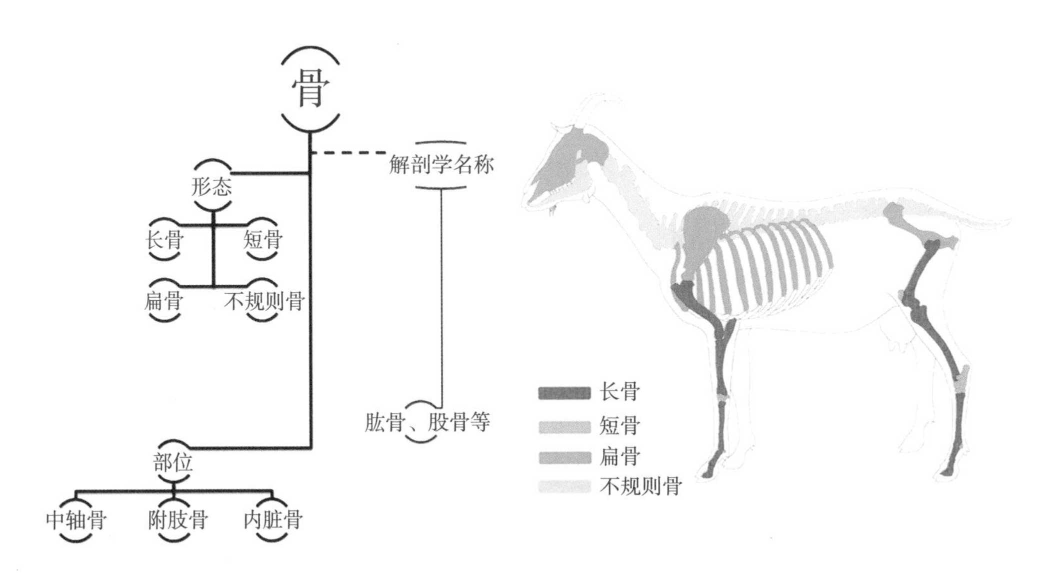

图 6.2　骨骼基本分类
左侧为骨骼的分类，右侧标明了不同解剖学部位所属的骨骼类别

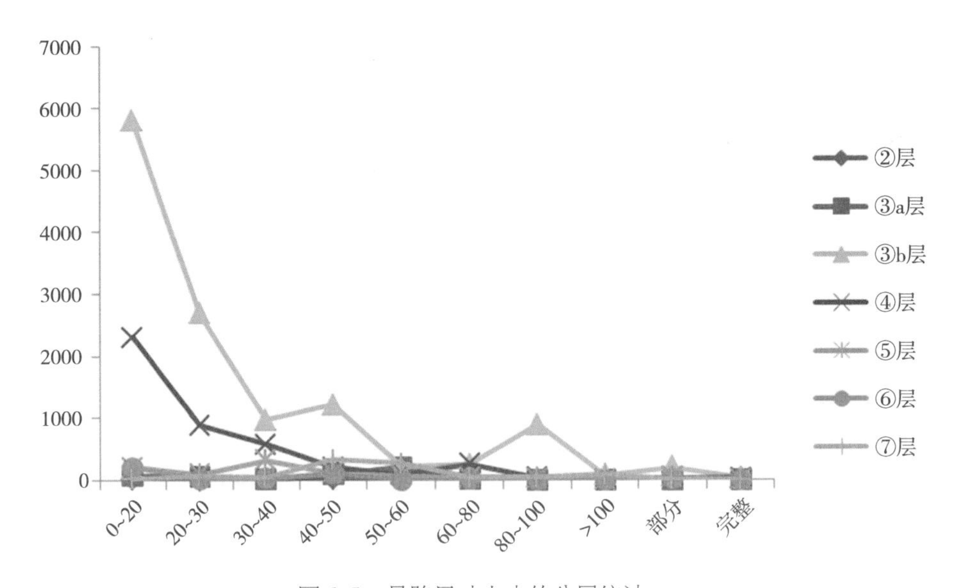

图 6.5　骨骼尺寸大小的分层统计

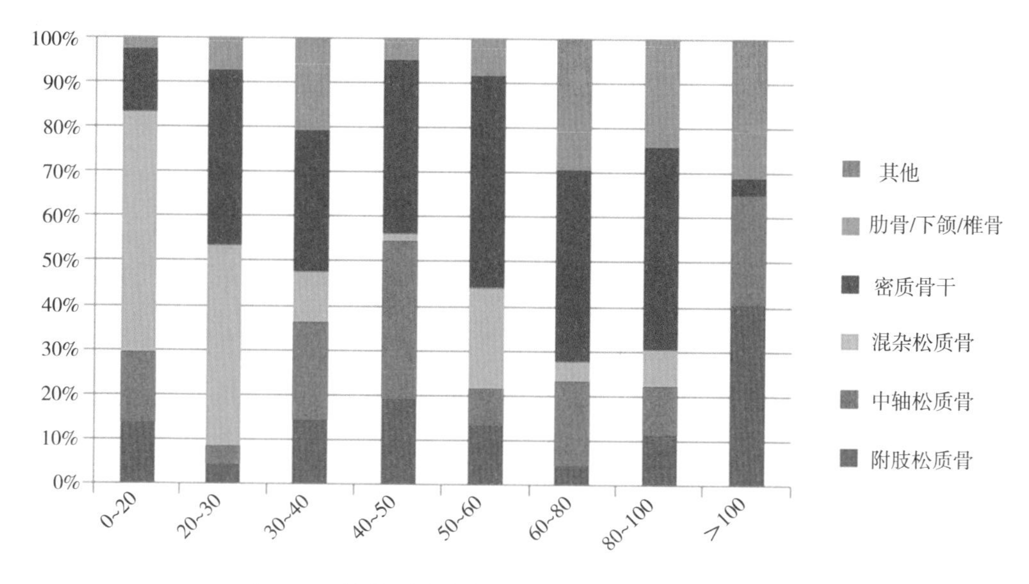

图6.7　第③b层不同尺寸碎骨的骨骼类型统计

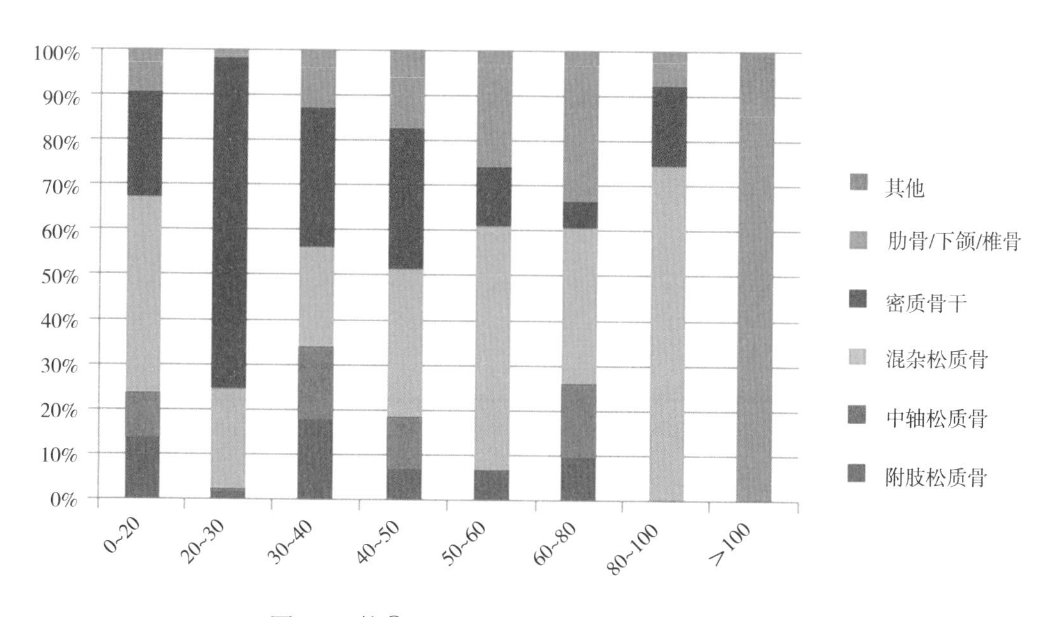

图6.8　第④层不同尺寸碎骨的骨骼类型统计

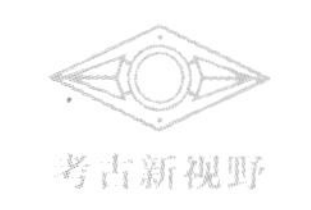

考古新视野

青年学人系列

2016 年

彭明浩:《云冈石窟的营造工程》

刘　韬:《唐与回鹘时期龟兹石窟壁画研究》

朱雪菲:《仰韶时代彩陶的考古学研究》

于　薇:《圣物制造与中古中国佛教舍利供养》

2017 年

潘　攀:《汉代神兽图像研究》

吴端涛:《蒙元时期山西地区全真教艺术研究》

邓　菲:《中原北方地区宋金墓葬艺术研究》

王晓敏、梅惠杰:《于家沟遗址的动物考古学研究》

2018 年

李宏飞:《商末周初文化变迁的考古学研究》

王书林:《北宋西京城市考古研究》

袁　泉:《蒙元时期中原北方地区墓葬研究》

肖　波:《俄罗斯叶尼塞河流域人面像岩画研究》

2019 年（入选稿件）

罗　伊：《云南地区新石器时代考古学文化研究》

赵献超：《二至十四世纪法宝崇拜视角下的藏经建筑研究》